机械装备失效分析与预防

高 峰 陈锋莉 刘 力 李旭昌 编著

西北工業大學出版社

西 安

【内容简介】 全书共7章,包括绪论、失效分析基础知识、畸变失效分析、断裂失效分析、磨损失效分析、腐蚀失效分析以及机械装备系统失效分析方法等内容。

本书可作为高等学校机械及安全工程类专业教材,也可供从事失效分析的专业技术人员及其他相关学科人员参阅。

图书在版编目(CIP)数据

机械装备失效分析与预防 / 高峰等编著. — 西安 : 西北工业大学出版社,2021.7

ISBN 978-7-5612-7236-7

Ⅰ.①机… Ⅱ.①高… Ⅲ.①机械元件-失效分析 Ⅳ.①TH16

中国版本图书馆CIP数据核字(2020)第149840号

JIXIE ZHUANGBEI SHIXIAO FENXI YU YUFANG

机械装备失效分析与预防

责任编辑:曹　江	**策划编辑**:李阿盟
责任校对:胡莉巾	**装帧设计**:李　飞
出版发行:西北工业大学出版社	
通信地址:西安市友谊西路127号	邮编:710072
电　　话:(029)88491757,88493844	
网　　址:www.nwpup.com	
印 刷 者:陕西金德佳印务有限公司	
开　　本:787 mm×1 092 mm	1/16
印　　张:16.625	
字　　数:415千字	
版　　次:2021年7月第1版	2021年7月第1次印刷
定　　价:88.00元	

前　　言

机械装备在使用过程中受到各种因素的影响，不可避免地会出现各种各样的失效或故障，从而导致其预设功能降低或丧失，造成经济损失或重大灾难性事故。对机械装备失效模式、失效分析理论与技术进行分析探讨，对保障机械装备预定功能、提高装备质量及可靠性具有重要的现实意义。本书基于国内外最新研究成果并结合笔者多年的教学、研究经验编写而成。

第1章绪论，主要包括失效及失效分析的概念、失效分析的作用与意义以及失效分析的发展。第2章失效分析基础知识，主要包括机械零件的失效类型，机械零件失效的原因，失效分析的基本方法、程序和常用技术。第3章畸变失效分析，主要包括畸变和畸变失效、弹性畸变失效、塑性畸变失效、畸变失效分析步骤及实例。第4章断裂失效分析，主要包括金属断裂的概念、脆性断裂失效、韧性断裂失效、疲劳断裂失效、环境因素引起的断裂失效、蠕变断裂失效、断裂失效分析步骤及实例。第5章磨损失效分析，主要包括磨损与磨损失效、磨损失效的基本形式、磨损失效分析及实例。第6章腐蚀失效分析，主要包括腐蚀学基本知识、腐蚀的化学和电化学过程、腐蚀失效形式、腐蚀失效分析及实例。第7章机械装备系统失效分析方法，主要包括概述，主次图法，特征-因素图法，故障模式、影响及危害性分析及故障树分析法。

本书共有7章内容，其中第1章由高峰编写，第2章由李旭昌、刘力编写，第3章由高峰、陈锋莉编写，第4章由高峰编写，第5章由陈锋莉编写，第6、7章由刘力、陈锋莉编写。全书由高峰统稿。

在编写过程中，笔者参考了国内外相关的文献资料，在此谨对相关文献的作者表示诚挚的谢意！

由于水平和经验有限，在本书内容安排、观点阐述等方面难免有不足之处，敬请读者批评指正！

编著者

2021年1月

目　录

第1章 绪　论

1.1 失效与失效分析

1.1.1 失效

机械产品的主要质量标志是功能、寿命、质量/容量比、经济、安全和外观，其中功能是首要的。一般来说，各种机械产品都具有一定的功能，承担各种各样的工作任务，如承受载荷、传递运动和动力、完成某种规定的动作等。机械装备及其零部件在使用过程中，由于应力、时间、温度和环境介质以及操作失误等因素的作用，失去其原有功能或原有功能退化以至于不能正常使用的现象时有发生，这种现象称为失效。机械装备及其零部件除了早期适应性运行及晚期耗损达到设计寿命的正常失效外，在运行期间，装备零件在何时、以何种方式发生失效是随机事件，无法完全预料。

机械零件失效(即失去其原有功能)的含义包括以下三种情况：

1)零件由于发生断裂、腐蚀、磨损、变形等，从而完全丧失其功能。

2)零件在外部环境作用下，部分地失去其原有的功能，虽然能够工作，但是不能够良好地执行其原有的功能，如由磨损导致尺寸超差等。

3)零件虽然能够工作，也能完成规定的功能，但继续使用时，不能确保安全可靠性。如经过长期高温运行的压力容器及其管道，其内部组织易发生变化，当达到一定运行时间时，继续使用就有失效的可能。

失效在英文中称为 failure，意指达不到预期或需要的功能，按词义可译为失灵、失事、故障等，有时俗称损坏、事故等。上述名词的含义有许多相似之处，常常混用。为防止混乱，在 1980 年 12 月召开的中国机械工程学会机械产品失效分析会议上，正式确定为失效。随后颁布的国家标准《可靠性基本名词术语及定义》(GB 3187 — 1982)中对失效的定义为：“失效(故障)是指产品丧失其规定的功能。对可修复产品，通常也称为故障。”该定义中涉及产品、可修复产品、功能、规定的功能和功能丧失等几个概念。

1. 产品

经济学上将企业进行生产活动所创造的、符合原规定生产目的和用途的直接生产成果称为产品。产品按其完成程度可分为成品、半成品和在制品。它包括元件、器件、零部件、设备或系统，可以表示产品的总体、样品等。因此，产品的确切含义应在使用时加以说明，如不加特殊说明，产品一词在失效分析及其相关领域特指成品。

2. 可修复产品

可修复产品是当产品丧失规定功能时，按规定的程序和方法进行维修后，可恢复规定功能的产品。一个产品是否可修复，是一个相对的概念，受多方面因素的制约。一看技术上是否可行；二看经济上是否值得；三看时间上是否允许。例如，电阻、电容、铆钉和垫片等器件，经济和时间条件均不满足可修复的条件，在工程上均可视为不可修复产品。而像飞机起落架、油泵、机床等，只要符合规定的技术条件，就属于可修复产品；若超出可修复的技术条件范畴，又变成不可修复产品。以机翼大梁为例，当螺栓孔裂纹深度较小时，为可修复产品；当裂纹深度超过一定值时，就为不可修复产品。

对一个系统或一个复杂的设备而言，其中某些零件，如前面所说的铆钉和垫片等，失效后是不可修复的，但对系统而言，如飞机或发动机必然属可修复产品，只需将这些失效的零件替换即可。

3. 功能

功能是指作为产品必须完成的事项，指产品的用途。凡回答“这是干什么用的?”或“这是干什么所必须的?”等问题的答案就是功能。

4. 规定的功能

规定的功能是指国家有关法规、质量标准、技术文件以及合同规定的对产品适用、安全和其他特性的要求。它既是产品质量的核心，又是产品是否失效的判据。因此，产品是否失效，主要是在使用(包括检验)过程中考察。当然，规定的功能必须与相应的条件对应。应当指出，规定的功能可能用“应具备的”功能更恰当一些，因为产品除具有“国家有关法规、质量标准、技术文件以及合同规定的对产品适用、安全和其他特性的要求”外，还应具有常识上所应具备的一些功能，如儿童玩具必须具备在儿童误操作的情况下不会对儿童造成伤害的功能，尽管这一功能在产品合同中并未明确注明。

5. 功能丧失

功能丧失是指产品在商品流通或使用过程中失去了原有规定的功能(或降低到规定的功能以下)，也就是说，产品规定的功能有一个从有到无、从合格到不合格的过程。

这种功能的丧失可能是暂时的、简短的或永久性的；可能是部分的、全部的；丧失速度可能快，也可能慢；丧失规定的功能，经过修理后可能恢复，也可能无法恢复。不论上述哪种情况，均在丧失规定功能之列，即产品均处于失效状态。

从上面的论述可以看出，失效强调的是产品所处的功能状态，失效产品本质上是潜在的不合格产品(虽然出厂时均贴上了合格标签)，包括在使用初期是合格品而在规定的有效使用时间内功能失效的产品。

故障强调其对丧失功能的可修复性，是实际产品发生失效后可以进行修复的产品，因此，在工程上通常对可修复产品丧失规定功能的现象称为“故障”，对不可修复产品丧失规定功能的现象称为“失效”。

1.1.2 失效与事故、报废

1. 失效与事故

失效与事故两者紧密相关但概念不同。“事故”强调的是后果，即造成的损失和危害，而

“失效”强调产品本身的功能状态。产品零部件的失效，可能造成事故，比如火车换轨时，某一零件发生失效从而导致火车出轨事故，造成一定的经济损失和人员伤亡。同样，某液压系统中某阀门失效，引起液压系统漏油，只说明阀门丧失功能，但不会引起液压系统失效，发生事故。

2. 失效与报废

报废件(废品)是指经检验判明为不符合技术标准或设计要求而又不宜返修的产品，或者是指不具有基本功能的，甚至可能尚未投入使用的零件。因此“失效”可能作为“报废”处理，而“报废”不一定是由于失效引起的。当然，产品质量低劣常会造成在使用过程中的失效。机械产品的早期失效往往是在生产过程中质量控制不严的必然结果。

1.1.3 失效分析

1. 失效分析的内涵

失效分析是判断产品的失效模式，分析失效的原因和机理，提出预防产品失效的对策、措施的一系列技术活动和管理活动。失效分析是一门综合性的质量系统工程，是一门解决材料、工程结构、系统组成等质量问题的工程学。它的任务是既要解释产品功能失效的模式和原因，弄清失效的机理和规律，又要找出纠正和预防失效的措施。失效分析的最终目的是防止同类失效事件或故障重复发生，从而提高产品的质量与效益。

按照失效分析工作进行的顺序和主要目的，失效分析可分为事前分析、事中分析和事后分析。

(1)事前分析

事前分析主要采用逻辑分析方法进行分析，如故障树分析法、事件时序树分析法和特征-因素图分析法等，其主要目的是预防失效事件的发生。

(2)事中分析

事中分析主要采用故障诊断与状态监测技术，用于防止运行中的设备发生故障和失效。

(3)事后分析

事后分析主要采用实验检测技术与方法，找出某个系统或零件失效的原因，分析其机理，进而提出预防产品失效的对策。

通常所说的失效分析指的是事后分析，本书介绍的内容也侧重于此。实际上，事前分析和事中分析必须以事后分析积累的大量统计资料为前提。

2. 失效分析的主要内容

失效分析的主要内容包括以下四个方面。

(1)失效模式的分析与诊断

失效模式的分析与诊断包括失效件的宏观与微观特征分析，失效件的失效模式判断。

(2)失效机理的分析研究

失效机理的分析研究主要研究导致产品失效的力学、物理与化学因素，分析材料的成分、组织与性能对失效的影响。

(3)失效分析技术与方法的研究

失效分析技术与方法的研究包括失效特征的定性与定量分析与反推技术、所用仪器设备

（如透射电镜、扫描电镜、能谱仪、俄歇谱仪、图像分析仪及计算机等）的使用技术。

（4）失效预防研究

失效预防研究包括失效纠正与预防措施，如性能参数与环境条件的监控技术与方法、表面损伤的预防方法、断裂失效临界状态的评定与预防以及安全性评估与剩余寿命评估等。

3. 失效分析与其他学科的关系

为了防止失效现象的重复发生，提高机械产品质量，早在20世纪初，人们就开始对零部件的失效现象进行比较系统的分析研究。后来，随着工程力学、材料科学及交叉学科的发展以及电子光学仪器测试技术的进步，在对大量工程失效现象的行为规律与机理研究的基础上，逐渐形成了一门新的分支学科，即失效学，也称为失效分析。失效学是研究机械装备的失效诊断、失效预测和失效预防的理论、技术和方法及其工程应用的一门学科。近代材料科学与工程、工程力学和疲劳学科等对断裂、腐蚀和磨损的深入研究，积累了相当丰富的具有创新意义的观点、见解和物理模型，为失效学的形成奠定了理论基础；现代检测仪器、仪表科学的迅猛发展和检测技术的不断提高，特别是断口、裂纹和痕迹分析等技术体系的建立、发展和完善，为失效学的形成和发展奠定了技术基础；数理统计学科的完善、模糊数学的突起、可靠性工程的发展与应用以及电子计算机的普及，为失效学的完善奠定了方法基础。上述三者的融会贯通，使失效学得以逐步建立、发展和完善，成为一门相对独立和综合性的新兴学科。

一台机器从原材料生产开始，到零件的加工制作、装配，直到服役使用，过程繁杂，影响因素甚多。因此，机械失效问题就显得相当复杂，涉及的因素很多。图1-1以断裂失效为例，列出了各种因素与断裂之间的相互关系。

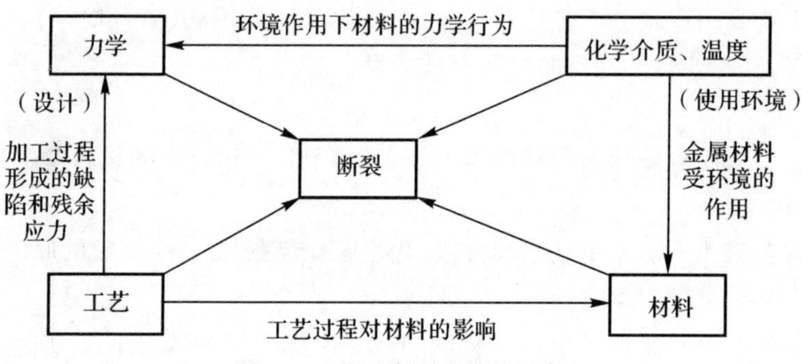

图1-1　影响断裂失效的因素

从图1-1可见，断裂是一个受到多方面因素作用而产生的复杂过程。因此，失效分析是一项综合性较强的技术工作，它所涉及的知识面较广，与众多其他学科关系密切，所需掌握的分析技术也较多，失效分析与其他学科的关系见图1-2。在进行一项较重大的失效事故分析研究时，往往需要多方面工程技术人员的密切配合，以做出正确的判断，找出失效的原因。

综上所述，机械设计既要保证所设计零件的功能，又要保证它的预期寿命和可靠性。失效分析的积极作用是找出机械失效的原因，并提出预防失效的措施。应当说明，图1-2在于强调失效学是一门综合性较强的学科，它的发展依赖于图中所列举的其他相关学科和技术的发展，但这并不意味着强调了“失效学”的中心地位。

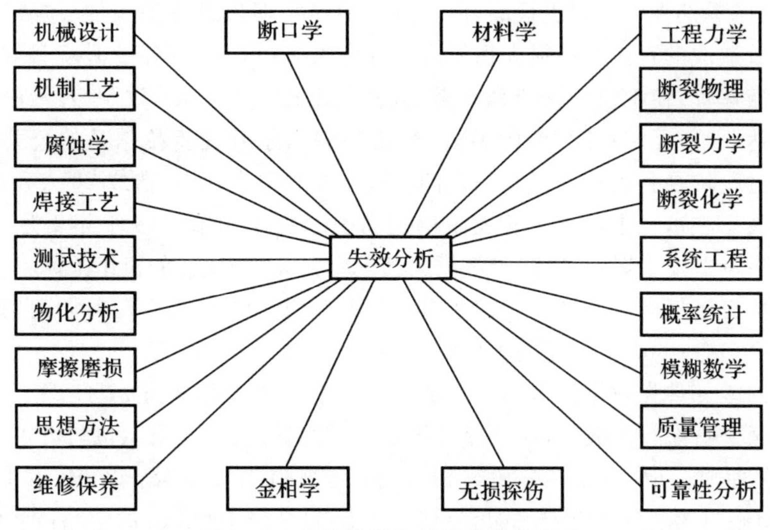

图1-2 失效分析与其他学科的关系

1.2 失效分析的作用与意义

1.2.1 失效分析可带来巨大的社会和经济效益

装备及其零部件的失效会造成不同程度的直接与间接经济损失。通过失效分析,一方面,可分析得出引起失效的原因,提出改进措施,使同类失效不再发生,以保障人民的生命财产安全,保证正常的生产、生活,在降低负效益的同时,能增加正效益;另一方面,可改进装备与零部件的质量,提高其使用可靠性,延长使用寿命,降低维修费用,从而带来巨大的经济效益和社会效益。

失效分析的社会和经济效益具体表现在以下三方面。

1. 失效分析将避免造成巨大的经济损失

产品失效的后果是引发事故,甚至引发重大的或灾难性的事故,更为严重的是造成生命财产的巨大损失。这方面的统计数字是非常惊人的。1982年,据美国统计,因机械零件断裂、腐蚀和磨损失效,每年造成的经济损失达3 400亿美元,其中断裂失效造成的经济损失约为1 190亿美元。1976年,日本由于腐蚀失效造成的直接经济损失为4万亿日元,占当年日本的国民经济生产总值的3%;20世纪70年代,德国每年因摩擦磨损失效而造成的经济损失约为100亿马克。1980年3月27日,北海的石油钻探船Alexander Kielland号,由于连接5条立柱的水平横梁发生腐蚀疲劳断裂而完全倾覆,损失达几千万美元。1984年12月3日,印度博帕尔市的美国联合碳化物公司所属的一家化工厂,储罐管路破裂,泻出大量毒气,造成375人死亡,2 000余人重伤。该市50万居民中有20万人受到毒气侵害,2万人需要住院治疗,有关方面要求美国公司赔偿150亿美元的损失费。1986年1月28日,美国挑战者航天飞机以马赫数为3的速度冲向太空,75 s后却因密封圈失效造成恶性事故,7名宇航员遇难。

在我国,机械零部件失效率也很高,由此造成的经济损失也是惊人的。据统计,我国机械行业因腐蚀失效造成的直接经济损失每年约300亿人民币。1979年9月7日,我国某工厂氯气车间的液氯瓶爆炸,使10 t氯液外溢扩散,波及范围达7.35 km^2,致59人死亡,779人中毒,直接经济损失达63万元。1972年10月,一辆由齐齐哈尔开往富拉尔基的公共客车,行驶至嫩江大桥时因过小坑受到震动,前轴突然折断,致使客车坠入江中,造成28人死亡。1982年3月12日,一列火车在运行中由于车轮发生崩裂而引起列车倾覆。1981年1月11日,某电厂200 MW机组除氧器发生爆炸,直接经济损失达500万元,但损坏的机组抢修了10个月,停止发电引起的间接经济损失达几亿元。1999年10月,某化工企业试生产时阀门爆炸,导致国家级建设项目停产,造成600多万元的直接经济损失。

军用装备的零部件失效也会引起重大事故的发生。2000年8月21日,军用684Ⅱ型交通艇在广东某海域进行航行试验时,法兰厚度不足造成螺栓脱落,导致主机与齿轮箱连接处的联轴节严重损坏,曲轴、凸轮轴、主机相继损坏,船艇被迫返厂维修。2001年11月8日,由EQ2102型军用底盘改装的12台轮式坦克修理工程车,在3 000 km的道路试验中,发现有11台工程车的分动箱壳体由于疲劳产生开裂。军用装备的失效,不但会造成经济损失,威胁士兵的生命安全,同时,如果失效发生在战场上,不仅会影响军队战斗力,贻误战机,而且会导致重大的军事事故。

失效造成人员伤亡和巨大的直接经济损失,同时,失效也会造成数额惊人的间接经济损失。间接经济损失主要包括失效迫使企业停产或减产所造成的损失;失效引起其他企业停产或减产的损失;影响企业的信誉和市场竞争力所造成的损失;等等。例如,某大型化工企业因储罐失效停产一天损失30万元,停产一个月就造成900万元的损失,建造一个新储罐又需80万元。

从以上事例可以看出,为了避免失效造成的巨额经济损失,开展科学有效的失效分析工作十分必要,具有重要的意义。

2. 失效分析可提高设备运行和使用的安全性

一次重大的失效可能导致一场灾难性的事故,通过失效分析,可以避免和预防类似失效,从而提高设备安全性。设备的安全性问题是一个大问题,从航空航天器到电子仪表,从电站设备到旅游娱乐设施,从大型压力容器到家用液化气罐,都存在失效的可能性。通过失效分析确定失效的可能模式和原因,从而有针对性地采取防范措施,可以起到事半功倍的效果。例如,对于一些高压气瓶,通过断裂力学分析可知,要保证气瓶不发生脆性断裂(突发性断裂),必须提高其断裂韧度,通常采用高安全设计来确定其尺寸。这样,即使发生开裂,在裂纹穿透瓶壁之前,也不会发生突然断裂。气体泄漏后,易于发现,不至于酿成灾难性事故。

从上述事例中可以看到,失效分析的直接功能是找出产品缺陷、失效及事故的原因,为采取预防与改进措施提供依据。这不仅可以减少失效事件的发生,降低经济损失,更重要的是可以减少人员伤亡。由于失效分析能及时、准确地找出机械装备的薄弱环节,发现安全隐患,采取预防措施,从而能够为机械装备的使用安全性提供技术保证。

3. 失效分析有助于厘清责任和保护用户(或生产者)利益

很多失效事故不仅仅要求找到失效原因,改进和优化工艺,很多时候还需要失效分析机构给出仲裁结论,判定责任,相关方以此为依据对赔偿事宜进行谈判。对于重大事故,则更需要厘清责任。为了防止误判，必须依据失效分析的科学结论进行处理。例如，某车用螺栓在使用过程中发生断裂，供货方发现使用方在装配时不使用扭矩扳手，存在预紧力过大的情况，随即就把失效原因归结为装配问题；使用方将失效件送至失效分析机构分析后，发现螺栓心部硬度明显偏低，不符合订货技术要求，心部组织为回火索氏体和大量残留奥氏体，螺栓断裂系制造过程中的质量问题所导致的。供货方负主要责任，使用方虽然在装配环节存在问题，但只负次要责任。供货方认可了失效分析报告，同意赔偿损失。又如，某军工厂一重要产品在锻造时发生成批开裂事故，开始主观地认为是由操作人员的工作失误造成的，后经系统的失效分析发现，锻件开裂的原因是铜脆，并非人为因素，从而厘清了责任。

对于进口产品存在的质量问题，及时地进行失效分析，则可向外商进行索赔，以维护国家的利益。例如，某磷肥厂由国外引进的价值几十万美元的设备，使用不到9个月，主机叶片即发生撕裂。磷肥厂将此事故通知外商后，外商很快返回了处理意见，认为是操作者违章作业引起的应力腐蚀断裂。该厂在使用中的确存在着pH值控制不严的问题，而叶片的外缘部位也确实有应力腐蚀现象，看来事故的责任应在我方。但进一步分析表明，此叶片断裂的起裂点并不在应力腐蚀区，而发生在叶片的焊缝区，这是由焊接质量不良(有虚焊点)引起的。据此与外商再次交涉，外商才承认产品质量有问题，同意赔偿损失。随着我国经济与世界经济的进一步接轨，相信这一工作的意义会更大，也会更加引起国内各企业和政府部门的关注和支持。

1.2.2 失效分析有助于提升行业规范和产品质量

1. 失效分析有助于提高管理水平和促进提高产品质量

任何机械产品都应该保证在其寿命期内的服役功能和安全可靠性，并且确保技术先进、价格低廉。为此，机械产品必须遵循一套完整的生产和质量管理规程，即从产品设计阶段开始，经选材，冷、热加工到零件检验和装配等生产过程，最终制成质量合格的机械产品。上述过程的每一个环节中的缺陷，都将对产品质量产生影响，并可能引起产品在服役过程中产生失效。一旦产品在服役过程中发生故障，便应进行失效分析，通过失效分析，找出失效原因，提出防止失效的措施，然后将信息反馈到有关部门，使其进一步完善生产或管理规程，以提高产品的质量、可靠性和耐久性。这是一个完整的循环过程，见图1-3。

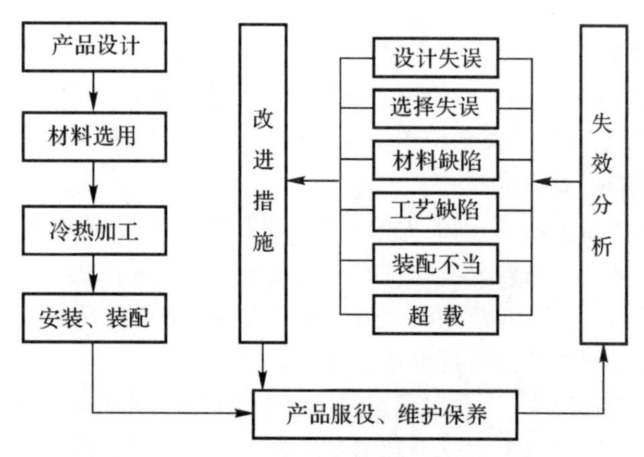

图1-3 失效分析与产品设计、制造之间的关系

由图 1-3 可知，失效分析在机械产品生产中的地位是相当重要的。由失效分析结果向产品设计、制造、使用和维修及管理等部门反馈的信息，是制定防止同类失效措施最直接和有效的依据。

(1)向设计部门反馈，可改进产品设计、完善技术规范

大量失效分析表明，在很多情况下，只要在结构设计方面作少量的改进，就会避免早期和恶性失效事故，因此失效分析比改进材料和工艺的作用更有效。有时为克服某种失效，要求对机械零件的结构设计方案作较大的变动，甚至制订新的设计规范。如某单位引进的 3.0×10^5 t 合成氨成套设备，在运行投产后，汽轮机转子叶片不断发生疲劳断裂。国内组织专家进行断裂分析，认为主要原因是叶片根部结构设计不合理，于是将原来的棕树形叶根改为叉形叶根，从此，叶片再没有发生过断裂事故。

(2)向制造部门反馈，可改进生产工艺、创新和推广新工艺

很多零部件失效是工艺不合理造成的。通过失效分析，可以判断零部件制造工艺、质量标准及其控制方法等方面存在的不合理性，同时提出解决零件失效的工艺措施。

对某一失效案例进行分析，有时能促进工艺的变革。工艺是与材料、结构密切相关的，有时新工艺的采用又可能产生新的失效类型。例如，用焊接代替铆接后，船舶和桥梁都发生过多起断裂事故，从某种意义上说，正是对这些失效事故的分析，推动了焊接工艺和焊接材料的改进和发展。

(3)向材料部门反馈，可合理化选材、开发和研制新材料

20 世纪二三十年代，机械的大型化和高参数化，造成许多用普通碳钢制造的零部件因强度或韧性不足而失效，这就促进了对合金钢的研究及其在内燃机、汽车、锅炉、汽轮机上的广泛应用。随着机械工业的发展，人们通过对机械零件的失效研究，对合金结构钢的化学成分及金相组织进行了调整，同时又研究出许多高性能的、适合于复杂工况条件的新钢种，推动了新材料的发展。

应当着重指出，在国内机械零件失效分析的案例中，有些机械零件失效主要是选材不当造成的。但是有些事例说明，即使选用了 A3# 钢、45# 钢，如果能采用合理的热处理工艺，也能够防止某些零件的断裂事故。因此，对于机械设计来说，除了应有合理的零件结构设计之外，还必须正确选材、合理用材。

(4)向用户反馈，可健全和完善使用、维修制度

通过失效分析，可以判明机器的使用者和维修者对失效事故是否应负责任，判明操作规程和有关参数限额的合理性，指导安全操作规程的修订。通过失效分析，还可以提供一些原则，以便制订延长机器设备寿命的措施。

上述四个方面的分析表明，正确的失效分析是解决零件失效、提高机器承载能力和延长使用寿命的先导及基础环节。失效分析的目的不仅在于对失效原因进行分析和判断，更重要的还在于为积极预防失效找到有效的途径。为了提高机械产品的质量及其在国内外市场的竞争能力，可以说，失效分析及失效预防技术是重要的基础技术之一。

综上所述，失效分析是对产品在实际使用过程中的质量与可靠性的客观考察，由此得出结论，可指导生产和质量管理，以取得改进和革新的效果，从而有效提高产品质量，因此，企业和管理组织应根据实际情况设立有效的失效分析组织和质量控制体系。

2. 失效分析是修订产品技术规范和标准的依据

随着科学技术水平的不断提高及生产力的不断发展，部分产品规范和标准逐渐不能满足使用需求，因此，要求对原有的技术规范及标准进行相应的修订。对各种新产品的开发及新材料、新工艺、新技术的引进，也必须制定相应的规范及标准。这些工作的顺利开展，都需依据产品在使用条件下所表现的行为，即需要了解产品在服役过程中的失效方式和预防失效措施，才能有效指导规范和标准的修订。否则，原有规范和标准的修订及新标准的制定将失去科学依据，这对产品质量的不断提高是不利的。

例如，某型车辆用扭杆在使用过程中发生断裂失效，经失效分析后认为是在热处理过程中引入了氢，导致扭杆发生氢致延迟断裂。该扭杆原热处理工艺采用氮气、甲烷裂解保护气氛，试验验证发现，此工艺处理后扭杆的氢含量高出一个数量级，且断口具有氢致断裂的“鸡爪痕”特征。科学的失效分析，查明了真正的失效原因，为重新修订热处理规范和工艺标准提供了准确有效的依据。将热处理工艺改进为涂料保护后，避免了失效的再次发生，提高了产品的耐久性。又如，某车辆重负荷齿轮，原先采用固体渗碳处理，其渗碳层的深度、硬度及金相组织等均有相应的技术要求。但在使用中发现，产品的主要失效形式为齿根的疲劳断裂。为了提高齿根的承载能力，改进了渗碳工艺，并加大了齿轮的模数，该齿轮的使用性能得以显著提高。当对产品的性能提出更高要求时，齿轮的主要失效形式为齿面的黏着磨损及麻点剥落。为此，采用高浓度浅层碳氮共渗表面硬化工艺，该齿轮的使用寿命有了大幅度的提高。在老产品的改型及新工艺的引入过程中，对产品的技术规范和标准多次作出修改。由于此项工作始终是以产品在使用条件下所表现的失效行为为基础的，所以确保了产品性能的稳定和不断提高。相反，如果旧的规范及标准保持不变，则会对生产的发展起到阻碍作用。需要注意的是，在产品的技术规范和标准变更的过程中，如果不以失效分析工作为基础，就很难达到预期的结果。

1.2.3 失效分析有助于促进科学技术的发展

1. 失效分析对传统工程学科发展的促进作用

为了防止失效现象的重复发生，提高机械产品的质量，早在20世纪初，人们就开始对机械零部件的失效现象进行比较系统的分析研究。如1.1节中所述，借助各工程学科的发展，失效分析这一学科得以逐步建立、发展和完善，成为一门相对独立、综合性的新兴学科。从另一个角度看，失效分析对传统工程中的工程力学、材料科学、疲劳学科、现代仪器仪表及其测试技术等各学科的发展也起到了极大的促进作用。正是在长期、大量失效分析的基础上，不断发现新的失效模式和机理，使材料科学、摩擦学、腐蚀学、疲劳学、断裂力学、损伤力学、断口学、电子金相学、痕迹学、电接触以及表面科学等一大批工程学科得以迅猛发展，新技术，新工艺，新材料以及新的诊断、测试和监控手段等也得以广泛的推广和应用。

以下以材料科学与工程的发展为例简要加以论述。

失效分析在近代材料科学与工程的发展史上占有极为重要的地位。可以毫不夸张地说，材料科学的发展史实际上是一部失效分析史。材料是用来制造各种产品的，它的突破往往成为技术进步的先导，而产品的失效分析又反过来促进材料的发展，失效分析在整个材料“链”中的作用可用图1-4来表示。

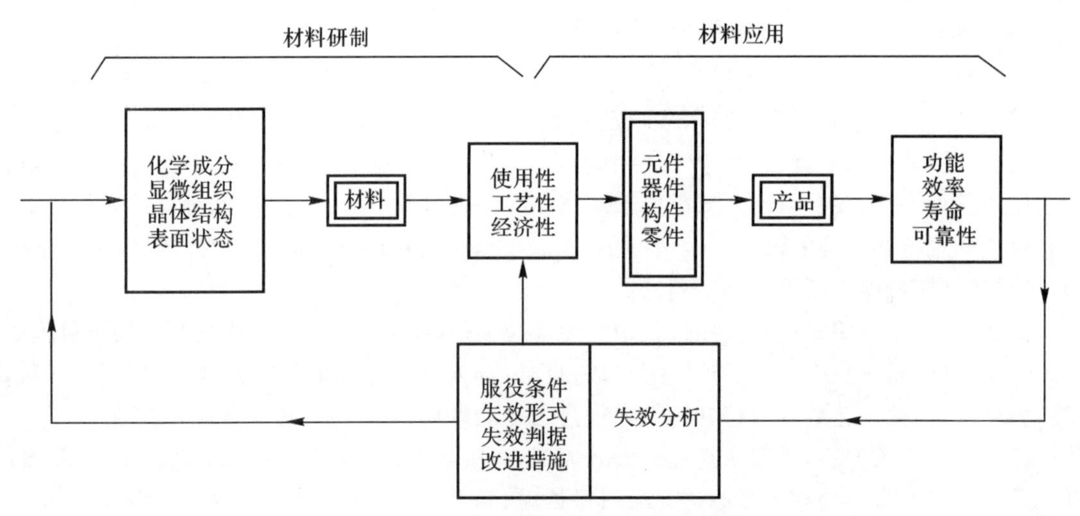

图 1-4　失效分析在材料“链”中的作用

失效分析对材料科学与工程的促进作用，具体表现在材料科学与工程的主要方面和各个学科分支及交叉领域。

(1)材料强度与断裂

可以说，整个强度与断裂学科的发生与发展都与失效分析紧密相关。近代对材料学科的发展具有里程碑意义的“疲劳与疲劳极限”“氢脆与应力腐蚀”“断裂力学与断裂韧度”的提出，都是在失效分析的推动下完成的。

工业革命时期，蒸汽动力的采用极大地促进了铁路运输业的发展。到 19 世纪中期，连续发生了多起因火车轴断裂引起的列车出轨事故。观察发现，断轴上的裂纹几乎都是从轮座内缘尖角处开始的。1852 — 1869 年间，在机车厂工作的工程师 Wohler 针对火车轴断裂的特点，设计了旋转弯曲疲劳试验机，进行了大量循环应力下的疲劳试验。正是这些疲劳试验，确立了疲劳曲线和疲劳极限的概念，并在此基础上提出了机械零件抗疲劳设计的经典方法。也正是这些疲劳试验，奠定了近代疲劳研究的基础。1954 年 1 月 10 日和同年 4 月 8 日，有两架英国彗星号喷气客机在爱尔巴和那不勒斯相继失事，事后进行了详尽的调查和周密的试验(在一架彗星号整机上进行模拟实际飞行时的载荷试验)，经过 3 057 充压周次(相当于 9 000 飞行小时)，压力舱壁突然破坏，裂纹从应急出口门框下后角处发生，起源于一铆钉孔处。之后又在彗星号飞机上进行了实际飞行时的应力测试和所用铝材的疲劳试验。经过与从海底打捞上来的飞机残骸进行对比分析，最后得出结论:事故是由疲劳引起的。这次规模空前的失效分析揭开了疲劳研究的新篇章。

在第一次世界大战期间，随着飞机制造业的发展，高强度金属材料相继出现，并用于制造各类重要零部件，但随后发生的多次飞机坠毁事件给高强度材料的广泛应用造成了威胁。失效分析发现，飞机坠毁的原因是结构件中含有过量氢而引起的脆性断裂。含有过量氢的金属材料，其强度指标并不降低，但材料的脆性大大增加了，故称为氢脆。这一观点是我国金属学家李薰等人首先提出的。20 世纪 50 年代，美国发生多起电站设备断裂事故，也被证实是由氢脆引起的。对许多大型化工设备不锈钢件的断裂原因分析发现，具有一定成分和组织状态的合金，在一定的腐蚀介质和拉应力作用下，可能出现有别于单纯介质和单纯拉应力作用下引起的脆性断裂，此种断裂称为应力腐蚀断裂。此后，氢脆和应力腐蚀逐步发展成为材料断裂学科中的另一重大领域，引起了人们的广泛重视。

宇航和导弹事业的高速发展，要求进一步减轻飞行器的质量，这就推动了高强度和超高强度材料在飞行器结构中的应用，但由此而导致了大量低应力脆断事故的发生。1950年“北极星”导弹所用的固体燃料发动机壳体的爆炸事故就是其中的典型事例。该发动机壳体采用屈服强度为1 400 MPa的D6AC钢制造，其常规力学性能指标都符合规范要求，但在发射试验时爆炸，爆炸时的应力水平远低于设计许用应力。对残骸的检查发现，断裂是由深度为0.1～1 mm的裂纹引起的，裂纹源为焊裂、咬边、夹杂或晶界开裂等既存缺陷。对此类事故的失效分析大大推动了超高强度材料的发展。正是对含有既存裂纹的裂纹体力学行为的研究，使得断裂力学这一门新的边缘学科产生。目前，以断裂力学(损伤力学)和材料的断裂韧性为基础的裂缝体强度理论，被广泛应用于大型构件的结构设计、强韧性校核、材料选择与剩余寿命估算，成为当代材料科学发展中的重要组成部分。这一学科的建立和发展也与机械失效分析有着密切的联系。

(2)材料开发与工程应用

把失效分析所得到的材料冶金质量方面的信息反馈到冶金工业部门，可促进现有材料的改进和新材料的研制。例如，高寒地区使用的工程机械和矿山机械，其经常发生低温脆断，因此提出降低脆性转变温度的要求，促进了低温用钢的发展。海洋平台采用厚截面钢板建造，经常在焊接热影响区发生层状撕裂，失效分析发现，这与钢中硫化物夹杂有关，并确定了层状撕裂规律与硫化物分布的关系，由此发展了一类Z向钢。石油天然气管道曾发生过多次脆性开裂，裂纹长达十几千米，经长期探索，发展了低碳针状铁素体和微珠光体类型的高强高韧钢。机械工业中常用的齿轮类零件，其主要失效形式是接触疲劳，表现为表面麻点和硬化层剥落等，为了确保硬度合理分布，发展了一系列控制淬透性的渗碳钢。矿山和煤炭等工业部门的破碎和采掘机械，最常见的失效形式是磨损，为了提高此类零部件的耐磨性，发展了一系列耐磨钢和耐磨铸铁，开发了耐磨焊条和一系列表面耐磨技术。

在化工设备中经常使用的高铬铁素体不锈钢对晶间腐蚀很敏感，在焊接后尤其严重，经分析，只要把碳、氮含量控制在极低水平，就可以克服这个缺点，由此发展了一类“超低间隙元素”(Extra Low Interstitial, ELI)的铁素体不锈钢。

大量的失效分析表明，飞机起落架等部件，既需要超高的强度，又要保证足够的韧性，于是发展了改型的300M钢，即在4340钢中加入适量的Si以提高抗回火性，提高了钢的韧性。

失效分析极大地促进了铝合金的发展。20世纪60年代初期的7×××(Al-Zn-Mg-Cu系列)高强度铝合金应用很广泛，如7075-T6、7079-T6等，但在之后的使用过程中发现其易于产生剥落腐蚀，另外，在板厚方向对应力腐蚀较敏感。为解决这一问题，陆续发展了7075-T76、7178-T76、7175-T736等铝合金材料，这些材料既保持了较高的强度水平，又有较高的抗应力腐蚀性能。

材料中的夹杂、合金元素的不良分布等经常会导致材料失效，这极大地促进了冶金技术、铸造、焊接和热处理工艺的发展。

腐蚀、磨损失效的研究，促进了表面工程这一学科的形成与发展。目前，表面工程技术已经广泛应用于不同的零部件和材料中，保证了材料的有效使用。

2. 失效分析对可靠性等专门工程学科发展的促进作用

人们对产品质量的认知与对其他客观事物的认知一样，随着社会的发展和科学技术的进步而不断深化。传统的质量观念强调产品"符合规定的要求"，即"符合性"。产品只要符合生产图纸和工艺规定的要求就是好的。当代质量观念既重视产品的符合性要求，更强调产品的"适用性"要求。也就是说，产品只有在使用时能成功满足用户需要才是高质量的。用户的需要是多方面的，因此，产品质量是产品满足规定或潜在需要的特性的总和，这些特性除了性能以外，还包括可靠性、维修性、安全性、保障性和经济性等。一个好的产品，不仅要具备所需要的性能(固有能力)，而且要能长期保持这种性能，在使用中无故障或少故障，若发生故障应容易修理，使功能迅速得到恢复，还要使用安全、易于保障、价格低廉等。

树立当代质量观念，就是要把产品的可靠性、维修性、保障性和安全性等视为与性能同等重要的特性，在产品设计制造时就必须提出这方面的定性、定量要求，并把这些要求和性能要求一同纳入产品的设计指标中。美国在产品研制中早已将可靠性工程、维修性工程、保障性工程和安全性工程等列为专门工程专业，专门工程与机械、电子、力学和强度等传统工程被共同纳入系统工程的综合管理对象。可见，可靠性、维修性等专门工程在现代产品研制中具有举足轻重的作用，而随着科学技术的进步，在失效分析步入较为系统、综合、理论化的新阶段之后，其对专门工程的发展也起到了重要的理论基础和技术保证作用。

(1)失效分析是可靠性工程的技术基础之一

可靠性是产品的关键性质量指标，而可靠性技术是产品质量保证的核心。从宏观统计入手的可靠性分析，虽然可以得到产品可靠性的各种特征参数及宏观规律，但不能回答产品是怎样失效以及为什么失效的问题，它主要是处理故障和寿命问题的，并从开发、设计阶段入手，为防止缺陷而进行可靠性设计和预测。

可靠性分析的前提之一就是确认产品是否失效，分析产品失效类型、失效模式和失效机理。因此，可靠性分析离开失效分析将无法开展，失效分析的结果和信息，是可靠性分析必不可少的基础。因此，可靠性要求把失效分析提到中心环节，强调搞好三"F"是可靠性工作的基础。三"F"分别指 FRACAS 失效报告、分析及纠正系统(要求切实完成三个程序：失效报告程序、失效分析和评审程序、失效纠正程序，形成一个闭环)，FTA 故障树分析，FMEA 失效模式及影响分析。

(2)失效分析是安全工程的重要技术保证之一

安全工程是一个系统工程，安全工作环节多、涉及面广，失效分析是其中的一项关键性工作。例如，发生由机械原因引起的严重飞行事故之后，该类飞机是否需要停飞、是否需要普查、是否需要返修、如何返修等一系列问题摆在面前，这一系列问题都需要经过系统的失效分析之后才能得到答案。例如，1972 年 12 月，一架 J－5 飞机发生空中解体(机翼大梁从下缘条第一螺栓孔处疲劳折断)事故之后，通过失效分析，及时、准确地判明了失效模式和失效原因，果断地采取了一系列预防对策(探伤、扩修、表面强化、加强件以及控制使用科目等)，从而杜绝了同类事故的发生，保证了飞行训练和安全。与之相反的是，1985 年 2 月，WP－7 型发动机中央从动圆锥齿轮失效，造成一起二等飞行事故，事后由于没有进行相应的失效分析工作，在一年时间内又发生了三起同类事故。

安全工程以事故为主要研究对象，美国空军在 20 世纪 60 年代以来提出了安全系统工程学。众所周知,有许多事故是产品失效引起的。安全系统工程的主要内容包括安全分析、安全评价和安全措施。失效分析是其中的一项关键性工作,通过失效分析,可以找出薄弱环节,查明不安全因素,发现事故隐患,预测由失效引起的危险,采取相应的安全措施,因此,它是安全工程强有力的技术保证之一。

(3)失效分析是维修工程的理论基础和指导依据

机械产品的维护主要是为预防失效,保持产品应有的(规定的)功能所进行的工作,而修理主要是为排除故障(失效),恢复产品所规定的功能所进行的工作。人类正是在长期与失效作斗争并分析其后果的实践中,才逐步形成了科学的维护规程,发展了先进的修理技术,提出了以可靠性为中心的维修思想。它实质上是依据产品本身的固有可靠性和使用可靠性,结合产品的失效规律和机理,采用科学的分析方法,仅做必要的维修工作。

维修工作中首先遇到的问题是要确认是否失效,使用部门曾经多次遇到飞机在使用中断裂的机件,经分析,属于个别机件使用过载断裂,而不属于产品失效,从而避免了外场不必要的拆卸普查。失效分析要解决的另一个关键问题是要找准失效的原因,这样才能对症下药,把维护和修理工作做到点子上。在修理工作中,把故障检修作为中心环节,根据故障检修的结果,确认产品失效的状态(性质、程度和后果),从而采取不同的修理方式(如不必修理、原位修理、换件修理等)。

综上所述,在涉及全局的质量管理、可靠性、安全和维修四项工程中,失效分析具有不可替代的、举足轻重的地位和作用。

1.3 失效分析的发展

1.3.1 失效分析的发展阶段

失效分析的发展,大体上经历了与简单手工生产基础相适应的古代失效分析、以大机器工业为基础的近代失效分析和以系统理论为指导的现代失效分析三个重要的历史阶段。

1. 古代失效分析阶段

应当说,从人类使用工具开始,失效就与产品相伴随。远古时代的生产力极为落后,产品也极为简陋,这个时期是简单的手工生产时期,金属制品规模小且数量少,其失效不被重视,更没有科学分析可言,不可能也没有必要对产品失效的原因进行分析,失效分析基本上处于现象描述和经验处理阶段,其常用的办法就是更换。虽然失效与产品相伴随,但失效分析并不是随产品的出现而出现的。

目前所能考证的有史料记载的最早有关产品质量的法律文件是公元前1776年由古巴比伦国王汉谟拉比撰写的。该法律大典第一次在人类历史上明确规定对制造有缺陷产品的工匠进行严厉制裁。然而由于生产力的落后,商品往往供不应求,罗马法律便制定了商品出门概不退换的总原则。买主对产品质量的判断也只能靠零星、分散、宏观的经验世代相传。失效分析作为仲裁事故和提高产品质量的技术手段则是随着200多年前的工业革命开始的。因此可将公元前1776年到世界工业革命前看作失效分析发展的第一阶段,即与简单手工生产基础相适应的古代失效分析阶段。

2. 近代失效分析阶段

失效分析真正受到重视是从以蒸汽动力和大机器生产为代表的世界工业革命开始的，这个时期，由于生产大发展，金属制品向大型、复杂、多功能的方向发展，但当时人们并没有掌握材料在各种环境中的使用性能以及机械产品在设计、制造和使用中可能出现的失效现象。当时，锅炉爆炸、车轴断裂、桥梁倒塌以及船舶断裂等事故频繁发生，给人类带来了前所未有的灾难。失效事件的频繁出现引起了人们极大的重视，推动了失效分析技术的发展。

在总结越来越多的蒸汽锅炉爆炸这种失效事件的经验教训后，英国于 1862 年建立了世界上第一个蒸汽锅炉监察局，把失效分析作为仲裁事故的法律手段和提高产品质量的技术手段。随后在工业化国家中，对失效产品进行分析的机构相继出现。在这一时期，失效分析也极大地推动和促进了相关学科，特别是强度理论和断裂力学的创立和发展。通过对大量锅炉爆炸和桥梁断裂事故的研究，夏比(Charpy)发明了摆锤冲击试验机，用以检验金属材料的韧性；韦勒(Wohler)通过对 1852 — 1870 年间火车轮轴断裂失效的分析研究，揭示出金属的"疲劳"现象，并成功地研制了世界上第一台疲劳试验机；20 世纪 20 年代，格里菲斯(Griffith)通过对大量脆性断裂事故的研究，提出了金属材料的脆断理论；1940 — 1950 年间发生的北极星导弹爆炸事故、第二次世界大战期间的"自由轮"脆性断裂事故，极大地推动了人们对带裂纹体在低应力下断裂的研究，从而在 20 世纪 50 年代中后期产生了断裂力学这一新兴学科。然而，由于受到当时科学技术水平的限制，这一时期虽然有失效分析的专门机构，但其分析手段仅限于宏观痕迹和对材质的宏观检验以及倍率不高的光学金相观测，未能从微观层面上揭示失效的物理化学本质，断裂力学仍未能在工程材料中很好地应用。这一问题的解决也只是在电子显微学及其他相关学科得到高速发展后才成为可能。因此，从工业革命到 20 世纪 50 年代末电子显微学取得长足进步前，可看作失效分析发展的第二阶段，即以大机器工业为基础的近代失效分析阶段。

3. 现代失效分析阶段

失效分析作为学科分支则是近半个多世纪的事情。20 世纪 50 年代，随着电子工业的兴起，首先在电子产品领域中将失效分析的成果应用于产品的可靠性设计，它以数理统计为基础，使得失效分析进入了一个新阶段。同时，科学技术的发展突飞猛进，作为失效分析基础学科的材料科学与力学的迅猛发展，断口观察仪器的长足进步，特别是分辨率高、放大倍数大、景深长的扫描电子显微镜的先后问世，使人们对失效微观机制的研究成为可能，为失效分析技术向纵深发展创造了条件，铺平了道路，并取得了辉煌的成果。随后，大量现代物理测试技术的应用，如电子探针 X 射线显微分析、X 射线及紫外线光电子能谱分析、俄歇电子能谱分析等，推动失效分析登上了新的台阶，进入了第三阶段的历史发展时期，即现代失效分析阶段。同时，这一时期大型运载工具尤其是航空装备的广泛应用，各种失效造成的事故越来越多，影响越来越严重，反过来又大大促进了失效分析的迅猛发展，并取得了巨大的成就。半个世纪以来所积累的失效分析知识与技术，千百倍于失效分析前两个阶段的总和。

到目前为止，从 20 世纪 50 年代开始的现代失效分析阶段可细分为两个时期。从 60 年代到 80 年代中期为第一时期。在这一时期，扫描电子显微镜的问世，使粗糙断口在高放大倍数下的直接观察成为可能，因而其失效分析基本上是围绕断裂特征和性质分析来进行的。加之在 20 世纪 60 年代之前所进行的失效分析基本上限于材料的组织和性能分析、宏观的痕迹分析和材质的冶金检验,因此这一时期的失效分析大多从材质冶金等方面去寻找引起断裂失效的原因,而对失效零部件的力学分析则认为是结构设计应当考虑的问题,失效分析的学术活动及组织也都附属于材料学科或理化检测领域。1974年在南京召开的材料金相学术讨论会上,第一次设立了失效分析的分会场。

随着科学技术和制造水平的不断发展,尤其是断裂力学、损伤力学、产品可靠性及损伤容限设计思想的应用和发展,产品的可靠性越来越高,产品失效引起的恶性事故数量相对减少但危害及影响越来越大,产品失效的原因很少是某一特定的因素,均呈现复杂的多因素特征。这就需要从设计、力学、材料、制造工艺以及使用等方面进行系统的综合性分析,也就需要从事设计、力学、材料等各方面的研究人员共同参与。其解决办法是从降低零件所受的外力(包括环境等)与提高零件所具有的抗力两方面入手,以达到提高产品使用可靠性的目的。电子显微分析使失效细节观察成为可能,促使断口学及痕迹学的完善,并成为失效分析最重要的科学技术。断裂力学在失效分析诊断中起了重大作用,揭示了含裂纹体的裂纹扩展规律,并加快了失效预测预防工作的进展。目前,断裂力学已成为研究含裂纹的工程结构件变形及裂纹扩展的重要分支学科。从20世纪80年代后期开始,失效分析集断裂特征分析、力学分析、结构分析、材料抗力分析及可靠性分析为一体,已发展成为跨学科的、综合的、相对独立的专门学科,不再是材料科学技术的附属。

1.3.2 失效分析的发展现状

1. 国外的失效分析工作

世界先进的工业国家在政府、国防部门、企业和院校等各个部门均成立了专门的失效分析研究机构,开展了规范、有效的失效分析工作,在各个方面都取得了很大进步,带来了巨大的社会、经济和军事效益。国外的失效分析工作有以下几方面的特点。

(1)建立了比较完整的失效分析机构

美国的失效分析中心遍布全国各个部门,有政府办的,也有大公司及大学办的。例如,国防尖端部门、原子能及宇航故障分析集中在国家的研究机构中进行,如,宇航零部件的故障在肯尼迪空间中心故障分析室进行分析,阿波罗航天飞机的故障在约翰逊空间中心和马歇尔空间中心进行分析。在民用工业部门,失效分析主要在一些公司进行,例如,民用飞机故障在波音公司及洛克威尔公司的失效分析中心进行分析。福特汽车公司、通用电器公司及西屋公司的技术发展部门均承担着各自的失效分析任务。许多大学也承担着各自的失效分析任务,比如,里海大学、加州大学、华盛顿大学承担着公路和桥梁方面的失效分析工作。有关学会,如美国金属学会、美国机械工程师协会和美国材料与试验协会均开展了大量的失效分析工作。

英国对重大事故的失效分析主要由国家的研究机构组织开展,其国立工程研究所、国立物理研究所、焊接研究所、中央电力局以及英国煤气公司等都设有专门的失效分析机构。英国的大学与这些机构联系密切,承担了相当数量的失效分析任务,并开设了失效分析课程,为提高失效分析技术起到很大的作用。

德国有西欧唯一从事失效分析及预防的专门商业性研究结构,阿利安兹技术中心每年完成失效分析任务700～760项,出版《机械失效》月刊。一些失效分析研究单位建立了失效事故分析档案,以便有案可查,同时,还可以将这些事故档案加以统计分析,为之后的失效分析提供宝贵的资料。德国更致力于失效分析工程理论的研究，并在高等院校开设了“失效分析学”课程。在德国，失效分析中心主要建在联邦及州立的材料检验中心。德国有11个州共建立了523个材料检验站，分别承担各自富有专长的失效分析任务。工科大学的材料检验中心，在失效分析技术上处于领先地位，是失效分析的权威单位。例如，斯图加特大学的材料检验中心，有技术人员300人，面积12 000 m^2，每年的经费达2亿马克，它的主要任务是负责电站，特别是核电站、压力容器及管道的安全可靠性的维护。阿利安兹保险公司有专门从事失效分析的技术人员340人，每年的经费约100万马克，专门研究损失在10万马克以上的事故，以降低保险范围内的失效概率。每个企业和公司均设有专门从事失效分析的研究机构。例如，奔驰汽车公司为了同日本汽车业相抗衡，建立了先进的疲劳试验台和振动台，对于重要零部件及整机进行破坏性试验。为了进行事故现场的侦察和分析，还备有流动车辆，以便及时判断事故原因。

在日本，国立的失效分析研究机构有金属材料技术研究所、产业安全研究所和原子力研究所等。在企业中，新日铁、日立、三井和三菱等都有研究机构，另外各工科大学都有很强的研究力量。日本的金属材料技术研究所是政府的机械失效分析工程管理及运作机构。日本企业对失效分析特别重视，认为失效分析是质量管理的一个组成部分。产品在使用中出现失效时，即根据“产品失效报告书”所填写的失效具体情况，进行不同程度的失效分析，然后将得出的结论通过不同的途径反馈到有关部门，并采取有效的改进措施。

苏联在20世纪四五十年代就开展了失效分析工作，并出版了一系列有关失效分析的专著，但其国内曾出现的重大事故却很少在刊物上报道，对于与失效分析相关的一些问题，如材料的强度与断裂、机械的可靠性与耐用性等则在公开刊物上讨论得较为详尽。

(2)制定失效分析文件、事故档案及数据库

失效分析工作是一项复杂的技术工作，为了快速、准确、可靠地找出失效的原因及预防措施，应使失效分析工作建立在科学的基础上，以防误判和走弯路。因此，一些工业发达国家均制定了失效分析指导性文件，对于失效分析的基础知识、概念及定义，失效的分类及分析程序均做出了明确规定。各研究中心还建立了事故档案及数据库，以便有案可查，定期进行统计分析，并及时反馈。

(3)大力培养失效分析专门人才

各工科院校均开设了失效分析课程，使未来的工程师们具备独立从事失效分析工作的基本知识和技能。例如，美国的Jack A.Collins教授于1981年编著的教材《机械设计中的材料失效》(*Failure of Materials in Mechanical Design*)，被广泛用于工程学院的高年级本科生和低年级研究生的教学，该书对有关材料失效的各种理论做了比较详细的介绍，对常见的失效形式做了详细的分析，还提出了各种失效预测及预防的方法。该书于1993年做了少量增补和删改后再版，目前仍然是亚利桑那州大学和俄亥俄州大学机械工程专业的教科书。另外，各国还对在职职工有计划地进行技术培训。

(4)大力开展失效分析技术基础的研究工作

失效分析技术基础的研究工作包括系统研究材料的成分、工艺、组织和几何结构对各个失效行为的影响，以期实现耐用性能的提升；研究失效的微观机制与宏观失效行为之间的关系；系统研究材料及零部件在机械力、热应力、磨损及腐蚀条件下的失效行为、原因及预防措施；开

展特种材料(包括工程塑料)及特殊工况条件下失效行为的研究。例如,美国材料与试验协会于1975年将《金属手册》改版为多卷本,从第8版开始,将独立的《失效分析与预防》(*Failure Analysis and Prevention*)作为单独的一卷(第十卷),该卷由多位作者合编,归纳了美国几十年中出现的几十种失效类型,并列举了数百个案例加以说明,阐明如何分析由设计、选材、制造及其他原因引起的失效,并提出防止失效的措施。

(5)大力开展失效分析及预防监测手段的研究工作

研究先进的测试技术,对运行中的设备及机件进行监测。例如,研制了大型轴承失效监测仪、轴承温度报警装置、玻璃纤维端镜监控系统及各类无损探伤手段等。利用多种先进的测试技术对锅炉、压力容器、防爆电机、发电设备、核能装置、车辆的操纵系统及行走部件等涉及人身安全的产品定期进行检查与监测,均取得了较好的效果。同时,在失效分析中充分利用计算机技术,也取得了很好的效果。

2. 我国的失效分析工作

早期,我国机械工业处于仿制—研制阶段,失效分析工作只是为生产中的问题提供一些咨询,并没有得到足够的重视,也没有统一的组织形式。随着我国机械工业的不断发展,失效分析的早期工作形式、内容及采用的方法和手段已经越来越不能满足客观上的需要。尤其是随着我国的机械产品和工程结构日趋大型化、精密化和复杂化,此类产品发生的失效,会比以往的失效造成更大的财产损失和人员伤亡。这就要求一切产品必须具有比以往更高的可靠性和安全性,从而对失效分析工作提出了更高的要求。失效分析工作的落后状态直至1980年中国机械工程学会委托材料学会召开第一次全国机械装备失效分析学术会议,才得以改变。我国的失效分析工作从此迈入了快速发展时期,组织管理、实际分析操作技术、理论研究及普及教育都取得了很大的进步和提高。中国机械工程学会及中国科协所属的有关工程技术学会为促进失效分析学科的发展做出了很大贡献。

我国的失效分析工作主要由中央部委的失效分析研究中心、企业的理化实验室及高校相关的试验研究中心组织开展。重大的失效事故由国家直接主持领导展开调研,在全国调配相关学科专家组成攻关小组或失效分析小组,在规定的时间内解决重大技术关键问题。一些比较简单、涉及面较窄的失效分析任务,有时由失效装备单位委托失效分析专家来承担。

目前,我国的失效分析工作与美、英、日、德、俄等先进国家相比,差距正日益缩小,各方面均已经取得了长足的发展,主要表现在以下几个方面。

(1)认真总结经验,积极开展交流活动

在中国机械工程学会的领导下,1980年在北京召开了全国第一次机械装备失效分析经验交流会,收集了论文和分析案例311篇,揭开了我国失效分析工作的新篇章。1984年在杭州、1988年在广州相继召开了第二次和第三次全国失效分析技术会议,并出版了会议论文集。1992年12月由中国科学技术协会指导和支持、中国机械工程学会承办、全国22个一级学会共同组织的全国机电装备失效分析预测预防战略研讨会在北京举行。1993年6月于桂林召开了第四次全国失效分析会议。这些学术会议极大地促进了我国失效分析工作的开展。1998年在北京召开了第三次全国机电装备失效分析预测预防战略研讨会,宣布成立我国机械工程学会失效分析学会,将原来的失效分析专门委员会提升为二级独立学会,同时描绘了21世纪我国失效分析工作的蓝图,标志着我国的失效分析工作开启了一个新纪元。

(2)健全我国的失效分析组织机构,开展基础研究工作

在中国机械工程学会下设失效分析工作委员会,后提升为失效分析学会,统一组织和领导全国机械行业的失效分析工作。在材料学会、热处理学会和理化学会内成立相应的组织机构,领导和组织本学科内的失效分析工作。在工矿企业及大专院校成立失效分析研究中心和研究所,定期开展各自富有专长的技术活动与社会服务工作。

失效分析基础研究工作也取得了长足进展,在失效模式、失效方法等方面开展了大量工作,但还存在基础研究力量不足、许多问题研究不够透彻等问题。例如,对金属疲劳断口的物理和数学模型及定量反推分析方面,虽然做了一些有益的探索,但是在总体上还处在定性分析的阶段。在失效模式诊断中的综合诊断技术和方法应用,特别是在应力分析和失效模拟技术方法的综合应用方面还存在一些短板。当前,已有越来越多的失效分析工作者在具体的失效分析案例研究中,重视应用综合诊断技术和方法的问题,但是这方面的实践和研究还不够系统和深入。只有在对失效机理正确认识的基础上,才能开展真正正确的工程失效分析。

(3)开展失效分析专门人才的培养工作

机械工程学会和一些大学派出专家学者出国考察访问,学习和借鉴国外在失效分析方面的工作经验,提出了在我国工科大学设立材料检验检测中心和培养专门人才的建议。自1983年起,我国将失效分析课程列为工科院校材料科学与工程类专业教学计划中的必修课程,清华大学、浙江大学等著名高校还将失效分析列为机械类专业或工科类专业学生的选修课或研究生课程。随后,许多大学还举办了各种类型的短训班及在职人员培训班,逐步建成我国的失效分析技术队伍。

组织失效分析专门人才有计划地编写、出版失效分析技术资料、丛书和文集等。由中国机械工程学会材料学会主编的机械产品失效分析丛书(1套11册)、机械故障诊断丛书(1套10册)、机械失效分析手册等相继出版。有关工科院校还编写了相应的失效分析教材和交流资料等,一些著名学者也出版了一批失效分析的专著,为失效分析专门人才的培养奠定了基础。

(4)建立失效分析数据库和网络

我国已相继开发和建设了一些与失效分析工作相关的数据库,如1987年由航空材料数据中心建立的材料数据库,1991年以后由上海材料研究所和郑州机械研究所相继建成的工程材料数据库和机械强度与疲劳设计数据库,1995年以后由航空材料研究所建成的金属材料疲劳断裂数据库、腐蚀数据库等。

目前,我国的失效分析工作正在密切配合产品的更新换代、确保产品的质量与可靠性等方面积极开展工作,这将为我国的经济建设及材料科学的进一步发展做出贡献。

1.3.3 失效分析的发展趋势

1. 失效分析成为系统可靠性工程的基础技术

在现代工业中,机械设备的重要特点是自动化程度越来越高,结构越来越复杂,价值也越来越大,因此,对设备可靠性的要求会更高。这就要求必须将失效分析中所得到的信息及时、准确地反馈到产品的设计、制造及使用部门,使其成为系统可靠性设计与分析的基础技术。

2. 失效分析继续成为提高产品质量的保证

产品要在市场上具有竞争力,必须首先保证质量,消除一切隐患。这就要求必须加强产品

在生产和使用过程中的分析工作及基础研究。可以预见,大量的、基础的失效分析工作,将在生产第一线大力开展,成为提高产品质量的可靠保证。

目前,国外已经将失效分析引入产品设计的程序中,图1-5所示为美国海军部门进行船舶设计的流程图,该设计流程已经将对失效模式的分析列入设计程序。国内许多大型设计部门也已进行了这方面的工作,有的高校在设计类专业中也增加了失效分析课程,但这方面的工作还需要进一步加强。

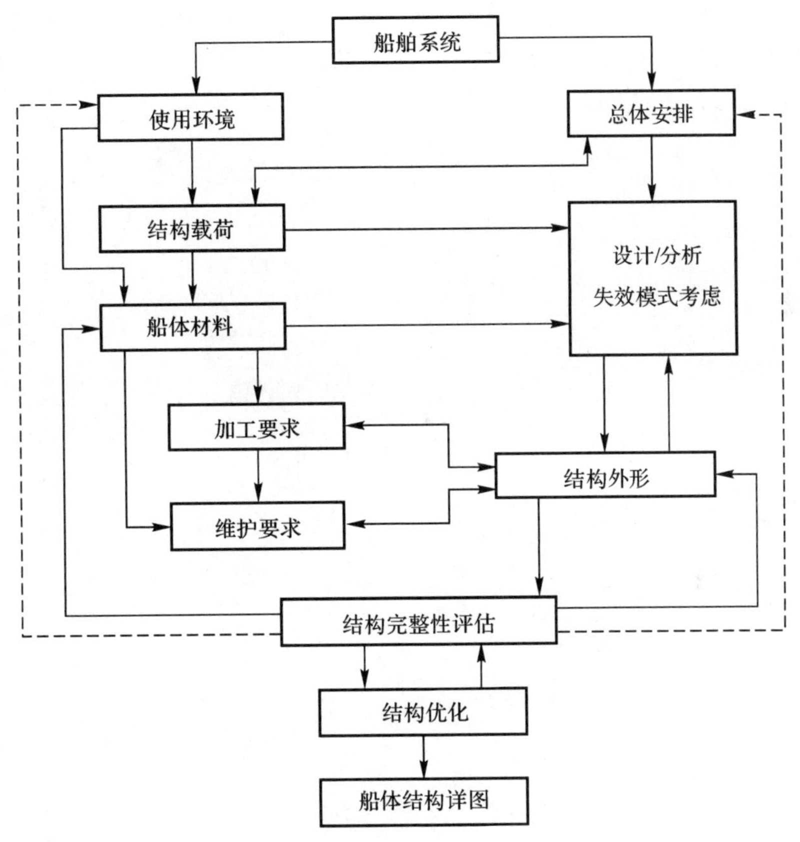

图1-5 美国海军船舶的设计流程

3. 加强失效分析的普及与基础工作的研究

我国的失效分析工作技术队伍虽然已初步建成,但无论是在专业化程度、组织形式方面,还是在技术水平及所采用的手段方面,都还有待于进一步提高。失效分析工作的深入和普及工作,更需要一大批专业技术人员来完成。

失效分析的力学基础、物理学基础、化学基础、断口学基础及分析工作的程序化与现代化的技术手段等均需进一步加强。各类失效的机理、失效模式和失效的定量描述等将成为失效分析基础研究的重点。

除机械产品外,对电子产品的失效分析也日益引起人们的重视,例如,印刷电路板铜-镍镀层的分离、断路和短路以及元件的劣化和老化等,也都涉及材料的问题,尤其是随着微机械电子技术的兴起与发展,对一些特殊的失效问题需要进行大量的研究。

4. 加强计算机在失效分析工作中的应用

应用计算机进行失效分析工作，将极大地提高失效分析工作的准确性和可靠性，排除因分析人员的经验、素质和手段不足而带来的局限性和误判，计算机数据处理、图像处理和信号分析，为进行失效分析的定量研究提供了基础。当然，用计算机分析失效，必须以大量的资料作为依据。同时，许多失效分析经验和成果是用血的代价换来的，它对今后的生产具有极大的指导意义。为了使个别单位的经验得到推广以及发挥更大的作用，建立专门的失效分析数据库和资料库是非常必要的。网络技术的发展，为全球化的诊断与分析提供了技术平台，建立有效的区域性、行业性甚至全球性的失效分析与故障诊断网络和远程诊断已引起国内外众多专家的关注，未来将会有更好的发展前景。

第2章 失效分析基础知识

2.1 机械零件的失效类型

机械零件的失效形式是多种多样的，为了便于对失效现象进行研究，处理有关产品失效的具体问题，人们从不同的角度对失效的类型进行了分类。

2.1.1 按照产品失效的形态进行分类

在工程上，通常按照产品失效后的外部形态将失效分为畸变、断裂及表面损伤三大类，这三类失效分别又可分为若干具体类型，如图2-1所示。这种分类方法便于将失效的形式与失效的原因结合起来，也便于在工程上从失效模式上对失效件进行更深入的分析与研究，因此是工程上较常用的分类方法。

1. 畸变失效

产品或零部件在机械载荷或热载荷作用下产生影响产品或零部件功能的变形称为畸变。当产生畸变的产品或零部件丧失了规定的功能时就称为畸变失效。

产生畸变失效的零件主要表现为体积增大或缩小、弯曲、翘曲等。

在常温或温度不很高的情况下，畸变失效主要分为弹性畸变失效和塑性畸变失效。弹性畸变失效主要是变形过量或丧失原设计的弹性功能，塑性畸变失效一般是变形过量。

在高温下的畸变失效主要包括蠕变失效和热变形失效。

2. 断裂失效

断裂失效是机械零件失效最常见也是危害最大的一种形式。断裂是指机械零件在外力作用下，一个具有有限面积的几何表面分离的过程。产品或零部件可能在制造、成型和使用的不同阶段、不同条件下萌生裂纹，并受不同环境因素及载荷状态的影响而使裂纹扩展直至断裂，因此断裂失效也包括各种不同的类型。关于断裂失效的分类，有许多不同的方式，且常常有交叉和混乱现象，这主要是因为人们的研究目的及区分的角度不同。

3. 表面损伤失效

表面损伤失效是指机械零件表面因摩擦或腐蚀作用造成损伤进而丧失规定的功能。

相互接触并做相对运动的物体由于机械、物理和化学作用，造成物体表面材料的位移及分离，使表面形状、尺寸、组织及性能发生变化的过程称为磨损，由磨损引发的产品或零部件失效称为磨损失效。磨损是一个复杂的过程，按磨损机理划分，包括磨料磨损、黏着磨损、冲蚀磨损、微动磨损、腐蚀磨损和疲劳磨损等类型。

产品或零部件材料与周围介质发生化学及电化学反应，从而使材料变质或被破坏的累积损伤过程称为腐蚀失效。按照腐蚀机理分类，腐蚀可分为两大类，即化学腐蚀和电化学腐蚀。由于自然界中的物质组成都不是单一的，因此发生单纯的化学腐蚀的情况很少。

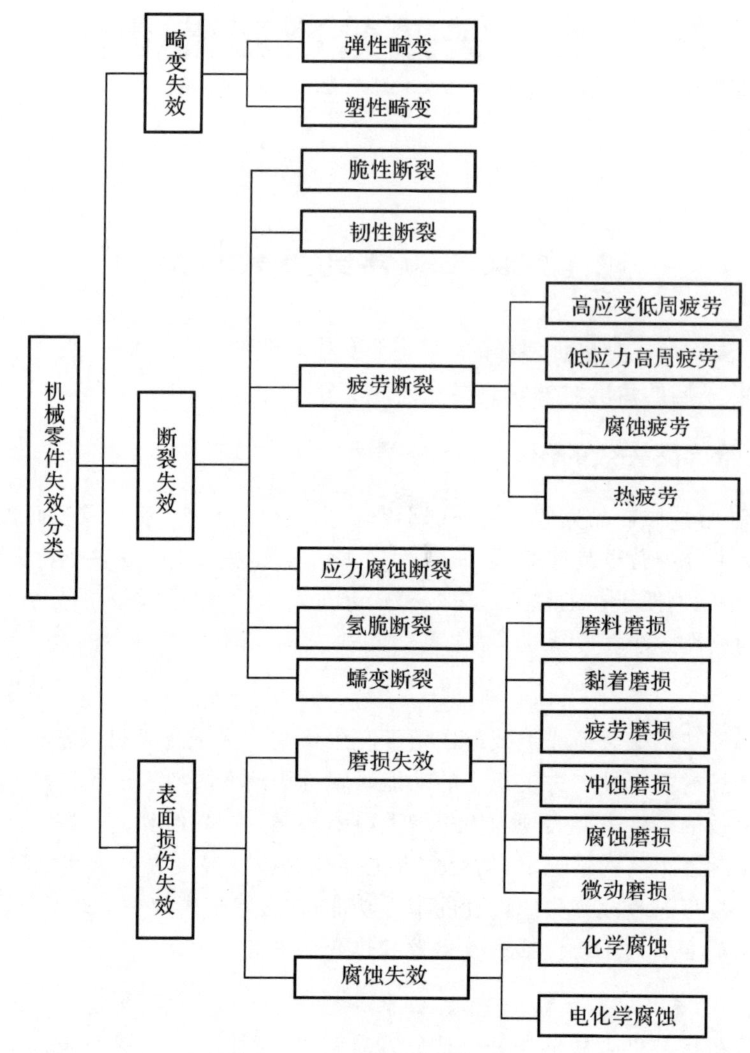

图 2-1　机械零件失效的类型

2.1.2　按照失效的诱发因素进行分类

失效的诱发因素包括力学因素、环境因素及时间(非独立因素)因素三个方面。根据失效的诱发因素对失效进行分类，可分为以下几种：

机械力引起的失效包括弹性变形、塑性变形、断裂、疲劳及剥落等。

热应力引起的失效包括蠕变、热松弛、热冲击、热疲劳和蠕变疲劳等。

摩擦力引起的失效包括黏着磨损、磨料磨损、表面疲劳磨损、冲蚀磨损、微动磨损及咬合等。

活性介质引起的失效包括化学腐蚀、电化学腐蚀、应力腐蚀、腐蚀疲劳、生物腐蚀、辐照腐蚀及氢致损伤等。

2.1.3　按照产品的使用过程进行分类

一批相当数量的同一产品，在使用中可能会出现一部分产品在短期内发生失效，另一部分产品要经过相当长的时间后才失效的现象。如果将其失效率与使用时间作图，通常可以得到如图 2-2 所示的规律。由图 2-2 可知，失效率按使用时间可分为三个阶段：早期失效期、偶然失效期和耗损失效期。

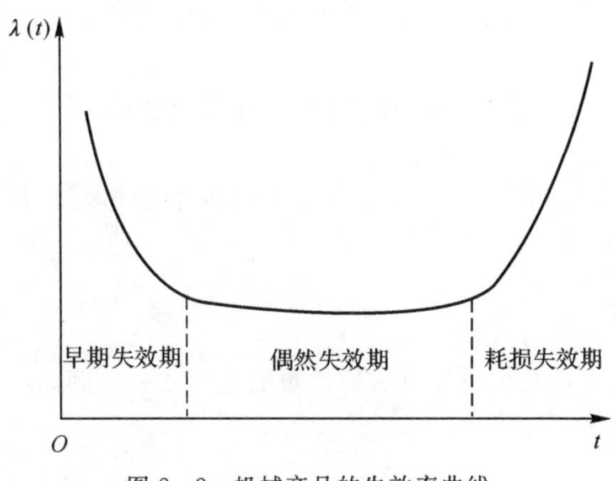

图 2-2　机械产品的失效率曲线

早期失效是产品使用初期的失效。这一时期出现的失效多系设计、制造或使用不当所致。

偶然失效是产品在正常使用状态下发生的失效。其特点是失效率低且稳定，这是产品的最佳工作时期，又称使用寿命，它反映产品的整体质量水平。

耗损失效是产品进入老龄期的失效。在通常情况下，产品发生的耗损失效，生产厂家可以不承担责任。但如果生产厂家规定的使用寿命过短，产品过早地进入耗损失效期，则仍属产品质量问题。

2.1.4　按照经济法的观点进行分类

在失效分析工作中，特别是对重大失效事故的处理上，往往涉及有关单位和有关人员的责任问题，此类失效可从经济法的观点进行分类。通常可以分为以下几种类型：

产品缺陷失效也称本质失效，是由产品质量问题导致的早期失效。失效的责任应由产品的生产单位负责。

误用失效属于使用不当造成的失效，在通常情况下应由用户及操作人员负责。但如果产品的生产单位提供的技术资料中，没有明确规定有关的注意事项及防范措施，产品的制造者也应当承担部分责任。

受用性失效属于它因失效，如火灾、水灾、地震等不可抗力导致的失效。

耗损失效属于正常失效，生产厂家一般不承担责任。但如果制造方没有明确规定其使用寿命，并且过早地发生失效，制造方也要承担部分责任。

2.1.5　按照产品失效的因果关系进行分类

按照产品失效的因果关系，可将失效分为产品本质缺陷失效、外界因素影响失效、人员素质失效、误用失效、超容限失效(生理、心理)以及正常耗损失效等类型。

除此之外,对失效尚有许多其他的分类方法,如按照失效的模式(失效的物理化学过程)进行分类以及按产品失效发展过程进行分类、按照失效零件的可修复性进行分类、按失效零件的类型进行分类,等等。了解并正确运用失效的分类方法,对于研究失效的性质,分析失效的原因及采取相应的预防措施是十分重要的,上述分类方法在失效分析的实践中均得到了广泛应用,并予以互相补充。在运用上述知识进行失效分析时,应将失效的模式、失效的诱发因素及失效后的表现形式联系起来,对于获得正确的分析结果至关重要。

2.2 机械零件失效的原因

机械零件失效的原因是多方面的,概括起来可归纳为设计因素、材料因素、制造工艺因素、服役条件因素及使用和维修因素等几个方面。

2.2.1 设计因素

设计不合理和考虑不周是机械零件失效的重要原因之一。例如:

1. 几何形状的影响

许多零件,结构上的需要或设计不合理,在零件高应力部位存在沟槽、缺口、尖锐的凸边、台阶处直角形过渡和过小的圆角半径等。当在制造加工或使用中,将会在这些部位造成应力集中而导致开裂。

2. 计算应力有错误

对于复杂结构的零部件,对所承受的载荷性质、大小和工作条件估计不足,缺少足够的资料,容易引起计算偏差。

3. 设计判据不正确

例如,对于会发生脆性断裂、可能承受冲击载荷、交变载荷及在腐蚀介质环境条件下工作的零件,如果仅以抗拉强度和屈服强度指标作为其承载能力的计算判据,就属于考虑不全面,甚至会因为单纯追求过高的材料强度,最终导致零件早期失效。

总之,分析造成机械零件失效的设计因素时,一方面,对复杂设备未做可靠的应力计算或对设备在服役中所承受的非正常工作载荷的类型和大小未做考虑,另一方面,对工作载荷确定和应力分析准确的装备,如果只考虑拉伸强度和屈服强度的静载荷能力,而忽视了脆性断裂、低循环疲劳、腐蚀疲劳及应力腐蚀等方面可能引起的失效,都会在设计上造成严重的错误,一定要引起高度重视。

2.2.2 材料因素

1. 选材不当

选材不当是材料导致机械零件失效的主要原因。材料的选择首先要遵循使用性原则。在特定环境中使用的零件,针对可预见的失效形式,要为其选择具有足够的抵抗失效能力的材料。如对韧性材料可能产生的屈服变形或断裂,就应该选择具有足够的拉伸强度和屈服强度的材料。但对可能产生脆性断裂、疲劳和应力腐蚀开裂的环境条件,高强度的材料往往适得其反。

通常,受材料力学性能的影响,材料硬度越高,脆性越大,塑性、韧性越低,应力集中越易发生,裂纹扩展速率越大。对于断裂、磨损、腐蚀等失效模式来说,均存在着特定的材料判据,即材料的特定参数及指标。此外,还应权衡材料的经济成本、制造工艺及工作寿命等因素,在选择材料时要综合考虑。但对于特定的失效模式、载荷类型、应力状态及工作温度、腐蚀介质等情况,以下规则是必须遵循的:

1)对于脆性断裂,其选材应注重材料的韧脆转变温度、缺口韧性及断裂韧度值。

2)对于韧性断裂,其选材应重点考虑材料的抗拉强度及剪切屈服强度。

3)对于高周疲劳断裂,应以有材料应力集中源存在时的预期工作寿命的疲劳强度为其选材判据。

4)对于应力腐蚀开裂,选材的判据应是材料对介质的腐蚀抗力及应力腐蚀界限强度因子等。

5)对于蠕变断裂,应以对应的工作温度和预期工作寿命中的蠕变率或持久强度为其选材判据。

2. 材料缺陷

机械零件失效大都是材料本身存在缺陷引起的,零件在冶炼、轧制、锻造或铸造等过程中形成的缺陷会导致失效。因为内外部的缺陷会造成缺口,从而不同程度地降低材料的承载能力。例如:铸件中的冷隔、夹杂物、疏松、缩孔等,锻件中的折叠、接缝、空洞及锻造过程流线分布不合理等,使裂纹容易产生于缺陷部位并不断扩展,这些缺陷处往往也是容易腐蚀的部位。另外,焊接过程中残余应力、烧伤等缺陷也是如此。

2.2.3　制造工艺因素

每个机械零件都是经过一系列制造工艺而制成的,每一道制造工艺(铸造、锻造、焊接、热处理、切削加工和磨削等)过程操作不当,都可能造成工艺缺陷。

零件加工精度要求不高,或者没有按照图样要求加工,致使零件的实际应力集中系数比计算值高出许多,从而使实际应力值增大,导致零件早期开裂失效。加工刀痕等加工缺陷,在服役使用过程中,由刀痕引起的应力集中也往往导致裂纹的产生。热处理、冷变形以及机加工等产生的残余应力、微裂纹及表面损伤等,通常是导致失效的内在原因。例如,常见的热处理不当包括过热、回火不充分、加热速度过快及热处理方法选用不合理等。热处理过程中的氧化脱碳、变形开裂、晶粒粗大及材料的性能未达到规定要求等情况时有发生。

对于焊接或铸造缺陷,如焊接接头的咬边、铸件的错缝等,也容易引起应力集中,从而导致在使用过程中开裂。对于钢铁的冶金缺陷,例如,夹杂物、气孔、疏松、白点、残余缩孔和成分偏析等是材料的内伤,可能成为机械零件失效的主要原因。酸洗及电镀时引起对材料的充氢而导致氢脆断裂也是较为常见的失效形式。

装配缺陷的影响。零部件在装配过程中,如果不严格按要求进行,就会产生安装缺陷,如零件表面的划伤、凹凸坑等,容易造成零件表面损伤或导致残余应力、附加应力等,这些都会造成机械零件失效。例如,轴承早期失效在很大程度上是装配不当(通常是由于用力过大)和不会正确使用装配工具造成的。紧配合零件的装配精度不够,机器运转时会引起松动,致使相配零件之间产生撞击和噪声,从而加速零部件的失效。

在机械零部件失效的原因统计中，设计和制造工艺方面的问题占一半以上，必须引起高度重视。

2.2.4 服役条件因素

机械零件的服役条件包括受力状况和环境条件。

1. 受力状况

零件的受力状况涉及载荷性质(包括静载荷、冲击载荷和交变载荷)、载荷类型(包括轴向载荷、弯曲载荷、扭转载荷、剪切载荷和接触载荷)以及载荷引起的应力状态(包括单向应力、多向应力、"软性"应力和"硬性"应力)。机械零件的失效通常都是零件承受的载荷超过了它允许承受能力的结果。

2. 环境条件

环境条件是指机械设备工作时所处的环境。机械设备可在室温、大气介质，或是在高温、低温或有其他腐蚀介质的环境下工作，在特殊的高温、低温或有其他腐蚀介质等环境下工作，会加速机械设备零件的早期失效。

(1)环境介质与零件失效

环境介质包括气体、液体、液体金属、射线辐射、固体磨料和润滑剂等。它们可能引起的零件失效情况见表 2-1。

表 2-1 环境介质与零部件失效类型

介　　质	可能引起的失效
气体：大气、盐雾气氛、水蒸气、气液二相流(CO,CO_2)、含 H_2S	氧化、腐蚀、氢脆、腐蚀疲劳、气液流冲蚀
液体：Cl^-、OH^-、$NaOH$、NO_2^-、H_2S、水-固(沙石)	腐蚀、应力腐蚀、腐蚀疲劳、气蚀和泥沙磨损
液体金属：Hg-Cu 合金、Cd、Sn、Zn-钢、Pb-钢、Nb、K-不锈钢	液体汞脆，液体金属脆化，合金中的 Ni、Cr 元素在液体 Pb 中发生选择性溶解，液体金属腐蚀
中子辐射、紫外线照射	材料脆化、高分子材料老化
磨料：矿石、煤、岩石(润滑剂)、泥浆、水溶液	磨粒磨损、腐蚀磨损综合作用

对于零部件失效原因的判断，要充分考虑环境介质的影响。例如，某工厂生产的继电器，长时间存放在专用仓库，出库时发现大批继电器的弹簧片发生沿晶断裂，经失效分析判定，这是由氨气引起的应力腐蚀开裂。应力腐蚀开裂必然具备两个同时存在的致裂因素——应力和介质。弹簧片所受的应力为残余应力，但仓库里从来就没有存放过能释放氨气的化学物质。那么氨气从何而来？据调查，在仓库旁边有所养鸡厂，鸡粪放出的氨气随风飘进仓库，提供了应力腐蚀必要的介质，从而导致弹簧片失效。

(2)环境温度与零件失效

环境温度的循环变化以及高温环境都可以在零件内部产生热应力，从而导致零件的失效。与温度有关的零件失效分析思路如图 2-3 所示。

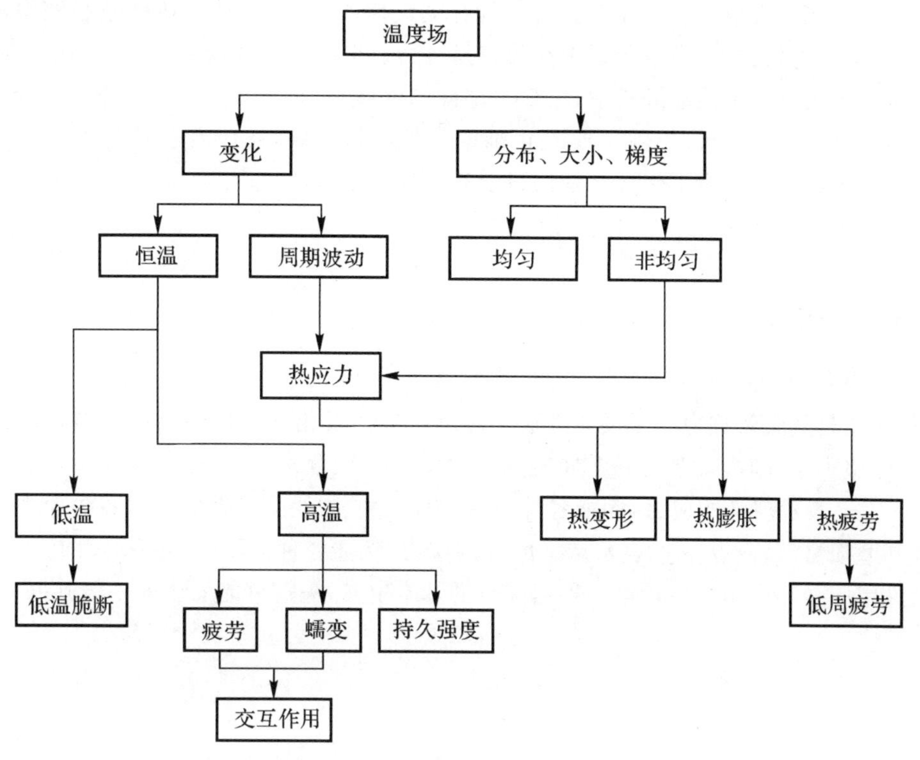

图 2-3　与温度有关的零件失效分析思路

2.2.5　使用和维修因素

机械设备的使用和维修状况也是零件失效必须考虑的因素。例如，在使用过程中，不合理的启动和停车、超速、超载、超期服役、温度超过允许值、流速波动超出规定范围以及异常腐蚀介质的引入等，都可能成为机械零件过早失效的原因。在维修过程中，如果润滑不良、清洁不好、没有定期维修或维修不当等，都会造成零件的早期破坏。例如，轴承是精密零件，轴承通常是机械零部件中最不容易装卸的部件，轴承及润滑脂受到污染，将无法有效运行，必须定期进行维修。

不按规定程序操作等人为差错也会造成机械零件早期失效。例如：某腐蚀防护工程需要铺设不锈钢板，工人操作时，穿的是带钉的皮鞋，在不锈钢板表面造成了踩踏形成的坑。由于是腐蚀防护工程，钢板所受应力很低，经分析不足以引起早期应力腐蚀开裂。但在踩踏坑周边，应力集中的作用导致其应力增加，应力腐蚀裂纹会在踩踏坑周边萌生扩展。

2.3　失效分析的基本方法、程序和常用技术

导致产品或零部件失效的因素很多，零部件之间的相互作用也很复杂，失效的原因有的简单，有的复杂，再加上外界因素的影响，导致失效分析任务非常烦琐。另外，在大多数失效分析中，肇事的关键性样品很难确定，而且更多时候样品数量也很有限，在失效件的残骸上只允许取一次样品，观察和测量的范围非常有限，因此确定一个正确的失效分析思路，对制订正确的

失效分析程序，保证失效分析工作顺利进行具有关键性的作用。同时，在失效系统中，如果只有明显的一个零部件失效，失效分析则比较容易进行。但在一些复杂系统中，有些零部件是受牵连失效的，如飞机失事残骸分析中，大量零部件同时损坏，而确定失效原因需要考虑很多因素。因此，在进行失效分析时，除了要有正确的失效分析思路，还应有合理的失效分析程序。除此之外，具体的失效分析工作还要借助科学有效的技术方法。

2.3.1 失效分析的思路及方法

2.3.1.1 失效分析的一般思路

1. 以失效抗力指标为主线的失效分析思路

零件失效是其失效抗力与服役条件这一对矛盾的因素相互作用的结果，当零件的失效抗力不能胜任服役条件时，就会造成零件失效。

如果以 σ_g 表示广义的应力，例如各种力(拉力、压力、扭矩和摩擦力等)、各种应力、各类变形、压强和磨损量等；而以 $[\sigma]_g$ 表示广义的许用应力，例如各种许用力、各种许用应力、各类许用变形、许用压强和许用磨损量等。根据失效的基本定义，失效可能发生的一般判据为

$$\sigma_g > [\sigma]_g \quad (2-1)$$

相应地，可以正常工作(不失效) 的判据为

$$\sigma_g \leqslant [\sigma]_g \quad (2-2)$$

零部件的服役条件主要包括载荷(如载荷性质、大小等)和环境(如温度、介质等)两方面的因素。不同的服役条件要求零件具有不同的失效抗力指标，而零件的失效抗力指标一方面决定于材料因素(成分、组织和状态等)，另一方面与零件的几何细节有关。

以零部件失效抗力指标为主线确定失效分析的思路，如图 2-4 所示，其中粗箭头表示思路中的主干。

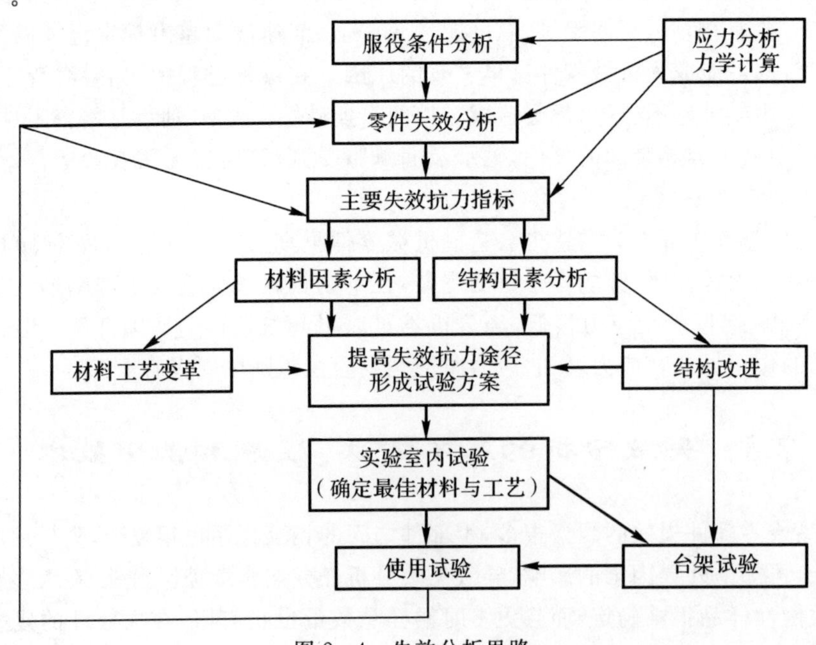

图 2-4 失效分析思路

其失效分析思路的要点如下：

(1)对具体服役条件下的零件进行具体分析，从中找出主要的失效方式及主要失效抗力指标。

(2)运用金属学、材料强度学和断裂物理、化学、力学的研究成果，深入分析各种失效现象的本质，即主要失效抗力指标与材料成分、组织和状态的关系，提出改进措施。

(3)根据“不同服役条件要求材料强度与塑性、韧性的合理配合”这一原则，分析研究失效零件现行的选材、用材技术条件是否合理。

(4)用局部复合强化，克服零件上的薄弱环节，争取实现材料的等强度设计。

2. 以制造过程为主线的失效分析思路

任何零部件都要经历设计、选材、热加工(铸、锻、焊)、冷加工、热处理、精加工和装配等工序，如果已经确定零件失效纯系制造过程中的问题，则可对上述工序展开分析。以热处理工序为例，因热处理不当造成零件失效的原因有：①过热或过烧；②淬火裂纹；③淬火变形；④奥氏体化温度不当造成显微组织不合理；⑤脱碳或增碳；⑥回火脆化；⑦残余应力过高；⑧未及时回火等。对其中的每一项原因还可以继续分解。

3. 以零件或设备为类别的失效分析思路

机械产品按其类别可分为基础零件和成套设备。对于同类零件或设备，尽管其功能各不相同，服役条件也有很大差别，但在其工作性质上仍有诸多相同或相通之处，因此其失效形式以及造成失效的因素也有相同或相通之处。

2.3.1.2　失效分析的基本方法

1. 系统方法

系统方法又称为相关性方法，就是把失效模式、失效特征、服役条件、材质情况、制造工艺和过程以及使用维护情况等放在一个研究系统中，从总体层面加以考虑的方法。分析研究失效原因是否与设计、材质、制造、使用维护等有关，并根据检测结果，分析失效原因。该方法通常适用于失效原因比较复杂、难以判定的失效分析。

2. 抓主要矛盾方法

抓主要矛盾方法就是抓失效中起主要作用的因素，如断裂失效中断裂源及其导致因素。该方法适用于失效原因简单、目标比较明确的失效分析。如某铸件在使用过程中发生断裂，在断口疲劳裂纹源处已经明显看到有铸造缺陷存在，疲劳裂纹源始于铸造缺陷。因此抓主要矛盾，就是抓住铸造缺陷是零件在交变载荷作用下产生疲劳裂纹而导致断裂的主要原因这一主要问题。

3. 比较方法

选择一个没有失效而且能与失效系统一一对比的系统，通过两者之间的比较，从中找出差异，这样有利于尽快得出失效原因。

4. 历史方法

历史方法实际上也是经验的方法，它的客观依据是物质世界的运动变化和因果制约性，就是根据产品或零部件在同样的服役条件下过去表现的情况和变化规律，来推断当前失效的可能原因。这一方法主要依赖于过去失效资料的积累，运用归纳法和演绎法来分析失效原因。

例如，应力腐蚀、晶间腐蚀和冷脆等都是依赖于历史资料的积累，通过对材料性能的反复验证来完成的。

5. 逻辑方法

逻辑方法就是根据背景资料(设计、材料和制造等情况)和失效现场调查资料以及分析、测试获得的信息，进行分析、比较、综合、归纳，做出判断和推论，进而得出失效原因的方法，主要适用于失效零部件的材料和工艺改进。

2.3.1.3 失效分析系统工程方法

现代化的大型设备多为复杂结构，由计算机控制运行。在苛刻的服役条件下，要保证设备安全、可靠地工作，必须实施系统工程管理。系统工程是一门综合运用多种现代科学技术的综合性管理工程。系统工程的思路和方法是按照事物本身的系统性，把所有要研究的问题都放进系统中加以考察。对失效分析来说，就是把设备本身的各种破坏因素、环境因素和人为因素当作一个系统，再运用系统工程的分析方法来处理，最后得出失效原因。因此，对于影响因素较为复杂的失效分析对象，例如一个电站、一个化工厂、一个机组、一个传动系统，甚至某一相关因素很广的机件，特别是面对各影响因素之间存在着用一般分析方法难以综合分析的因素(人为因素、软件因素等)以及各种复杂逻辑关系的因素时，则需要应用“失效分析系统工程”的思路与方法来进行失效分析，其目的是正确反映各影响因素的错综复杂的关系，找出失效关键以及各种因素的严重程度或“贡献”。

随着现代科学技术的发展，人们的认识水平与手段(如电子计算机、电子显微镜、高速摄影机、热像仪等)也逐步趋向高科技化，这为复杂系统的失效分析提供了物质条件。因此出现了一门新的学科，该学科是把复杂设备和人的因素当作一个系统，运用数学方法和现代化工具，研究系统失效的的各种逻辑关系，并计算系统失效与其组成部分失效之间定量关系的失效分析的系统工程学，即失效分析系统工程，简称“失效系统工程”或“故障系统工程”。

失效分析的系统工程方法包括两大类。

第一类方法是鉴于影响失效的因素通常比较多，因此，为了提高分析效率与准确度，有必要对多种因素进行科学“搜索”，即按分析失效故障的关键因素分类，常用方法包括主次图法、趋势图法和特征-因素图法。

第二类方法是鉴于失效分析的首要环节在于确定失效或故障的模式，以便相应地进行原因分析并制定对策，即按失效模式的影响分类，常用方法包括失效模式、影响及危害性分析(Failure Model Effect and Criticality Analysis, FMECA)，失效树分析(Fault Tree Analysis, FTA)；事件树分析(Event Tree Analysis, ETA)，FMECA、FTA 和 ETA 的综合分析等。

FMECA、FTA 和 ETA 这几种较复杂的分析方法的详细说明见本书第 7 章。

常用的失效分析系统工程方法的功能特点见表 2-1。

表 2-1 常用的失效分析系统工程方法的功能特点

分析方法	主要功能特点
主次图法	便于分析系统中的基本环节与关键因素，还可用于质量管理
特征-因素图法 (Herring Bone Analysis, HBA)	从全面分析，剔除决定特征(故障)的各次要因素，逐步地抓住主要或基本因素

续 表

分析方法		主要功能特点
失效模式分析 (Failure Modes Analysis，FMA)		从失效特征确定失效模式
失效影响分析 (Failure Effect Analysis，FEA)		从失效的各种模式中比较对系统的不同影响
失效危害性分析 (Failure Criticality Analysis，FCA)		从失效的各种模式中确定危害性所在及严重程度
失效模式影响和 危害性分析(FMECA)		综合 FMA、FEA、FCA 的分析方法，可更全面分析故障原因，提出对策，可用于事前、事中、事后分析
失效树分析 (FTA)		一种对失效事件的图解演绎和逻辑推理方法，直观性好且逻辑性强
事件树分析(ETA)		从原因时间到最终事故发生的顺时序分析方法。从时序因果关系上看，ETA 与 FTA 正好相反，功能上与 FTA 基本相同
综合分析	FMECA 与 FTA 综合分析	具有 FMECA 与 FTA 的综合功能
综合分析	FTA 与 ETA 综合分析	具有 FTA 与 ETA 的综合功能

2.3.2　失效分析的一般程序

失效分析是一项复杂的技术工作，它不仅要求失效分析工作人员具备多方面的专业知识，而且要求多方面的工程技术人员、操作人员及有关科学工作者的相互配合，才能有效地解决问题。因此，如果在分析之前，没有设计出一个科学的分析程序和实施步骤，往往就会出现工作忙乱、漏取数据、进展缓慢或走弯路等问题，甚至分析步骤颠倒，使某些应得的信息被另一提前的步骤给毁掉了。例如，在腐蚀环境条件下发生断裂的零件，其断口上的产物对于分析断裂的原因具有重要的意义，但是在尚未对其进行成分及相结构分析时，断口处理时就把断口上的产物给清洗掉了，以致无法对断口产物进行分析。另外，在现场调查和背景材料搜集过程中，如果没有列出调查提纲，就容易漏掉某些信息资料，不得不多次到现场了解情况，拖延工作进度。

失效分析又是一项关系重大的严肃工作，工作中切忌主观和片面，对问题的考虑应从多方面着手，严密而科学地进行分析工作，才能得出正确的分析结果、提出合理的预防措施。

由此可见，制订一个科学的分析程序，是保证失效分析工作有效开展的前提条件。但是，机械零件失效的情况是千变万化的，分析的目的和要求也不尽相同，因而很难规定一个统一的分析程序。一般说来，在明确了失效分析的总体要求和目标之后，失效分析程序大体如下：

1. 现场调查

1)保护现场。在防止事故进一步扩展的前提下，应力求保护现场不被破坏，如果必须改变某些零件的位置，应先拍照或做标记。

2)查明事故发生的时间、地点及失效过程。

3)查看并记录失效部件及碎片的名称、结构特征、尺寸大小、形状及散落方位。

4)收集失效部件残骸碎片,观察记录失效部件和碎片的变形、裂纹、断口、腐蚀、磨损外观以及表面的材料特征,如烧伤色泽、附着物、氧化物和腐蚀生成物等。

5)收集失效部件周围散落的金属屑和粉末、氧化物和粉末、润滑残留物及一切可疑的杂物。

6)记录失效部件工作的环境条件,包括周围景物、环境温度、湿度、大气和水质情况。

7)选取进一步分析的试样,并注明位置及取样方法。

8)询问现场工作人员和其他有关人员事故发生时的情形,了解有关情况。

9)写现场调查报告。

2. 收集背景资料

对于一台设备,需收集的背景资料主要如下:

1)设备的基本情况,包括设备名称、出厂及使用日期、设计参数及功能要求等。

2)设备的运行记录,尤其是载荷及其波动、温度变化及腐蚀介质等。

3)设备的历史维修情况。

4)设备的历史失效情况。

5)设计图样及说明书、装配程序说明书及使用维护说明书等。

6)材料选择及其依据。

7)设备主要零部件的生产流程。

8)设备服役前的经历,包括装配、包装、运输、储存、安装和调试等情况。

9)质量检验报告及有关的规范和标准。

对于一个零部件,需收集的背景资料主要如下:

1)零件名称,用于何机器、何部位及配件情况。

2)零件的功能、要求及设计依据、材料选择。

3)使用经历,包括使用寿命、操作温度、环境条件、载荷(谱)形式和超载情况等。

4)原材料、加工工艺流程和材料工艺性能情况。

5)表面处理情况。

6)制造工艺。

7)失效零件的样品收集。

在开展失效分析工作时,现场调查和收集背景材料是至关重要的,是开展失效分析工作的前提。通过现场调查和对背景材料的分析与归纳,才能正确地制订下一步的分析程序。因此,开展失效分析工作,必须重视和掌握与失效设备(零部件)相关的各种材料。有时由于各种原因,失效分析人员无法到失效现场去,就必须明确地制订需要收集材料的内容,由现场工作人员收集。收集背景材料时应遵循实用性、时效性、客观性以及尽可能丰富和完整等原则。

3. 失效件的观察、检测和试验

在调查研究基础上,要对收集到的失效件进行观察和检测,以确定失效类型,找出失效原因。

(1)观察

在清洗失效件前要对失效零部件(包括收集到的全部残片)进行全面观察,包括肉眼观察、低倍率放大或显微镜宏观检查，以及高倍率显微镜微观观察。

用肉眼进行初步观察。肉眼具有很大的景深，能够快速检查较大的面积，而且能够感知形状，识别颜色、光泽和粗糙度等的变化，从而得到失效件的总体概貌。

低倍率放大或显微镜可以弥补肉眼分辨率的不足，对失效件的特征区及邻近零部件接触部位的宏观形貌做进一步了解。对断裂断口则可获得腐蚀的局部区域，为微观机制分析提供选点，如果宏观观察能判别断裂顺序、裂纹源、扩展方向，则微观观察就可在确定的裂纹源区、裂纹扩展区及断裂区分别观察不同的特征，从而找出异常的信息，为失效原因及机理分析提供有力的证据。

对失效零部件的初步观察一般包括以下内容：

1)断裂形式、部位及塑性变形情况，并注意裂纹的源区、扩展情况及其终止点。

2)裂纹源以外的裂纹或其他缺陷，断口是清洁、光亮还是氧化锈蚀及回火色。

3)有无腐蚀痕迹(局部腐蚀、点蚀、缝隙腐蚀、电化学腐蚀、高温剥蚀或应力腐蚀)。

4)有无磨损迹象(过热、擦伤、磨蚀及剥落等)。

5)表面状况(有无机械损伤、颜色变化、氧化或脱碳现象等)。

6)原材料质量，加工缺陷，如锻件、铸件质量，焊缝质量(裂纹、疏松和夹杂等)及其与断裂部位的相对位置。

7)裂纹与零件表面有无腐蚀产物和其他外来物。

(2)检测

观察只能了解失效件的表观特征，对失效件的本质特征变化则需通过各种检查、测试进行深入研究。检测一般包括以下内容：

1)化学成分分析。根据需要对失效零部件材料的化学成分、环境介质及反应物、生成物、痕迹物等进行成分分析。

2)性能测试。对于力学性能，主要测试零部件金属材料的强度指标、塑性指标、韧性指标及硬度等；对于化学性能，主要测试金属材料在环境介质中的电极电位、极化曲线及腐蚀速率等；对于物理性能，主要测试反应热、燃烧热等。

3)无损检测。采用物理方法，在不改变材料或零部件性能和形状的前提下，迅速而准确地确定零部件表面或内部裂纹以及其他缺陷的大小、形状、数量和位置。零部件表面裂纹及缺陷常用渗透法及电磁法检测，内部缺陷则多用超声波检测。

4)组织结构分析。组织结构分析包括对材料表面和内部的金相组织及缺陷的观察分析，是对零件材料的金相组织、显微硬度、晶粒度、夹杂物、表面处理、加工流线、裂纹起源和走向等进行观察和评定，对选材、制造、热处理、焊接工艺等是否合适做出判断。常用金相法分析金属的显微组织，观察是否存在晶粒粗大、脱碳、过热及偏析等缺陷；分析夹杂物的类型、大小、数量和分布以及晶界上有无析出物；分析裂纹的数量、分布及其附近组织有无异常，是否存在氧化或腐蚀产物等。

5)应力测试及计算。很多零部件的失效类型与应力状态相关。有资料报道，残余应力导致零件失效的比例达50%以上，因此要考虑零件材料是否有足够的抵抗破坏性外力的能力。不管哪一种断裂类型，其裂纹扩展速率都是应力的正变函数，应力增加，裂纹扩展速率递增。很多腐蚀失效在应力作用下才会产生，如应力腐蚀开裂与腐蚀疲劳都有与应力相关的裂纹启裂门槛值。零部件由于承载而存在的薄膜应力、因温度引起的温差应力以及因变形协调产生的边缘应力，都是可以在设计中进行计算并在结构设计时加以考虑的，但在制造成型过程中产生的残余应力以及在安装使用过程中因偶然因素产生的附加应力是难以估算的。因此，失效应力往往需要测试计算，尤其是在制造成型过程中存留的残余应力。内应力的测试方法有很多，如电阻应变片法、脆性涂层法、光弹性覆膜法、X 射线法及声学法等，所有这些方法实际上都是通过测定应变，再通过弹性力学定律由应变计算出应力值。

(3)试验

为了验证失效分析工作所得结论的可靠性，对于重大事件，在条件允许的情况下，应进行重现性试验或对其中的某些关键数据进行证明试验。如果试验结果同预期结果一致，则说明失效分析所得结论是正确的，预防措施是可行的。否则，尚需做进一步分析。

应该注意，在进行重现性试验时，试验条件应尽量与实际情况相一致。将试验结果与实际情况对比时，应进行合理的数学处理，而不应简单放大或直接应用。

4. 综合分析归纳，确定失效原因并提出改进措施

根据失效现场获得的信息、背景材料及各种观察和试验结果数据，运用材料学、机械学、管理学及统计学等方面的知识，综合归纳、推理判断，去伪存真、由表及里地分析后，初步确定失效模式，找出导致失效的主要原因，并针对这些原因提出切实可行和有效的改进措施。

5. 撰写失效分析报告

失效分析报告的重点在于反映失效的原始情况、重要数据；分析失效的主要形式和原因；提出建议和防范措施；等等。报告应写得条理清晰、简明扼要、合乎逻辑，注重失效情况的调查、取证和验证，应包括确定失效原因的所有重要细节，在此基础上通过综合归纳得出结论。

失效分析报告通常应包括以下内容：

(1)概述

概述主要介绍失效事件的基本情况，包括事件发生的时间、地点；失效造成的经济损失及人员伤亡情况；失效分析工作受何部门或单位的委托；失效分析的目的及要求；参加失效分析的人员情况、起止时间；等等。

(2)失效事件的调查结果

失效事件的调查结果应简明扼要地介绍失效零部件的损坏情况、环境条件及工况条件；当事人和目击者对失效事件的看法；失效零部件的服役史、制造史及有关的技术要求和标准。

(3)分析检测结果

分析检测结果指为了寻找失效原因，采用何种方法和手段，做了哪些分析检测工作，结果如何。对于断裂件的分析，断口的宏观和微观分析、材料的选择及冶金质量情况分析、力学性能及硬度的复检、化学成分及金相分析、制造工艺及服役条件的评价等内容通常是不可缺少的。

(4)失效原因分析

进一步讨论分析检测工作中出现的异常情况与失效的关系。

(5)结论与建议

结论一般是确定失效原因和影响因素，应简明准确；建议要具体、切实可行，如修复的可能性和措施、纠正失效和预防失效的方法等。

2.3.3　失效分析的常用分析技术

失效分析的基本技术包括断口分析技术、裂纹分析技术、痕迹分析技术、常规化学成分分析技术、力学性能检测技术、金相显微镜分析技术、无损检测技术、形貌特征微观分析技术、X射线衍射分析技术和模拟实验技术等。这些分析技术在失效分析中起着关键性的作用，将这些技术在失效分析工作中与分析思路、方法密切结合，对于得到正确的失效分析结论至关重要。以下对一些常用分析技术进行简单的介绍。

2.3.3.1　断口分析技术

断裂是金属装备及其零部件最常见的失效形式之一，断裂的失效件上一般都形成断口（指失效件的断口表面或横断面）。

1. 断口分析的重要性

失效件的断口是材料断裂后留下的自然表面，提供重要的断裂信息（包括断面形貌特征、断口颜色变化、变形引起的结构变化及断口附近的损伤痕迹等），同时断口上记录着与裂纹有关的各种信息，包括外部因素对裂纹萌生的影响及材料本身的缺陷对裂纹萌生的促进作用，还包括裂纹扩展的途径、扩展过程和内外因素对裂纹扩展的影响等。通过对这些信息的分析，可以找出断裂的原因及影响因素。因此，断口分析在断裂失效分析中占据着非常重要的地位，在一定程度上可以认为断口分析是断裂失效分析的核心，同时又是断裂失效分析的向导，确保失效分析少走弯路。

2. 断口分析的依据

(1)断口的颜色与光泽

主要观察断口有无氧化、腐蚀的痕迹，有无夹杂物的特殊色彩及其他颜色等。如果断口有锈蚀，则观察是红锈、黄锈或是其他颜色的锈蚀，还要看是否有深灰色的金属光泽（呈蓝色或呈深紫色、紫黑色金属光泽）。

在高温条件下工作的断裂零件，从断口的颜色可以判断裂纹形成的过程和发展速度，深黄色是先裂的，蓝色是后裂的；若两种颜色的距离很靠近，可知裂纹扩展的速度很快。

钢件断口若呈现深灰色的金属光泽，则是钢材的原色，属于纯机械断口；断口如果有红锈，则是富氧条件下腐蚀形成的 Fe_2O_3；断口有黑锈，则是缺氧条件下腐蚀得到的 Fe_3O_4。

根据疲劳断口的光亮程度，可以判断疲劳源的位置。如果不是腐蚀疲劳，则源区是最光滑的。

(2)断口上的花纹

不同的断裂类型在断口上会留下不同形貌的花纹。如疲劳断裂断口宏观上有时有沙滩条纹，微观上有疲劳辉纹；脆性断裂有解理特征，断口宏观上有闪闪发光的小刻面或人字河流条纹、舌状花样等；韧性断裂宏观上有纤维状断口，微观上则多有韧窝或蛇行花样等。

(3)断口粗糙度

断口表面由许多微小的小断面构成，这些小断面的大小、高度差决定断口的粗糙度。不同材料、不同断裂方式所得到的断口粗糙度也不同。

属于剪切型韧性断裂的剪切唇比较光滑，而正断型的纤维区则较粗糙。属于脆性断裂的解理断裂形成的结晶状断口比较粗糙，而准解理断裂形成的瓷状断口则很光滑。

疲劳断口的粗糙度与裂纹扩展速度有关(成正比),裂纹扩展速度越快,断口越粗糙。

(4)断口与最大正应力的交角

当应力状态、材料及外界环境不同时,断口与最大正应力的交角也不同。韧性材料的拉伸断口往往呈杯锥状或呈45°切断的外形,其塑性变形以缩颈的方式表现出来,即断口与拉伸轴向量的最大正应力交角是45°。脆性材料的拉伸断口一般与最大拉伸应力垂直,断口表面平齐,没有剪切唇,没有缩颈。韧性材料的扭转断口呈切断型,断口与扭转正应力交角也是45°。

(5)断口表面的冶金缺陷

夹杂、分层、晶粒粗大、白斑、白点、氧化膜、气孔、疏松和撕裂等冶金缺陷,往往是导致断裂的原因,常可在失效件断口表面经宏观或微观观察而发现。

3. 断口的宏观分析与微观分析

(1)宏观分析

宏观分析是指用肉眼、放大镜、低倍光学显微镜或扫描电镜来观察断口的表面形貌,这是断口分析的第一步和基础。先用肉眼和低倍率放大镜观察断口各区的概貌和相互关系,然后选择关键的局部区域,加大倍率观察微细结构。通过宏观观察收集到的信息,可初步确定断裂的性质(脆性断裂、韧性断裂、疲劳断裂和应力腐蚀断裂等),还可以分析裂纹源的位置和裂纹扩展方向,并初步判断冶金质量和热处理质量等。断口的宏观分析对进一步分析及防止失效有重要的意义。例如,如果裂纹源出现在表面,则应强化零件的表面性能;如果裂纹源出现在材料的内部,则应强化整体性能。找到裂纹源后才可以有的放矢地对裂纹源的组织结构进一步深入分析。如果根据断口宏观形貌判断出零部件是由疲劳载荷形成的断口,分析断裂原因时应重点分析影响疲劳强度的因素,同时测定零部件的实际疲劳强度,为了保证和提高零部件的使用寿命,则应该进一步采取措施,提高材料的疲劳强度。

失效件的宏观分析不仅与受力状态及环境条件有关,而且与材料的性质及组织结构有关。通过宏观分析可以直接推断出失效模式与原因,同时也为微观分析提供证据。因此,失效件的宏观分析是失效分析的基础,也是失效分析成功与否的关键,需要仔细地进行分析。

(2)微观分析

断口的微观分析主要是指借助光学、电子等显微镜对断口进行高放大倍率的观察和分析,包括断口表面的直接观察及断口剖面的观察,一般用金相显微镜及扫描电镜进行观察。通过微观观察分析可以进一步核实宏观观察收集的信息,确定断裂的性质、裂纹源的位置及裂纹走向、扩展速度,得出断裂原因及机理,等等。

进行剖面观察需要截取剖面,通常是用与断口表面垂直的平面来截取,截取时注意保护断口表面不受损伤。垂直于断口表面有两种切法:一是沿平行裂纹扩展方向截取,通过这种方法可研究断裂的过程,因为剖面上包括断裂的不同区域;二是沿垂直裂纹扩展方向截取,通过这种方法,可以在一定位置的断口剖面上,研究某一特定位置的区域。

通过剖面观察,可观察二次裂纹尖端塑性区的形态、显微硬度变化、合金元素有无变化等情况,可以帮助分析研究断裂原因和机理之间的关系,因此,在微观观察时经常应用剖面观察技术。

2.3.3.2 裂纹分析技术

裂纹是一种不完全断裂的缺陷,把裂纹打开后,也可以用断口技术进行分析。裂纹的存在不仅破坏了材料的连续性，而且裂纹尖端大多很尖锐，容易引起应力集中，使零件在低应力下提前破断。

裂纹分析的目的是确定裂纹的位置及分析裂纹产生的原因。

裂纹形成的原因往往很复杂，如设计不合理、选材不当、材质不合格、制造工艺不当及维护和使用不当等。因此，裂纹分析是一项十分复杂而细致的工作，往往需要从原材料的冶金质量、材料的力学性能、成型工艺流程和每道工序的工艺参数、零件的形状及其工作条件以及裂纹的宏观和微观特征等各个方面进行综合分析，涉及多种技术方法和专业知识，如无损检测、化学成分分析、力学性能测试、金相分析和微区成分分析等。

1. 裂纹的基本形貌特征

1)一般情况下，裂纹两侧会凹凸不平，耦合自然，即使经变形后局部会变钝或某些脆性合金的耦合特征不明显，但完全失去耦合特征的情况是不多见的。耦合特征与主应力性质有关。若主应力是切应力，则裂纹一般呈平滑的大耦合特征；若主应力是拉应力，则裂纹一般呈锯齿状的小耦合特征。

2)除某些沿晶裂纹外，绝大多数裂纹尾端是尖锐的。

3)裂纹的深度大于宽度，是连续性的缺陷。

4)裂纹有各种形状，如直线状、分枝状、龟裂状、辐射状、环形状、弧形状，形状往往与形成裂纹的原因密切相关。

2. 裂纹的宏观检测分析

裂纹的宏观检测分析是指采用适当的方法检测出零件中可能存在的裂纹，对其进行定性、定量表征及评价。除通过肉眼直接进行外观检查和采取简易的敲击测音法外，通常还可采用无损检测方法。

无论是材料制备、零部件制造还是服役和维修中的零件，检测材料中存在的宏观缺陷或裂纹是一项必不可少的程序。

目前已有十多种无损检测方法，根据物理原理可将其分为射线检测、电学方法检测、磁粉检测、声学方法检测、微波与介电测量检测、光学方法检测、热学方法检测、渗透检测及渗漏检测等。根据特点的不同，每种检测方法的应用领域也不同。值得一提的是，这些无损检测技术并不是万能的，它们都有各自的局限性，因此在很多情况下可能需要采用两种或两种以上的检测方法来检查缺陷。

3. 裂纹部位的力学分析及材质检测

裂纹部位的力学分析及材质检测是指根据裂纹在零件中所处的位置及其应力状态，结合加工工艺和使用条件，得出裂纹产生的原因。

裂纹形成取决于某点处的应力状态和材料强度这两个因素的综合作用，因此裂纹经常会在容易引起应力集中的部位形成，如零件截面尺寸发生突变、孔槽边缘和尖锐棱角处等。特别是在材料缺陷处，由它所形成的界面降低了材料强度，同时产生了应力集中现象。当该点处的最大拉应力大于材料强度时，材料缺陷处容易成为裂纹源。因此，在一般情况下，裂纹产生需要两个条件：一是存在拉应力；二是材料组织中存在缺陷。其中，拉应力既可以是零件在外加载荷作用下产生的，也可以是在零件制造或加工过程中所产生的残余应力。

在采用无损检测确定出裂纹所处的部位，并对零件进行准确的力学分析确定出裂纹部位的应力状态之后，就可以初步判断出裂纹产生是与拉应力有关还是由材料缺陷引起的。如果裂纹不是萌生在零件的应力集中处，那么裂纹所处位置必然与材料的缺陷和(或)内应力的作用有关。

因此，通过力学分析完成初步判断之后，必须结合材料的加工工艺和使用条件，从裂纹附近的微观组织特征或断口特征等进行综合分析，找出降低材料强度和(或)引起材料内应力的原因，从而最终确定裂纹产生的本质原因。

裂纹部位的材质检测主要包括力学性能、化学成分等的检测。材料的化学成分不仅决定了材料的微观组织与力学性能，而且与零件热加工工艺的合理性密切相关。因此，如果在材料设计时存在选材错误、材料出现冶金质量问题等，就可能会在零件中产生裂纹。同时，零件在服役过程中可能会受到与应力腐蚀或腐蚀疲劳等失效模式有关的腐蚀性环境作用，导致裂纹表面产生腐蚀产物。此外，零件中的裂纹还有可能与各元素的含量及其偏析分布有关。因此，有必要借助电子探针等分析测试手段对裂纹起始部位进行化学成分的微区分析及微量分析。除此之外，还应对零件的工艺流程、工艺参数、零件形状及工艺条件进行分析，因为原材料中的缺陷或加工过程中出现的缺陷都可能使零件在服役过程中产生裂纹并由此导致断裂事故。

4. 裂纹的微观检查分析

虽然裂纹的宏观分析非常重要，是整个裂纹分析的基础，但是宏观分析往往难以阐明裂纹的形成机制、原因以及各种影响因素的作用。为此，还需要对裂纹进行微观分析，微观分析是为了进一步确定裂纹性质和产生原因而进行的检测分析工作，一般采用光学金相分析和电子金相分析技术。

微观分析通常包括以下几方面的内容：观察裂纹是以穿晶还是沿晶开裂的方式存在于材料中的，主裂纹附近有无微裂纹及分枝；检查裂纹处及其周围材料的晶粒度有无显著变化，是否出现粗化、细化或是大小极不均匀的情况，晶粒是否变形，裂纹与晶粒变形的方向是否一致；检查裂纹附近是否存在碳化物或非金属夹杂，确定它们的形态、大小、数量及分布情况，裂纹源是否萌生在它们的周围，确定裂纹的扩展方向；检查裂纹两侧是否存在氧化或脱碳现象，有无氧化物和脱碳组织出现；检查裂纹表面是否存在白色的加工硬化层或回火层；检查裂纹萌生处及其扩展路径附近的材料中是否存在粗大的过热组织、魏氏组织、带状组织以及其他形式的异常组织。

一般来说，通过检查金相组织和晶粒度等，可以确定裂纹的萌生部位、热加工质量等，也能定性地判断材料的受力情况。例如，过热、过烧引起的锻造或热处理裂纹，其晶粒往往粗大，而且在晶界处伴随有析出物析出；如果材料的局部应力超过了材料的强度极限，由此产生的裂纹在萌生处往往会存在明显的塑性变形痕迹。此外，裂纹表面附着物对裂纹分析也有一定的参考意义。

5. 产生裂纹部位的分析

裂纹的形成主要归结于应力因素，但裂纹产生的部位往往很特殊，可能与零件局部结构形状引起的应力集中有关，也可能与材料缺陷引起的内应力集中等因素有关。

(1)结构形状引起的裂纹

结构上的需要、设计上的不合理、加工制造过程中形成的缺陷或在运输过程中由于碰撞而形成的尖锐凹角、凸边或缺口，使截面尺寸突变或产生台阶等“结构上的缺陷”，这些缺陷在制造和使用过程中将产生很大的应力集中，并可能导致裂纹萌生，所以要对裂纹所在部位与结构形状之间的关系进行分析。

(2)材料缺陷引起的裂纹

材料本身的缺陷，尤其是表面缺陷，如夹杂、划痕、折叠、氧化、脱碳、粗晶及气泡、疏松、偏析、白点、过热、过烧和发纹等，不仅直接破坏了材料的连续性，降低了强度与塑性，而且往往会在这些缺陷的尖锐前沿形成很大的应力集中，使材料在很低的应力下产生裂纹并扩展，最后导致断裂。统计表明，在弯曲循环应力作用下，100％的疲劳断裂源于表面缺陷。

(3)受力状况引起的裂纹

如果材料质量合格，零件形状设计合理，则裂纹将在应力最大处形成，有随机分布的特点。此时，为了得出裂纹起裂的真实原因，要特别注重对应力状态的分析，尤其是非正常操作工况下的应力状态，如超载、超温等。

6. 主裂纹与裂纹源区位置的确定

寻找裂纹源是裂纹分析的核心问题，也是首要问题，因为裂纹源是引起零件失效的关键部位。一旦弄清楚了裂纹源的情况，就能确定出裂纹的形成原因，为今后的裂纹预防提供依据。

如果某零件只发生部分断裂，或虽完全断裂但只破断成两部分，此时问题比较简单，只要对断口进行分析，根据断口特征找出裂纹源，确定断裂性质，就可初步判断断裂的性质和大致原因。但是当零件断裂成三部分或更多时，则需将失效零件的残骸拼凑复原，根据裂纹特征找出主裂纹和裂纹源的位置。

裂纹通常起源于零件的应力集中处或材料缺陷处。由零件应力集中引起的裂纹一般起源于较深的刀痕、刮伤、圆角和台阶等处。由材料缺陷引起的裂纹一般起源于材料的折叠、拉痕和偏析等缺陷处。

对主裂纹进行分析，容易判别裂纹产生的原因，是失效分析的关键。但主裂纹产生后，往往又会产生支裂纹和微裂纹，称为二次裂纹。主裂纹与二次裂纹的萌生与扩展机理是相同的，因此具有相似的扩展与形貌特征。一般有 4 种主裂纹的判别方法：T 形法、分枝法、变形法与氧化法，如图 2－5 所示。

(1)T 形法

将散落的碎片按相匹配的断口组合在一起，如果其裂纹呈 T 形，则在一般情况下横贯裂纹 A 首先开裂。如果 A 裂纹阻止 B 裂纹扩展(或 B 裂纹的扩展受到 A 裂纹的阻止)，则 A 裂纹为主裂纹，B 裂纹为二次裂纹，如图 2－5(a)所示。

(2)分枝法

在断裂失效中，往往在出现一个主裂纹后，又会产生很多的分叉或分枝裂纹，如图 2－5(b)所示。表现在宏观方面，是将散落的碎片按相匹配的断口组合在一起后，会发现呈树枝形的裂纹。裂纹的分叉或分枝方向通常为裂纹的局部扩展方向，其相反方向指向裂源，即分枝裂纹为二次裂纹，汇合裂纹为主裂纹。

(3)变形法

将散落的碎片按相匹配的断口组合在一起，形成零件原有的几何外形状，此时，变形量较大的部位为主裂纹，其他部位则为二次裂纹，如图 2－5(c)所示。

(4)氧化法

如果断裂失效受环境因素影响较大，可检验断口各个部位的氧化程度，氧化程度最严重的区域为最先断裂的部位，即主裂纹所形成的断口。氧化严重说明断裂的时间较长，而氧化程度较轻或未被氧化则成为最后断裂所形成的断口，如图 2-5(d)所示。

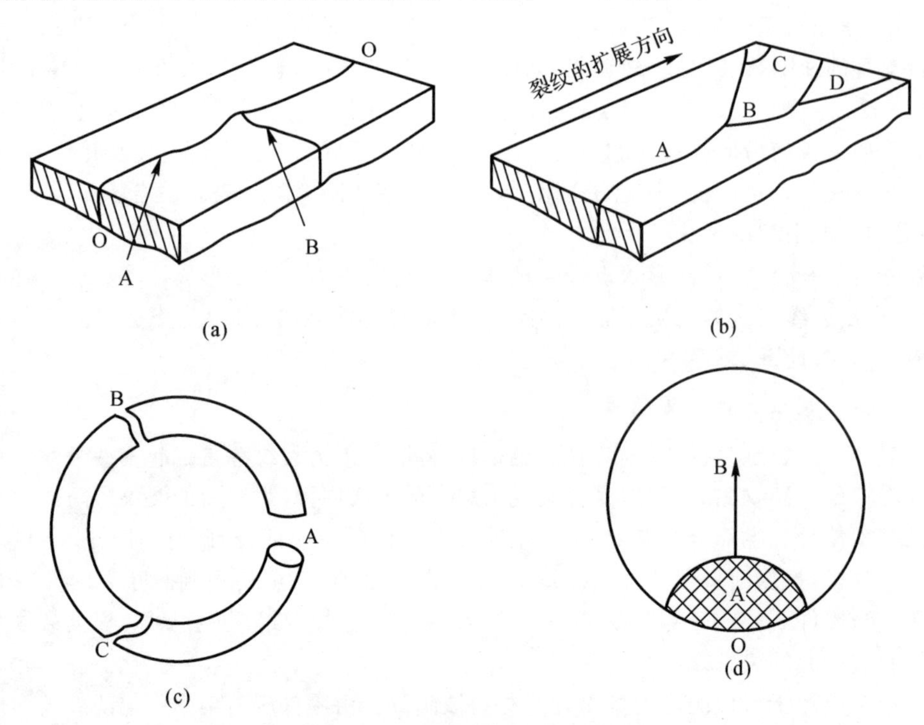

图 2-5　主裂纹判别方法示意图

(a)T 形法；(b)分枝法；(c)变形法；(d)氧化法

7. 裂纹的走向

(1)裂纹的宏观走向

金属材料裂纹的宏观扩展(走向)是根据应力原则和强度原则进行的。

1)应力原则。金属发生脆性断裂、疲劳断裂和应力腐蚀断裂时，裂纹的扩展方向一般都垂直于主应力的方向。当韧性金属承受扭转载荷或金属在平面应力的情况下，其裂纹的扩展方向一般平行于切应力的方向，如韧性材料的切断断口。

2)强度原则。裂纹的扩展(走向)不仅按应力原则进行，还按材料强度原则进行。强度原则是指裂纹总是倾向于沿着最小阻力路线，即材料的薄弱环节或缺陷处扩展。有时按应力原则扩展的裂纹，途中会突然发生转折，出现这种情况的原因是材料内部存在缺陷，在转折处常常能够找到缺陷的痕迹或者证据。

如果材质比较均匀，应力原则起主导作用，裂纹按应力原则进行扩展；当材质存在明显缺陷(不均匀)时，强度原则将起主导作用，裂纹按强度原则进行扩展。

应力原则和强度原则对裂纹扩展的影响有时也是一致的，此时裂纹将沿着一致的方向扩展。比如表面硬化的齿轮，按强度原则，裂纹可能沿硬化层和心部材料的过渡层(分界面)扩展，因此在分界面上的强度急剧降低；按应力原则，齿轮在工作时沿分界面处的应力主要是平行于分界面的交变切应力和交变张应力，因此往往发生沿分界面的剪裂和垂直于分界面的撕裂。

(2)裂纹的微观走向

对裂纹的宏观分析是十分重要和必不可少的,是整个裂纹分析的基础,但宏观分析往往不能解决断裂的机制、原因和影响因素的问题,因此,还必须对裂纹进行微观分析。

从微观层面来看,裂纹的扩展方向可能是沿晶界的,也可能是穿晶或者是混合的,这取决于晶内强度和晶界强度的相对比值。

一般情况下,对应力腐蚀裂纹、回火脆性、氢脆裂纹、磨削裂纹、焊接热裂纹、冷热疲劳裂纹、过烧引起的锻造裂纹、铸造热裂纹、蠕变裂纹以及热脆等,晶界是薄弱环节,因此裂纹沿晶界扩展;而疲劳裂纹、解理断裂裂纹、淬火裂纹、焊接裂纹及其他韧性断裂等情况,晶界的强度一般大于晶内强度,因此裂纹是穿晶的,这时裂纹遇到亚晶界、晶界、硬质点或其他组织和性能的不均匀区时,往往会改变方向,因此人们认为晶界能够阻碍疲劳裂纹的扩展,这就是常用细化晶粒的方法来提高金属材料疲劳寿命的原因之一。

8. 裂纹周围和末端的情况

对裂纹周围的情况进行分析十分重要,通过对裂纹周围情况进行分析,可以了解裂纹经历的温度范围和零部件的工艺历史,从而判断产生裂纹的具体过程。比如,在裂纹源附近和裂纹转折处往往可以找到相应的材料缺陷;在高温环境下产生的裂纹,或经历了高温过程的裂纹,其裂纹周围也常常有氧化和脱碳痕迹等。

需要进一步指出的是,对裂纹周围情况的分析还应包括对比裂纹两侧的形状耦合性。例如,在金相显微镜下,淬火裂纹和疲劳裂纹虽然走向弯曲,但裂纹两侧形状通常是耦合的。但是发裂、拉痕、磨削裂纹、折叠裂纹及变形后的裂纹等,其耦合特征则不明显。因此,也常将裂纹两侧的形状耦合性作为判断裂纹性质的参考依据。

另外,裂纹末端的情况也是综合分析判断裂纹性质和原因的重要参考。一般情况下,淬火裂纹是尖锐的,且两侧金相组织与其他部分无任何区别、不存在氧化和脱碳痕迹;铸造热裂纹末端呈圆秃状,往往具有龟裂外形,裂纹沿原始晶界延伸,内侧一般存在氧化和脱碳现象;磨削裂纹末端呈圆秃状,一般细而浅,呈龟裂状或较有规则排列,裂纹附近组织一般与其他组织无显著区别,但有时有可能存在微量氧化脱碳现象;发纹和折叠裂纹末端一般均呈圆秃状。因此,裂纹末端情况也可以作为综合分析判断裂纹性质和原因的参考依据。

2.3.3.3　痕迹分析技术

装备失效时,由于力学、化学、热学、电学等环境因素的单独或协同作用,在零件表面或表面层会留下某种标记,称为痕迹。这些标记可以是表面或表面层的损伤性的标记,也可以是失效件以外的物质。对痕迹进行分析,研究其形成机理、过程和影响因素,称为痕迹分析。痕迹分析是失效分析中最重要的分析方法之一,在判断失效性质、失效顺序和提供分析线索等方面有着极为重要的意义。

痕迹分析在进行受力分析、相关分析、确定温度和介质环境的影响、判断外来物以及电接触影响等一系列因素分析中,所提供的直接或间接证据对失效分析起着重要作用。如液氯钢瓶爆炸事故中,对附在墙壁上的黑色生成物的痕迹分析,就是判断引起爆炸的化学反应的可靠证据。

在长期实践中,人们已经开展了许多成功的痕迹分析工作,积累了丰富的经验,但痕迹分析技术、方法和理论仍有待大力发展和完善。

由于各种痕迹的形成机理不同，形成过程相当复杂，所以痕迹分析是一种多学科交叉的边缘学科，涉及材料学、金相学、无损检验、工艺学、腐蚀学、摩擦学、力学、测试技术和数理统计等各个领域，这就决定了痕迹分析法的多样化。

痕迹不像断裂那么单纯，断裂的连续性好，过程不可逆，而且裂纹深入零件内部，在裂纹形成过程中断面不易失真，因此断口较真实地记录了全过程。而痕迹往往缺乏连续性，痕迹可以重叠，甚至可以反复产生和涂抹。同时，痕迹暴露于表面，较易失真，有时记录的仅仅是最后一幕，因此痕迹分析更需采用综合分析的手段。

1. 痕迹的种类

失效过程中留下的痕迹种类繁多，根据痕迹形成的机理和条件可将痕迹分为以下几类：

(1)机械接触痕迹

零件之间接触的痕迹，包括压入、撞击、滑动、滚压、微动等的单独作用或联合作用所形成的痕迹，称为机械接触痕迹，其特点是发生了塑性变形或材料的转移、断裂等，痕迹集中发生在接触部位，并且塑性变形极不均匀。

(2)腐蚀痕迹

由于零件材料与周围的环境介质发生化学或电化学作用而在表面留下腐蚀产物及表面损伤的标记，称为腐蚀痕迹。腐蚀痕迹分析包括以下几个方面：

1)表面形貌变化，如点蚀坑、麻点、剥蚀、缝隙腐蚀、气蚀、鼓泡、生物腐蚀等。

2)表面层化学成分的改变，或腐蚀产物成分的确定。

3)颜色的变化和区分。

4)材料物质结构的变化。

5)导电、导热、表面电阻等性能的变化。

6)是否失去金属声音等。

(3)电侵蚀痕迹

由于电能的作用，在与电接触或放电的部位留下的痕迹称为电侵蚀痕迹。电侵蚀痕迹分为两类。

1)电接触痕迹。电接触痕迹是由于电接触而留下的电侵蚀痕迹。当电接触不良时，接触电阻剧增，电流密度很大，从而留下电侵蚀痕迹。电接触部位在火花或电弧的高温作用下，可能产生金属液桥、材料转移或喷溅等电侵蚀现象。

2)静电放电痕迹。静电放电痕迹是由于静电放电而留下的电侵蚀痕迹。很多工业场合容易引起静电火灾和爆炸。有调查数据显示，在有易燃物和粉尘的现场，约70%的火灾和爆炸事故是由静电放电而引起的。常见的静电放电痕迹是树枝状的，有时也有点状、线状和斑纹状等。

(4)热损伤痕迹

热损伤痕迹是由于接触部位在热能作用下发生局部不均匀的温度升高而留下的痕迹。金属表面局部过热、过烧、熔化、烧穿和表面保护层烧焦等都会留下热损伤痕迹。不同的温度会造成不同的热损伤颜色，且热损伤后材料的表面层成分、结构会发生变化，表面性能也会有所改变。

(5)加工痕迹

有助于失效分析的主要是非正常加工痕迹，即留在表面的各种加工缺陷，如刀痕、划痕和烧伤等。

(6)污染痕迹

污染痕迹是各种外来污染物附着在材料表面而留下的痕迹。污染物并未与材料表面发生反应，只是附着在其表面。污染痕迹有时能提供某种参考线索。

2. 痕迹分析的主要内容

1)痕迹的形貌(花样)，特别是塑性变形、反应产物、变色区、分离物和污染物的具体形状、尺寸、数量及分布。

2)痕迹区以及污染物、反应产物的化学成分。

3)痕迹的颜色、色度、分布、反光性等。

4)痕迹区材料的组织结构。

5)痕迹区的表面性能(耐磨性、耐蚀性、硬度、涂层的结合力等)。

6)痕迹区的残余应力。

7)痕迹区散发的各种气味。

8)痕迹区的电荷分布和磁性等。

3. 痕迹分析的程序

(1)寻找、发现和显现痕迹

一般以现场为起点，全面搜集各种痕迹，不放过任何细微的有用痕迹。痕迹不像断裂那么明显，搜集痕迹需要一定的耐心和经验。

一般来说，首先搜集能显示装备失效顺序的痕迹，其次搜集外部的痕迹，然后搜集零部件之间的痕迹，最后搜集污染物和分离物，如油滤器、收油池、磁性塞中的各种多余物、磨屑等。在对失效件进行分解时，要确保痕迹的原始状况，避免造成新的附加损伤，以免引起混淆。

(2)痕迹的提取、固定、显现、清洗、记录和保存

照相、复印、制膜法等都可用来提取和固定痕迹，通过利用各种干法和湿法，还可以提取残留物。

(3)痕迹鉴定

痕迹鉴定的一般原则是由表及里、由简而繁、先宏观后微观、先定性后定量，并遵循形貌—成分—组织结构—性能的分析顺序。

鉴定痕迹时要充分利用之前曾发生过的同类失效的痕迹分析资料。如果鉴定时需破坏痕迹区进行检验，应慎重确定取样部位，并事先进行记录。

2.3.3.4　常规化学成分分析技术

在失效分析中，化学成分分析是必不可少的。通过化学成分分析，可以确认失效件是否符合设计制造对材料的要求、化学成分含量是否与失效有关等信息。

1. 化学成分分析在失效分析中的作用

化学成分是决定零部件性能的基本要素，各元素对性能的影响，不仅体现在该元素的作用

上，而且体现在与其他元素之间的互相作用上。下面以钢铁零件为例进行说明。

钢中加入的合金元素，在与铁、碳的作用以及合金元素之间的作用下，使钢的晶体结构和显微组织发生变化，可以改善和提高钢的性能。合金元素的主要作用包括三个方面：改善钢的力学性能、改变钢的工艺性能（包括钢的热处理）以及形成钢的特殊性能。

合金元素在钢中的含量都有上、下限要求，倘若超出了范围，会对钢的使用性能造成影响，甚至导致失效。下述为一些常用元素在钢铁中的作用及其对失效的影响。

（1）锰

钢铁中加入锰，可以极大地提高材料的淬透性，使经过淬火、回火的材料获得合理的组织结构并提高其力学性能。锰含量较高时，材料有明显的回火脆性，尤其是第一类回火脆性较严重，同时，锰促使奥氏体晶粒长大，使材料过热较敏感并且使材料中夹杂物增多。

（2）硅

硅也能提高淬透性，但作用较弱，硅一般都与锰配合使用。硅能明显提高材料的疲劳极限，同时对材料的抗氧化功能和耐腐蚀性能均有提升作用，但硅含量较高时，会导致材料表面脱碳，易产生石墨化，而且对材料的焊接性不利。

（3）硫

硫在 α－Fe 中几乎不溶，即使含量很少，由于偏析也会形成 FeS，所以硫在材料中以 FeS 的形式存在，当对材料进行热加工时，这些低熔点的共晶体先开始熔化导致开裂，称为“热脆性”。材料中硫含量较高时，硫化物夹杂物多，使材料的塑性和韧性下降，还会造成区域偏析，形成带状组织，但硫有改善切削加工性的作用。

（4）磷

磷在 α－Fe 中仅少量溶解且扩散困难，容易造成比较严重的枝晶和区域磷偏析，导致材料组织和性能不均匀，显著降低材料的塑性和韧性，在低温时更加严重，称为“冷脆性”，磷能增加回火脆性和焊接裂纹的敏感性。

2. 化学成分超标及成分不均匀对钢的影响

化学成分超标包括主元素超标、杂质元素过高或混入其他元素，主要会对材料性能造成影响，导致材料性能不符合相关标准或产品的要求。元素超标主要是金属在冶炼过程中的工艺控制不当导致的。

偏析是铸锭出现化学成分分布不均匀的现象，偏析会严重影响材料性能。

3. 化学成分分析技术

按照分析原理或物质性质分类，常用的化学成分分析技术可分为人工湿法分析和仪器分析法。

（1）人工湿法分析

湿法分析是传统的手工分析法，以物质的化学反应为基础，根据反应结果测定化学成分含量，也是常用的仲裁分析方法。

（2）仪器分析法

仪器分析法是指借助相关仪器设备对材料的化学成分进行分析。其中，光谱法在金属材料分析中应用较为广泛，常用的光谱法有原子发射光谱法、原子吸收光谱法、红外吸收光谱法和 X 荧光光谱法等。

1)电感耦合等离子体发射光谱法。其属于原子发射光谱法,可以鉴别样品中是否含有某种元素(定性分析)或确定样品中相应元素的含量(定量分析)。ICP 光谱仪是金属实验室常用的化学成分分析仪器之一,它可以分析元素周期表中的绝大多数元素。

2)红外碳硫仪分析法。其属于红外吸收光谱法,可以快速地分析钢铁及其他材料中碳和硫的含量。

3)X 荧光光谱法。其广泛应用于冶金、机械、有色金属等领域,是国际标准分析方法之一,可分析固体、粉末、熔珠和液体等样品。由于入射光是 X 射线,发射出的荧光也在 X 射线范围内,因此也被称为二次 X 射线光谱分析法或 X 射线荧光光谱分析法。分析范围为 Be 到 U,具有分析速度快、测量范围宽和干扰小的特点。

2.3.3.5　力学性能检测技术

力学性能检测是失效分析不可缺少的一种分析手段,力学性能检测的目的是与要求的性能指标进行对照,判断是否达到设计要求。在可能的情况下,尽量在出现问题的部位附近截取样品(如断口附近、裂纹附近)进行检测。

1. 硬度测试

对于钢材,在不解剖零件的前提下,通过硬度测试可以判断热处理工艺是否存在偏差;可以估计材料抗拉强度的近似值;可以检验加工硬化或过热、脱碳或渗碳、渗氰所引起的软化或硬化。

2. 拉伸、冲击性能测试

为了测定失效零件的常规力学性能参量是否达到设计要求,需进行拉伸、冲击性能测试。拉伸试验可以测定材料的屈服强度、抗拉强度、断面收缩率和断后伸长率,反映材料的强度和横纵向的韧性,主要设备为材料试验机;冲击试验可以测定材料的冲击韧度,反映材料在经受外力冲撞时的安全性,主要设备为冲击试验机。

3. 断裂力学测试

在失效分析工作中的断裂力学测试,包括材料断裂韧度测试、模拟介质条件下的应力腐蚀以及模拟疲劳条件下的裂纹扩展参数测试,应用这些断裂力学参数对结构或零件的断裂做出定量的评价,比如,可以确定零件安全服役能容许的最大裂纹尺寸,也可以根据确定出的裂纹尺寸判断零件断裂时的载荷水平,以及确定带裂纹零件的剩余寿命。

2.3.3.6　金相显微镜分析技术

在失效分析中,对失效件的金相显微镜分析是非常关键的一步,使用频率达到 90%以上。根据材料科学最基本的原理,材料的组织结构对材料性能有决定性的影响,所以一旦材料发生失效,往往怀疑内部组织结构出现问题。因此,在失效分析中不可避免地要使用金相显微镜对材料的微观组织进行分析。分析的关键是对获得的图像进行合理解析,获得失效零部件材料内部正确的组织与结构,为失效原因提供最重要的依据。

对失效件的金相显微镜分析可以说是在失效分析中最重要的方法。分析的目的是判断零件的显微组织是否达到标准的要求;判断裂纹的类型与裂纹起始位置(如是否为淬火裂纹,是否为锻造裂纹,裂纹是否沿晶界扩展,有无脱碳层等);判断裂纹走向;分析材料内部夹杂物级别;测定晶粒度;等等。

2.3.3.7 无损检测技术

无损检测是非破坏性检测,具有操作方便、快捷的优点,对失效件既可在断裂部位进行检测,又可在完好部位进行检测;既可在已失效件上进行检测,也可在服役或待役备用件上进行检测。无损检测反映的信息丰富、充实、详尽,可进行对比分析,是零部件失效分析的重要手段。

一般来说,缺陷检测是无损检测中最重要的应用。因此,狭义而言,无损检测是基于材料的物理性质有缺陷而发生变化这一事实,在不改变、不损害工件状态和使用性能的前提下,测定其变化量,从而判断零部件是否存在缺陷的技术。组织结构异常会引起物理量的变化,无损检测的原理就是通过测量物理量的变化来推断组织结构的异常。它既是一门区别于设计、测量、工艺和产品的相对独立的技术,又是一门贯穿于产品设计、研制、生产和使用全过程的综合技术。

常规无损检测方法有涡流检测(Eddy Current Testing, ET)、液体渗透检测(Penetrant Testing, PT)、磁粉检测(Magnetic Particle Testing, MT)、射线照相检测(Rodiographic Testing, RT)和超声检测(Ultrasonic Testing, UT)等。

2.3.3.8 模拟试验技术

模拟试验是失效分析中经常采用的一种分析和验证方法,也称为事故再现性试验,是根据现场调查和失效分析的情况,在装备零部件发生失效的实际工况条件下,使其再次发生同样的失效,然后根据试验结果,分析其失效原因的方法。有时为了查清失效原因,还需要进行多次失效模拟试验。

模拟试验可以验证现场调查和失效分析得出的原因;可以在失效件不全、证据不充分的情况下,分析事故的可能原因;可以解决失效分析中的某些疑点,排除某些现象;还可以显示失效事故的发展过程、失效件的破坏顺序等。

模拟意味着不同于真实工况,如蠕变、腐蚀、疲劳等失效过程很长,真实再现的模拟时间长、成本高,高温高压大型设备和装置的价格高、危险性大等。故模拟试验是设计出的绝大多数条件与工况相同或很相近的试验,通过改变其中某些因素,观察是否发生失效及失效的情况。

2.3.3.9 其他分析技术

1. 透射电子显微镜(Transmission Electron Microscope, TEM)观测分析技术

透射电子显微镜有很高的分辨率,能区分扫描电镜不易区分的形貌细节,能确定第二相的结构,如果配有能谱还能测定第二相的成分,但不能做400倍以下到很高倍数的定点连续观察,制样过程较复杂,有时还会产生假象。为保证不出现假象,一般用重复法,即在同一部位重复观察多次。

2. 电子探针(Electron Probe, EP)观测分析技术

电子探针的优势在于能测量几立方微米体积内材料的化学成分,如测量细小的夹杂物或

第二相的成分，检测晶界或晶界附近与晶内相比有无元素富集或贫化等。但是，它不能代替常规的化学分析方法确定总体含量的平均成分，不能做 H、He、Li 三元素的分析，而且对 Be($z=4$)、Al($z=13$)等元素的灵敏度都很低，也不能测出晶界面上的微量元素，如可逆回火脆性晶界面上的富集元素。

3. 俄歇能谱仪(Auger Electron Spectroscopy，AES)分析技术

俄歇能谱仪是进行薄层表面分析的重要工具。它的出现对确定回火脆性的原因起到了很大作用。用它分析 Li、Be、B、C、N、O 时的灵敏度比电子探针高很多，但不能测定 H 和 He，因为这两种元素只有一层外层电子，不能产生俄歇电子，此外，需要 $10^{-9}\sim10^{-10}$ Torr(1 Torr＝133.322 Pa)的超高真空，测试周期长，定量也有一定困难。

4. X 射线衍射分析技术

X 射线衍射分析包括粉末法和衍射法。粉末法可确定断口上的腐蚀产物、析出相或表面沉积物，一次可获得多种结构和成分。衍射法用来测定第二相或表面残余应力，它的灵敏度高、方便、快速，能分析高、低温状态下的组织结构。但衍射法不能同时记录许多衍射线条的形状、位置和强度，不适合分析完全未知的试样。

第3章 畸变失效分析

金属零件在外力作用下产生形状和尺寸的变化称为变形，产生影响产品或零部件功能的变形称为畸变。零件由于变形引起的失效，其过程一般比较缓慢，一般是非灾难性的，因此并不引起特别的关注。但忽视变形失效的监控和预防，也会导致很大的损失，因为过度的变形最终会导致断裂。

本章主要介绍在常温或温度不高的情况下由于零件变形引起的失效，包括弹性畸变失效和塑性畸变失效，在第4章中简要介绍在高温下变形引起的失效。

3.1 畸变和畸变失效

3.1.1 畸变和畸变失效的概念

1. 畸变

畸变是一种不正常的变形。所谓“不正常变形”是指在某种程度上减弱了规定功能的变形。例如，受轴向载荷的连杆可产生拉压变形，轴的弯曲、壳体的翘曲变形等。畸变可能导致断裂，也可能不导致断裂。

2. 畸变失效

产品或装备零件因畸变而丧失了规定功能，称为畸变失效。零部件的畸变失效可体现为：

1)不能再承受所规定载荷。

2)不能起到规定的作用。

3)与其他零件的运转发生干扰。

例如，车间用大型起重机，其大车横梁通过两边的两个车轮跨支于两边的钢轨上。在吊物工作时，横梁必然产生一定的挠度，如果超过规定的许用挠度，两边车轮梁的弯曲变形以及相应的梁两端过大的转角变形导致车轮挤住了轨道而造成畸变失效，使车轮无法正常运行，即与其他零件的运转发生干扰。

3.1.2 畸变失效的影响因素

控制畸变失效的准则一般情况下可用刚度准则，即

$$y \leqslant [y] \tag{3-1}$$

式中， y—— 广义的变形量(各种弹性变形量、塑性变形量)，由理论计算、实验或工程估算而定；

[y]—— 广义的许用变形量，由不同具体条件，根据理论或经验确定。

零件发生畸变失效的原因通常是加载和变温，也常兼有载荷和变温两种因素。

1)加载变形可用载荷-变形曲线来说明。图3-1所示为几种金属材料的载荷-变形曲线。由图示的变形曲线可知，变形量随载荷的加大而增大（在强度极限范围内），其中，呈线性关系的线段即弹性变形段。弹性变形段的长度属调质钢最大，低碳钢次之，铸铁又次之，铜合金最短，其直线段的斜率即弹性模量，钢材也比其他大。在曲线段，即塑性变形段，各自的发展规律在量值上差别较大。塑性变形的产生，通常会给零件的正常工作带来较大影响，但不一定就是失效，需视具体情况和不同要求而定。但是，当由塑性变形过渡到断裂时应认为是失效。

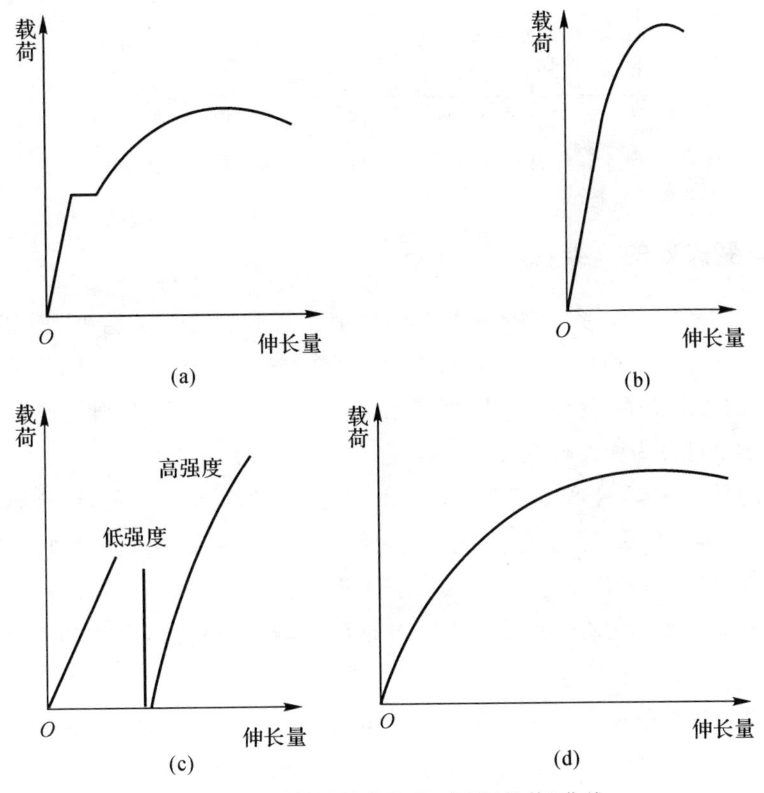

图3-1 金属材料的载荷-变形（拉伸）曲线

(a)低碳钢；(b)调质刚；(c)铸铁；(d)铜合金

2)温度变化对畸变的影响，是通过对流变强度、断裂强度和弹性模量的影响而体现出来的，如图3-2所示。图中 T 是该失效件的瞬时绝对温度，T_M 是该材料熔点的绝对温度。由图3-2可知，过载畸变失效可发生于材料的流变强度低于断裂强度的任何温度下，并且材料的流变强度、断裂强度一般随温度的升高而下降。因为弹性模量发生变化，所以温度变化也可引起弹性畸变失效。图3-2中还画出了两种材料的流变强度，最下面的曲线是其断裂行为无韧-脆转变的面心立方晶体结构的材料（如Al、Cu、Ni、Pb、γ-Fe等）；上面一条曲线为有韧-脆转变的体心立方材料（如Cr、Mo、K、Na、Fe等）。当然，这些材料都是不发生固态相变的多晶材料。

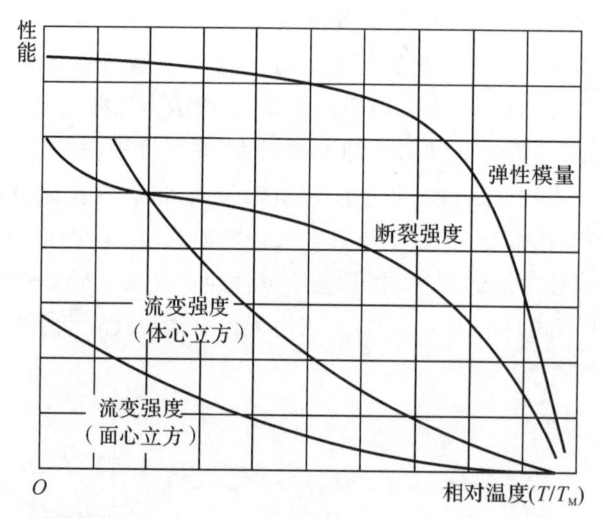

图 3-2　材料的弹性、塑性和断裂行为与温度的关系

3.1.3　畸变失效的分类

根据物体受力后发生变形与物体所受的力取消后其形状是否恢复到原来的状态，将物体的变形分为两种情况。一种是所受的力取消后，物体又恢复到原来的形状，这种变形叫弹性变形；一种是所受的力取消后，物体不能恢复到原来的形状，这种变形叫塑性变形。因此畸变从变形发展及性质上可分为弹性畸变和塑性畸变。

需要注意的是，机械零件产生畸变失效一般都是由于所受应力过大，但金属零件如果长时间在高温下工作，即使所受应力并不大，也会缓慢地产生塑性变形，进而导致塑性畸变失效。

有些零件变形后，其形状发生不同的变化，因此从变形的形貌上看，畸变有两种基本类型：一是尺寸畸变或称体积畸变（长大或缩小）；二是形状畸变，即几何形状的改变（如弯曲或翘曲）。

不管是弹性变形失效还是塑性畸变失效，都有其产生的条件、特征及判断依据，也有相应的改进措施。现代科学技术已经归纳出非常丰富和明确的规律性知识。下面分别就弹性畸变失效和塑性畸变失效的失效模式、过程、原因、特征及改进措施进行介绍。

3.2　弹性畸变失效

3.2.1　弹性畸变失效的过程

零件受机械应力或热应力作用产生弹性变形，应力与变形之间的关系遵守胡克定律：

$$\varepsilon = \frac{\sigma}{E} \tag{3-2}$$

式中，ε—— 相对变形量；

σ—— 应力；

E—— 弹性模量。

这种变形称为弹性变形。弹性变形是材料在外力作用下必然要产生的变形，一般不会引起失效。但是在一些精密机械中，对零件的尺寸和匹配关系的要求异常严格，有的匹配间隙为微米级，当弹性变形超过规定的界限（此时变形还在弹性极限以内）时，会造成零件的不正常匹配关系，导致零件失效。例如，航天火箭中惯性制导的陀螺元件，如果对弹性变形问题处理不当，就会因漂移过大而失效。

物体热胀冷缩是人所共知的自然现象。线膨胀系数就是表征材料这一特性的参数。不同材料具有不同的线膨胀系数。如果材料匹配不当，在温度作用下就可能引起失效。例如，钢的线膨胀系数约为 12×10^{-6}，是青铜的一半。如果用 2Cr13 不锈钢做轴套，用青铜做轴瓦，这样的结构在常温下可以很好地工作，但在很低的温度下，会因轴套的收缩率远小于轴瓦的收缩率而发生抱轴现象。

工作载荷和温度使零件产生的弹性变形量超过零件匹配所允许的数值时，就会导致失效。因此，把零件由过大的弹性变形而导致的失效，称为弹性畸变失效。

如图 3－3 所示，一根轴在外力 F 作用下发生过大的弹性挠曲，其挠度超过许用值，即为弹性弯曲变形失效。例如，发电机或电动机转子轴的刚度不足，发生过大的弹性变形，当转子与定子之间的间隙小于规定值时即为失效。

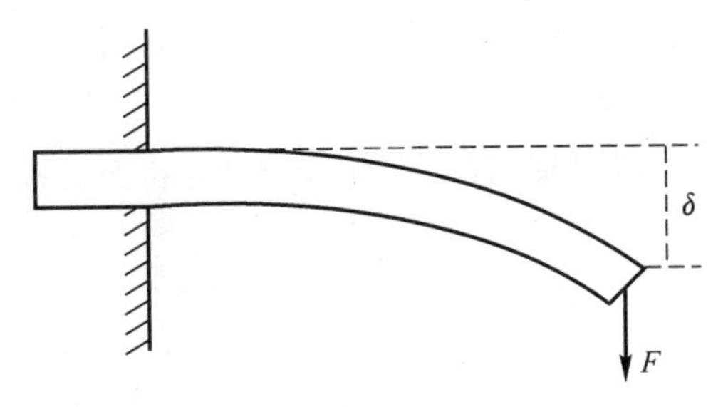

图 3－3　弹性畸变失效

零件的弹性畸变失效是由过大的弹性变形引起的，此时零件所受的应力并未超过弹性极限，其变形在弹性范围内变化，因此其不适当的畸变量与失效件的强度无关，是刚度问题。

对于拉压变形的杆柱类零件，其畸变量过大会导致支承件（如轴承）过载，或机构因丧失尺寸精度而造成动作失误。

对于弯扭（或其合成）变形的轴类零件，其过大畸变量（过大挠度、偏角或扭角）会造成轴上啮合零件的严重偏载，甚至啮合失常，也会造成轴承的严重偏载，甚至咬死，进而导致传动失效。此外，对于某些控制元件，要求其具有预定的弹性变形（如挠度）才能保证元件所在装置的精度，例如温控元件。

对于某些靠摩擦力传动的零件，如带传动中的传动带，如果初拉力不够，即带的弹性变形量不足，则会严重影响其传动（摩擦）动力。

对于复合变形的柜架及箱体类零件，要求其具有足够的刚度以保证系统的刚度，特别要防止因刚度不当而造成系统振动，降低设备、零件的精度。

3.2.2 弹性畸变失效的特征及判断依据

弹性畸变失效的特征不太明显，因此其失效的判断也往往比较困难。这是因为虽然应力或温度在工作状态下曾引起变形并导致失效，但在测量零件尺寸时，变形已经恢复。为了判断是否因弹性变形引起失效，要综合考虑以下几个因素：

1)失效的产品是否有严格的尺寸匹配要求，是否有高温或低温的工作条件。

2)在分析失效产品时，应注意观察在正常工作情况下不应相互接触的配合表面是否有划伤、擦痕或磨损痕迹。例如，高速旋转的零件在离心力及温度的作用下，会发生弹性伸长。当伸长量大于它与壳体的间隙时，就会引起表面擦伤。因此，只要观察到了这种擦伤，而在不工作时仍保持有间隙存在，则这种擦伤很有可能是由弹性变形造成的。

3)在设计时是否考虑了弹性变形(包括热膨胀变形)的影响，并采取了相应的措施。

4)通过计算验证是否存在弹性变形失效的可能。

3.2.3 影响弹性畸变的因素

零件的弹性畸变失效是由过大的弹性变形引起的，此时零件所受的应力并未超过弹性极限，应力与应变之间的关系由胡克定律描述的[见式(3-2)]。

显然，在零件所受的应力一定时，材料的弹性模量越大，零件受力后发生的变形量越小，则零件越不容易发生弹性变形失效。

对于单向受拉(或压)的均匀截面的杆，应力-应变关系可表达为

$$\sigma = \frac{F}{A} = E\varepsilon_0 \quad \text{或} \quad \varepsilon_0 = \frac{F}{AE} \tag{3-3}$$

式中，F—— 外载荷；

A—— 杆的截面积；

E—— 材料的弹性模量；

σ—— 正应力；

ε_0—— 弹性应变。

对于受纯剪切的杆，应力-应变关系为

$$\tau = \frac{F_s}{A} = G\gamma_e \quad \text{或} \quad \gamma_e = \frac{F_s}{AG} \tag{3-4}$$

式中，F_s—— 外加剪切力；

A—— 杆的截面积；

G—— 切变模量；

τ—— 切应力；

γ_e—— 弹性切应变。

对于钢材

$$G=\frac{E}{2(1+\nu)} \tag{3-4}$$

式中，G—— 切变模量；

E—— 弹性模量；

ν—— 泊松比。

从上面的分析可以看出，影响弹性畸变的主要因素有形状与尺寸、弹性模量与载荷。同时，由于材料的弹性模量与温度相关，所以温度也是影响弹性畸变的主要因素之一。

1) 在一定材料与载荷下，结构(包括形状与尺寸) 因素是影响变形大小的关键，这常由设计者考虑并解决。对于质量相同的材料，尽量使其分布于截面中心轴或中心轴的较远处。如等量相同材料，在相同载荷作用下，工字形的刚度最大(变形最小)，立矩形次之，方形更次，薄板最差(变形最大)。此外，对于一对轧辊的表面和齿轮副齿廓表面，为增加其接触区宽度，采取修形，而在受载工作时利用合适的弹性变形代替未修形时(或修形不当时) 的畸变。

2) 弹性模量 E 低的材料其相应的变形大，如图 3-1 所示，即弹性变形区直线的斜率小。如碳钢的 $E(\approx 2.2)$ 大于铜合金的 $E(\approx 1)$；同类材料的 E 相近，如高强与低强铸铁等。

3)温度与载荷增大，其弹性变形呈线性增大。需要说明的是，温度的变化对于韧-脆转变的材料(如面心立方晶体结构的金属 Cu、Al、Mn 等)制成的受力零件，当温度低到转变温度以下时将自发断裂；如果温度增高到使工作应力大于屈服应力时，该零件将在外载不变的条件下自发变形，同时温度变化也会引起弹性畸变(因为可使弹性模量变化)。

3.2.4　预防弹性畸变失效的措施

力和(或)温度引起弹性变形而导致失效的责任，几乎全部在于设计人员的考虑不周、计算错误或选材不当，故改进措施也主要由设计人员来负责。

1. 选择合适的材料或结构

如果由机械力引起的弹性变形是主要问题，则可以根据具体的要求选用适当的材料。例如，宇航惯性制导的陀螺和平台选用铍合金制作，就是因为它的弹性模量大，不容易引起弹性变形。铍的弹性模量为铝的 4 倍、钢的 1.5 倍。如果考虑到密度，则铍的比刚度超过铝或钢的 6 倍。也可以采用增加截面积降低应力水平的方法来减小弹性变形。如果热膨胀变形是主要问题，可以根据实际需要选择热膨胀系数适合的材料。

2. 确定适当的匹配尺寸

由力和温度引起的弹性变形量是可以计算的。这种尺寸的变化应当在设计时加以考虑。在超低温下工作的机件，是在常温下制造、测量和装配的，因此，其间隙尺寸不仅应保证机件能在常温下正常工作，而且还要确保在低温下机件尺寸变化后仍能正常工作。对于几何形状复杂、难于计算的零件可通过试验来解决。

3. 选择可以减少变形影响的转接件

在许多系统中，采用软管等柔性结构件，可以显著减少弹性变形的有害影响。

3.3 塑性畸变失效

3.3.1 塑性畸变失效的过程

零件受力后开始产生可恢复的弹性变形，当外力增大到一定程度时，零件将产生不可恢复的变形，这种变形称为塑性变形。塑性变形量的大小反映了材料塑性的优劣，一般用伸长率和断面收缩率来反映材料塑性的优劣，伸长率和断面收缩率越高，材料的塑性越好。金属材料的最大塑性变形量可达百分之几十。

在零件正常工作时，塑性变形一般是不允许的，它的出现说明零件受力过大，但也不是出现任何程度的塑性变形都一定导致零件失效，零件由于发生过大的塑性变形而不能继续工作的失效称为塑性畸变失效。

3.3.2 塑性畸变失效的特征及判断依据

塑性畸变的特征表现为在宏观上有明显的塑性变形（永久变形），材料不同，载荷与变形规律也有所不同，如图 3-4 所示。在微观上，塑性变形（对晶体材料）的发展过程可以由以下四种中的一种或两种来描述。

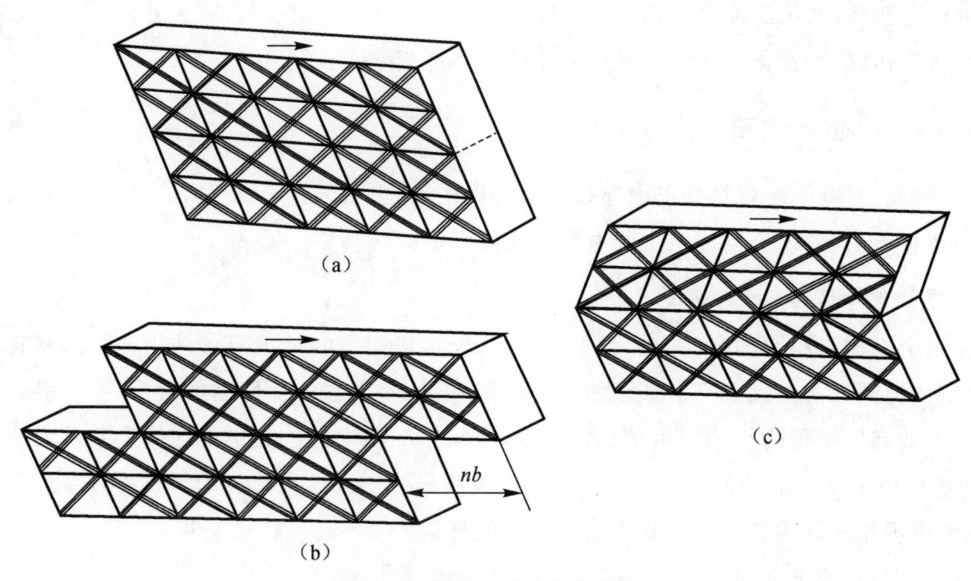

图 3-4 塑性变形的发展过程

(a)未变形；(b)滑移变形；(c)孪生变形

1）滑移。超过临界剪应力而发生的一般塑性变形，如图 3-4(b)所示。

2）孪生。当晶体金属在变形过程中，滑移变形很困难时，即按孪生机制变形，如图 3-4(c)所示。

3）晶界滑动。多晶材料在高温和低应变速率条件下，可产生沿晶界的滑动变形。

4）扩散蠕变。在接近熔点温度时发生。

判断依据：塑性畸变很容易鉴别，其特征是失效件发生了明显的塑性变形，只要对失效件进行测量或与正常件进行比较即可断定。严重的塑性畸变如扭曲、弯曲、薄壁件的凹陷等用肉眼即可判断。

3.3.3　塑性畸变的影响因素

除了弹性畸变的影响因素之外，塑性畸变较常见的影响因素有材质缺陷、使用不当、设计有误等，其中，热处理不良尤为突出。实际上，往往是几种因素复合造成零件的畸变失效。

1）材质缺陷，特别是热处理不良造成的塑性畸变。例如，作弹簧用的冷拉高碳钢丝经铅浴淬火，其组织应为细珠光体，但出现了少量的过共析铁素体（组织缺陷），使硬度与屈服强度降低约 10%，以致在正常载荷、工作温度高于 150℃的情况下发生塑性畸变失效。对合金钢淬火处理时，温度太高或太低均可造成机械性能的不足或不当。淬火太快可能淬裂，太慢又得不到规定的强度和韧性。总之，合理控制热处理炉中及淬火过程的温度与时间，是获得良好材质的重要因素。对成批处理的零件来说，如果堆放不合适，例如有些零件的淬火表面被相邻零件挡住，因而出现不完全淬火，导致较软的转变组织产物的形成。比如，在马氏体转变的组织中含有大量的铁素体片，该马氏体-铁素体混存区的硬度与屈服强度均降低，从而使该零件发生塑性畸变失效。

2）使用不当而导致的塑性畸变。使用不当主要是指严重过载，例如操作失控、传动啮合中落入异物、超性能使用等导致严重塑性畸变，如传动轴扭成“麻花”、键连接挤堆以及齿面压痕等。又例如，一支标准商品猎枪的枪筒，在使用过程中更换了枪弹材料（旧的是铅弹，更换成铁弹），导致枪筒内、外壁不均匀变形——塑性畸变，而使枪筒鼓凸而失效。此外，使用中如润滑不当，在过高压力下也可能出现齿面塑性畸变（如鳞皱、起脊、辗击塑变等）、轴瓦塑性畸变、滚动体与座圈间产生点槽塑性畸变等。

3）设计失误而造成的塑性畸变。其主要表现为，对载荷估计不足，特别是严重偏载、过载以及接触副的干涉接触；对温度影响估计不足；对材质缺陷估计不足，特别是没有提出对重要零件的全面质量管理（Total Quality Control，TQC）要求。上述枪筒的超性能使用是指设计人员在设计中不需考虑这种要求，如果设计时已给设计人员提出“须选择两种枪弹（铅弹、铁弹）”就是设计失误。

3.3.4　预防塑性畸变失效的措施

1. 降低实际应力

零件所承受的实际应力包括工作应力、残余应力和应力集中三部分。

（1）降低工作应力

降低工作应力的途径有增加零件的有效截面积和减少工作载荷两种，这要视具体情况而定。重要的是需要准确地确定零件的工作载荷、正确地进行应力计算、合理地选取安全系数，并注意不要在使用中超载。

（2）减少残余应力

残余应力的大小与工艺因素有关。应根据零件和材料的具体特点和要求，合理地制定工艺流程、采取相应的措施，以将残余应力控制在最低限度。

（3）避免应力集中

应力集中对疲劳断裂失效尤为重要，将在疲劳断裂失效部分作较详细的说明。

2. 提高材料的实际屈服强度

零件的实际屈服强度与选用的材料牌号、状态以及冶金缺陷有关，因此必须根据具体的要求合理地选材、严格地控制材质、正确制订和严格控制工艺。

3.4 畸变失效分析步骤及实例

在本书第 2 章中介绍的一般失效分析方法，总的要求及基本程序等方面，对畸变失效分析也适用。本节只对畸变失效分析的特点或特别重要的问题进行阐述。

3.4.1 畸变失效分析步骤

1. 确定分析目标

确定畸变失效件的类型、原因、后果与对策。

2. 获取有关资料

尽可能收集失效件本身以及相关件的全部畸变资料，包括原始设计资料及使用情况。最重要的在于检查畸变零件并作观察记录(示意图及说明、照片、测出全部有关尺寸并标注在相应的零件图上)。

3. 进行必要试验

进行必要试验的目的是确定畸变零件的成分、组织以及机械、冶金特性。

4. 检查加工过程

检查畸变失效件的全部加工过程，特别是热处理工艺。对于进行过缺陷修补加工的部分，更应仔细检查，因为补焊和钎焊一般被认为是给热处理合金性能带来不利影响的潜在根源，例如软化或脆化。

5. 比较设计与实况

将实际使用条件与设计假定条件作比较；将实际材料性能与设计要求(技术条件与规范等)作比较。从比较中找出差异，以便进行分析。

6. 进行初步综合分析，找畸变原因

利用上述各点，特别是第 5 点的对比差异对失效件进行分析，多因素情况应区别主次，如果尚不能明确基本原因，则应检查上面第 2、3 点的必要工作，再作综合分析。

7. 提出改进对策

对策措施不仅要考虑失效原因，还必须考虑失效件及其相关件的结构可能性以及经济性等可行性问题。

3.4.2 畸变失效分析实例

1. 失效现象

某液压系统中柱塞阀发生卡死失效。

2. 分析的目标

找出柱塞运动受阻(卡死)的原因,并提出对策以保证系统正常工作。

3. 失效件失效状态调查

正常件应是中间阀柱(阀心)与阀体孔为第一种间隙配合,但失效阀已丧失相对滑动的可能。卸开后测得阀体孔已为负公差,阀柱正常,但两圆柱表面稍有擦痕。可见阀体柱孔已发生塑性畸变。据查,该阀体为低合金钢并经气体渗碳淬火。失效阀体孔比正常阀体孔表面硬度低约15%,因此有必要进行显微组织检查,以找出柱孔塑性畸变与软化的原因。

4. 显微组织对比分析

取失效阀体内孔处组织与正常工作阀体内孔处组织作金相试样对比分析。正常阀体渗碳层的显微组织是清晰马氏体,其间有少量分散的奥氏体(浸蚀后为白色区域),如图3-5(a)所示;失效阀体的渗碳层组织含有相当多的残余奥氏体,特别是在近表面处更多,如图3-5(b)所示。

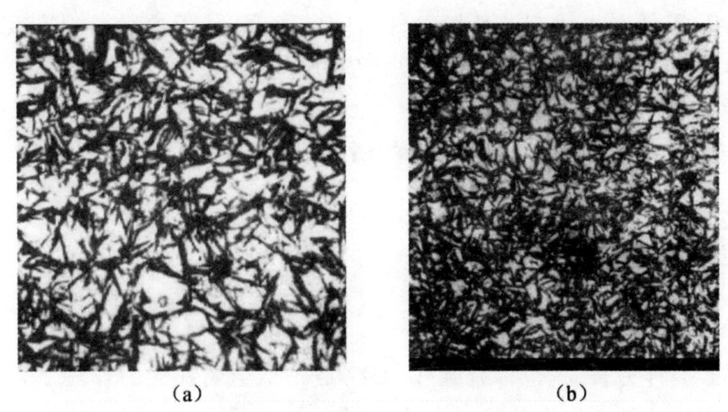

(a)　　(b)

图3-5　两个柱状液压阀渗碳钢油缸横截面显微组织500×

(a) 工作正常的油缸,表层只有少量的残余奥氏体;

(b)卡住的液压阀油缸,有过多的残余奥氏体在使用时转变为马氏体,结果使尺寸畸变(变大)

5. 结论

在失效件表层具有不稳定性的残余奥氏体数量相当多,在阀柱高压接触和卸压过程中,转变为马氏体。在残余奥氏体转变为马氏体的过程中,体积增大造成圆柱的孔尺寸畸变,导致孔变小为负公差并引起柱塞被挤紧而不能正常工作。残余奥氏体过多是由失效件渗碳时碳势调得太高造成的。

6. 改进措施

改变渗碳气氛的成分,使渗碳零件在热处理时不要保留过量的奥氏体。反馈试验证明,该改进措施是有效的。

第4章　断裂失效分析

在机械设备的各类失效中，断裂失效最主要，危害最大。因此，国内外对断裂失效进行了大量的分析研究。迄今为止，断裂失效的分析与预防已发展成为一门独立的边缘学科。

目前对断裂行为的研究有两种不同的方法。一种是断裂力学的方法，它是根据弹性力学及弹塑性理论，并考虑材料内部存在缺陷而建立起来的一种研究断裂行为的方法。另一种是金属物理的方法，是从材料的显微组织、微观缺陷，甚至分子和原子的尺度上研究断裂行为的方法。断裂失效分析则是从裂纹和断口的宏观、微观特征入手，研究断裂过程和形貌特征与材料性能、显微组织、零件受力状态及环境条件之间的关系，从而揭示断裂失效的原因和规律。它在断裂力学方法和金属物理方法之间架起联系的桥梁。

4.1　金属断裂的概念

4.1.1　裂纹、断裂与断口

1. 裂纹

金属的局部破裂称为裂纹(也称裂缝)。裂纹是完整金属在应力作用下，某些薄弱部位发生局部破裂而形成的一种不稳定缺陷。裂纹的存在不仅直接破坏了材料的连续性，而且多数裂纹尾端较尖锐，产生很大的应力集中而使金属在低应力作用下发生破坏。实际金属零件中不可避免地存在各种微小裂纹，这些微小裂纹有的是在冶炼、铸造、锻轧、焊接、冷加工和热处理等工艺过程中产生的，有的是在使用过程中，在零件的某些特定的部位，在特定的载荷或环境条件下产生并逐渐长大的。当裂纹扩展到临界尺寸时，零件就发生完全破坏，即断裂。

2. 断裂

断裂是指金属材料零件或试样在外力作用下，一个具有有限面积的几何表面的分离过程。即一个机械零件的断裂，是指引起这个零件分离成两部分或几部分的现象。任何一个事物的发生都不是一蹴而就的，而是有一个发生、发展的过程，断裂也不例外。断裂包括裂纹萌生、扩展和最后瞬断三个阶段。各阶段的形成机理及其在整个断裂过程中所占的比例，与零件形状、材料种类、应力大小与方向和环境条件等因素有关。

3. 断口

断裂形成的自然断面称为断口，断口是机械零件断裂时裂纹扫过的面积。零件断裂方式因条件不同而不同，但不管断裂方式如何，其断口都真实地记录了断裂的动态变化过程，记录了断裂过程中在内、外因素的作用下，所留下的痕迹与特征。通过对断口形貌特征进行全面分析研究，就可以了解断裂的全过程，分析断裂的机理与原因，这样就可以将一个复杂的动态问题(断裂),化简为可用静态方法(断口分析)来研究的问题。

由此可见,对裂纹及断口的特征进行研究是非常必要的,是分析零件失效过程和原因、采取有效措施防止失效的有力依据。有时,零件破断成多个碎块,是多条裂纹扩展的结果。对于这种情况,则需先将各碎块收集起来,拼凑、“复原”。然后根据裂纹之间的相互关系,确定断裂过程中最主要的、最早发挥作用的裂纹,即主裂纹。再根据主裂纹确定最早断裂的位置,即裂纹源。

对裂纹与断口进行分析研究,可直接用肉眼进行观察,亦可用各种仪器,如放大镜、金相显微镜、扫描电子显微镜和透射电子显微镜等。对裂纹分析还可采用磁力探伤仪、荧光探伤仪、超声波探伤仪、X 光探伤仪和低倍浸蚀等方法。具体采用何种手段,视具体情况而定,其基本原则是用尽可能简单的仪器得到满意的结果。

4.1.2　金属断裂的分类

金属断裂的分类方法有很多,可按具体的需要和便于分析研究进行分类。下面介绍几种常用的断裂分类方法,这些分类方法是相辅相成的。

1. 按断裂时的变形量分类

根据零件断裂前所产生的宏观塑性变形量的大小,可将断裂分为韧性断裂和脆性断裂两种。

(1)韧性断裂

断裂前发生明显的塑性变形,断裂过程中吸收较多的能量,一般是在高于材料屈服应力条件下的高能断裂。

如图 4-1 所示,低碳钢在拉伸实验时产生很大的颈缩后才断裂,并且断面上呈现暗灰色的纤维状特征。通常,把伸长率大于 5%的材料称为塑性材料。

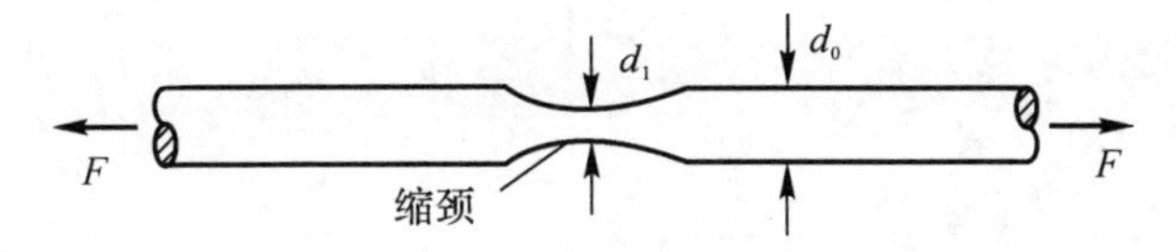

图 4-1　拉杆韧性断裂示意图

(2)脆性断裂

断裂前的总变形量很小,没有明显的宏观变形量,但在电镜下可观察到局部的塑性变形。断裂过程中材料吸收的能量很小,一般是在低于允许应力条件下的低能断裂。

通常,把伸长率小于 3%的材料称为脆性材料。金属材料的塑性变形量小于 2%~5%的断裂称为脆性断裂。脆性断裂断口平整,有金属光泽,表现为冰糖状结晶颗粒。

韧性断裂对装备与环境造成的危害远较脆性断裂小,因为它在断裂之前出现明显的塑性变形,容易引起人们的注意。与此相反,脆性断裂往往会引起危险的突发事故。

根据宏观变形量来划分断裂性质的方法,只有相对的意义。同一种材料,条件(应力、环境、温度等)变了,其变形量也可能发生显著的变化。有时在宏观范围内是脆性断裂,但在局部范围内或微观范围内却有可能存在着大量的塑性变形量。再如,在低温、冲击载荷等条件下,低碳钢也会发生脆性断裂。

需要说明的是，完全的脆性断裂和韧性断裂是很少见的，通常是脆性和韧性的混合型断裂。

2. 按裂纹扩展途径分类

依断裂时裂纹扩展途径，可将断裂分为穿晶断裂、沿晶断裂和混晶断裂。这是从事金相学研究的人员常用的分类方法。

(1)穿晶断裂

裂纹穿过晶粒内部而造成的断裂，如图 4－2 所示。穿晶断裂可以是韧性的，也可以是脆性的。前者断口具有明显的韧窝花样，后者断口的主要特征为解理花样。

(2)沿晶断裂

沿晶断裂也叫晶间断裂，断裂沿着晶粒边界扩展，沿晶断裂多属脆性断裂，但也可分为沿晶脆断和沿晶韧断(在晶界面上有浅而小的韧窝)，如图 4－3(a)、(b)所示。

(3)混晶断裂

在实际断裂失效断口上，多数情况是既有沿晶断裂，又有穿晶断裂的混合型断裂。

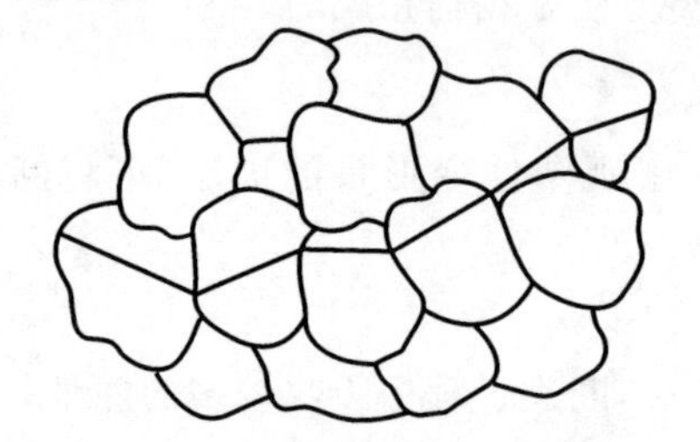

图 4－2　穿晶断裂示意图

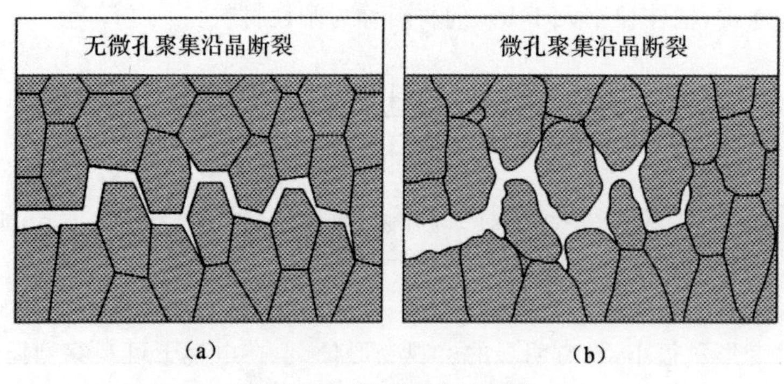

图 4－3　沿晶断裂示意图

(a) 沿晶脆断；(b)沿晶韧断

3. 按断面相对位移形式分类

按两断面在断裂过程中相对运动的方向可分为张开型、前后滑移型和剪切型三种，如图 4－4 所示。

(1)张开型(Ⅰ型)

如图 4－4(a)所示，裂纹表面移动的方向与裂纹表面垂直。这种形式的断裂常见于疲劳及脆性断裂，其端口齐平，是机械装备中常见的和最危险的断裂类型。

(2)前后滑移型(Ⅱ型)

如图 4-4(b)所示,裂纹表面在同一表面内相对移动,裂纹表面移动方向与裂纹尖端的裂纹垂直。

(3)剪切型(Ⅲ型)

裂纹表面几乎在同一平面内扩展,裂纹表面的移动方向与裂纹线一致,如图 4-4(c)所示。

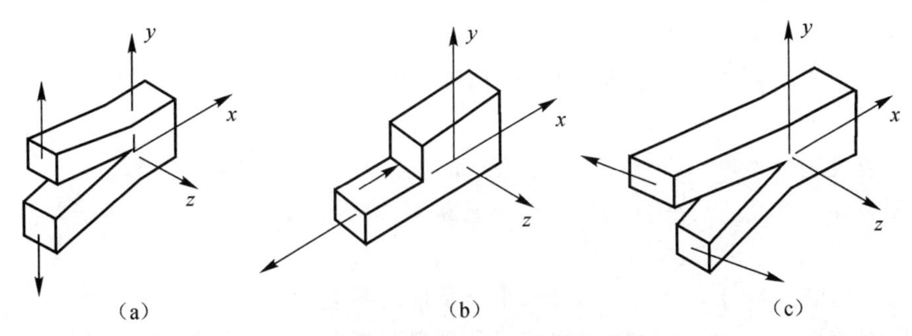

图 4-4　裂纹表面位移的三种形式

(a)张开型;(b)前后滑移型;(c)剪切型

4. 按断口形貌分类

断裂按断口形貌可分为解理断裂(对应解理断口)、准解理断裂(对应准解理断口)、沿晶断裂(对应沿晶断口)、纯剪切断裂及微孔聚集型断裂(对应韧窝断口)。在大多数情况下,断裂面显示混合断口,宏观断口的不同区域显示不同的微观断口形貌。

5. 按断裂方式分类

按断裂方式可分为正断型、切断型及混合型断裂三种。

(1)正断型断裂

正断型断裂是受正应力引起的断裂,其断口表面与最大正应力方向相垂直。断口宏观形貌较平整,微观形貌有韧窝、解理花样等。正断型断裂可能是脆性断裂,也可能是韧性断裂。

(2)切断型断裂

切断型断裂是切应力作用引起的断裂。断面与最大正应力方向成 45°,断口的宏观形貌较平滑,微观形貌为抛物线状的韧窝花样。切断型断裂一般是韧性断裂。

(3)混合型断裂

混合型断裂指正断与切断两者相混合的断裂方式,断口呈锥杯状。混合型断裂是最常见的断裂类型。

6. 按断裂原因分类(按载荷的性质及应力产生的原因分类)

断裂按断裂原因可分为过载断裂、疲劳断裂、蠕变断裂和环境断裂等类型。

(1)过载断裂

过载断裂指载荷不断增大或工作载荷突然增加从而导致零件断裂,按加载速率又可分为静载断裂和动载断裂(如冲击、爆破)。

(2)疲劳断裂

疲劳断裂是指在交变载荷作用下,材料经过一定的循环周次后裂纹产生、扩展而引起的断裂。

(3)蠕变断裂

蠕变断裂指在中、高温条件下加恒定应力，经过一定时间的变形后产生的断裂。

(4)环境断裂

环境断裂指材料在环境(腐蚀介质、氢或液态金属吸附)作用下引起的低应力断裂，如应力腐蚀断裂、氢脆断裂和液态金属脆断等。

7. 其他分类法

1)按应力状态分类，可分为静载断裂(拉伸、剪切、扭转)、动载断裂(冲击断裂、疲劳断裂)等。

2)按断裂机制分类，可分为解理、准解理、韧窝、沿晶及疲劳等多种断裂。

3)按断裂环境分类，可分为低温断裂、中温断裂、高温断裂、腐蚀断裂、氢脆及液态金属致脆断裂等。

4)按断裂所需能量分类，可分为高能、中能及低能断裂三类。

5)按断裂速度分类，可分为快速、慢速以及延迟断裂三类。如拉伸、冲击、爆破等为快速断裂，疲劳、蠕变等为慢速断裂，氢脆、应力腐蚀等为延迟断裂。

仅就上述分类，可以看到断裂分类的方法繁多，而且互相交叉。在实际工程中，断裂分析要求判明引起断裂的原因，以便制订预防断裂的措施。因此按断裂原因进行分类，也是工程中应用较多的分类方法。本书中主要按这种方法进行分类。其主要断裂类型为材料的过载断裂(包括脆性断裂和韧性断裂)、蠕变断裂、疲劳断裂以及环境介质引起的断裂(包括应力腐蚀断裂和氢脆断裂)，如图 4-5 所示。

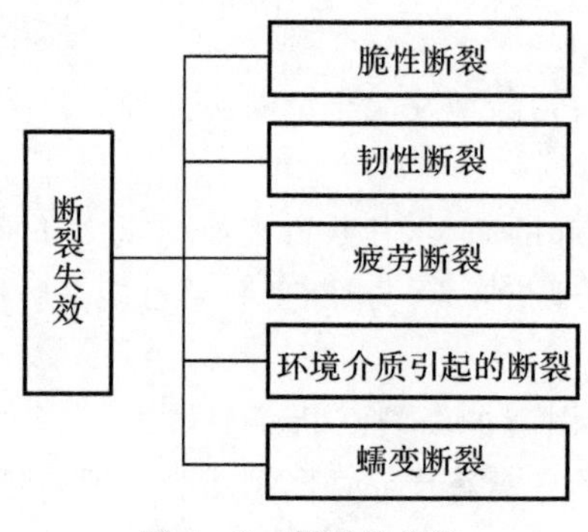

图 4-5　断裂的分类

4.1.3　断口的分类与形貌特征

4.1.3.1　断口分类

1. 宏观分类

1)按断口表面宏观变形量的大小分类，可分为脆性断口、韧性断口和韧-脆混合断口。

a. 脆性断口。断口附近没有明显的宏观塑性变形的断口称为脆性断口。形成脆性断口的断裂应变和断裂功(断裂前所吸收的能量)一般都很小。

b. 韧性断口。断口附近有明显的宏观塑性变形的断口称为韧性断口。形成韧性断口的断裂应变和断裂功一般都比较大。

c. 韧-脆混合断口。介于脆性断口和韧性断口之间的断口称为韧-脆混合断口。在电子显微镜下，可观察到解理、准解理和韧窝等多种形貌特征。

2）按断口宏观取向分类，可分为正断断口、切断断口、混合断口。

a. 正断断口。与最大正应力方向垂直的断口称为正断断口。断口宏观形貌较平整，微观形貌有韧窝、解理花样等。

b. 切断断口。与最大切应力方向一致的断口称为切断断口。断口宏观形貌较平滑，微观形貌为抛物线状的韧窝花样。

c. 混合断口。混合断口是正断与切断断口相混合的断口。韧性圆柱试样拉伸获得的杯锥断口即为混合断口。

需要注意的是，正断断口不等于脆断断口，切断断口也不等于韧断断口。杯锥断口的中心区宏观上是平断口，由于断口与最大正应力垂直故属于正断断口，但断口附近塑性变形很大，所以是韧性断口。

2. 微观分类

1）按断裂路径（裂纹扩展途径）分类，可分为沿晶断口和穿晶断口。

a. 沿晶断口。多晶体沿不同取向的晶粒界面分离所形成的断口称为沿晶断口。沿晶断口大部分是脆性的，如回火脆性断口、氢脆断口、应力腐蚀断口、液态金属脆断断口等。但沿晶断口不等同于脆性断口，如由过热引起的沿原奥氏体晶界开裂的断口是沿晶韧性断口。

b. 穿晶断口。裂纹穿过晶粒内部扩展，就形成穿晶断口。大多数合金材料在常温下断裂形成的断口一般为穿晶断口。韧窝断口、疲劳断口和解理断口等都属于穿晶断口。

在实际断裂失效的断口上，多数情况是既有沿晶特征又有穿晶特征，断口形貌较复杂。

2）按微观形貌分类，可分为解理断口、准解理断口、韧窝断口、疲劳断口和沿晶断口等。

一般情况下的断口为混合形貌断口，如同时存在解理、疲劳和韧窝，疲劳和沿晶共存，韧窝和准解理共存。有时宏观断口不同区域显示不同的微观断口。

根据宏观形貌对断口分类可得到断口形貌最主要的特征和加载方式之间的关系，但很难体现材料成分、组织结构和环境介质等对断口形貌的影响。仅仅根据断口微观形貌分类也存在一些问题，一些显微形貌相似的断口，宏观形貌却相差很大（如韧性材料在拉伸、弯曲、扭转等不同应力状态下断裂时，显微形貌都为韧窝，但宏观形貌却相差很大）。因此，对断口进行分类时，要同时考虑断口的宏观和微观形貌。

4.1.3.2　常见断口的形貌特征

1. 解理（穿晶）型断口

解理是指金属晶体在外力作用下，沿某些特定的结晶学平面（解理面）劈裂的现象。大多数解理面是原子密排面，因密排面之间原子间距最大，键合力最弱，所以最易沿解理面发生解理断裂。在体心立方和密排六方晶格金属中易发生解理断裂。由于具有面心立方晶格的铜、铝以及奥氏体状态的钢存在大量滑移系统，滑移产生变形，所以面心立方晶格很少发生解理断裂。

除晶体结构特点外，易发生解理断裂的外部条件是低温、高应变频率、三向应力区（缺口、裂纹尖端等处）、表面尖刻缺陷和腐蚀等。应力越集中、晶粒度越大，发生解理断裂的倾向越大。

(1)微观形貌

由于晶体中存在大量晶界、第二相粒子和位错等缺陷，所以解理断裂难以保持在一个晶面上进行，解理面也难以光滑。当解理裂纹遇到缺陷时将受阻，于是转移到相邻的晶面上继续扩展，一个晶面变到另一个晶面，便在断口上形成“解理台阶”，即解理台阶是两个不同高度的解理面相交时形成的，如图4-6所示。解理裂纹与螺型位错相交以及次生解理、撕裂是形成解理台阶的两种主要方式。当解理台阶不是相互抵消，而是相互加强而增加台阶高度时，即形成“河流花样”“扇形花样”“山形花样”等形貌，如图4-7所示。

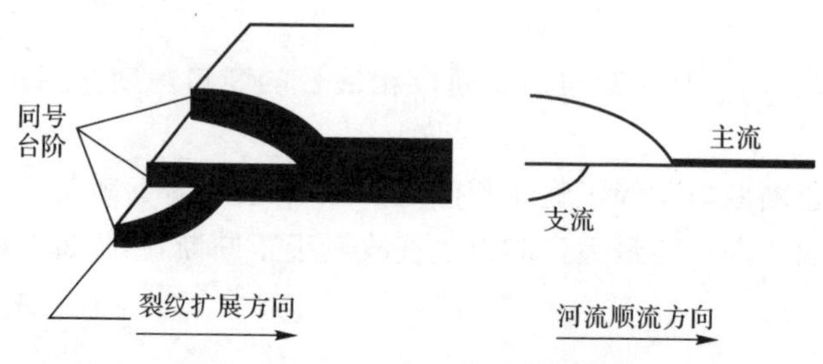

图4-6　解理台阶形成示意图

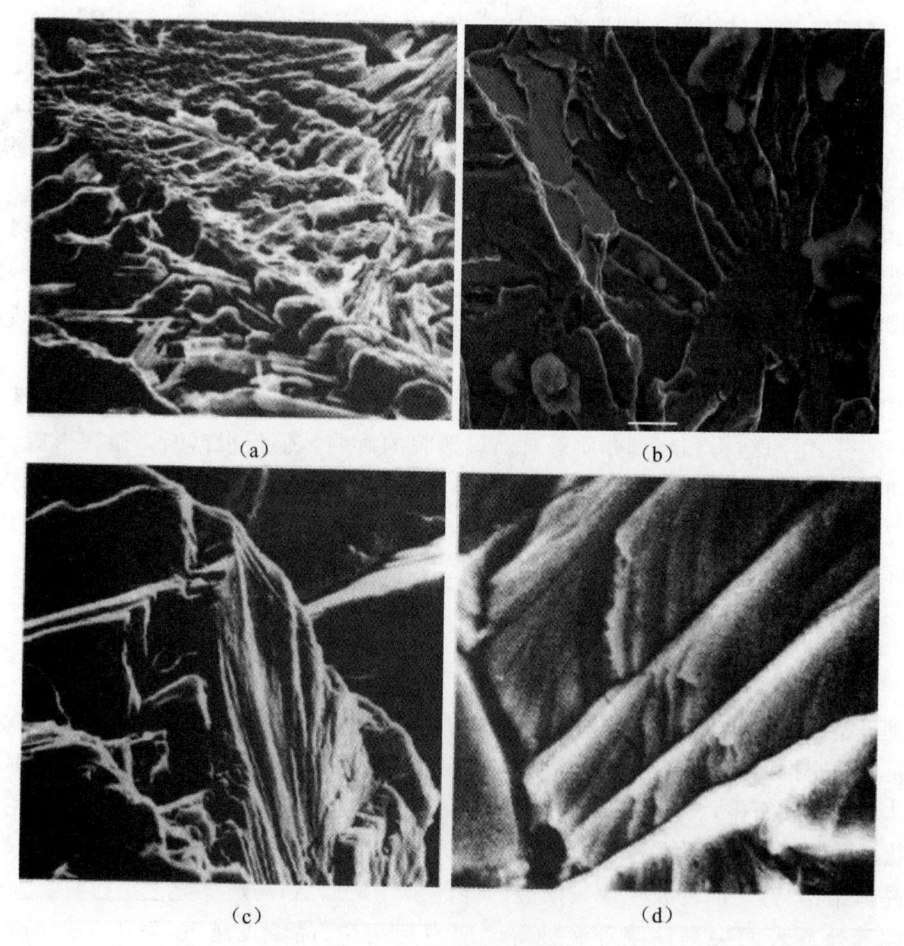

图4-7　解理断口形貌

(a)河流花样(2 000×)；(b)扇形花样(2 000×)；(c)山形花样(5 000×)；(d)解理台阶(5 000×)

解理断口最主要的特征是其线条的形状与水系网络的相似性，根据它们的形状，把这些线条称为河流花样。它们的产生源于裂纹扩展并不局限在单一的平面内，而是偏离一个平面跑到邻近的平面上去了，或者这些解理面碰到组织缺陷而分离成若干部分，最终的结果是出现一系列平行且同时扩展的裂纹，这些裂纹通过它们之间的金属辉纹的断开面相互连接。因此，所谓“河流”实际上是一些台阶，它们把不同裂纹连接起来。

形成台阶会消耗掉一定数量的额外能量，因此河流花样会趋于合并，河流花样从支流汇合成主流，这样一来，河流的流向恰好与裂纹扩展方向一致。因此逆流而上就能找到断裂起始区。

当解理裂纹从一个晶面转移到另一个晶面，然后再重新回到原晶面时，会形成“舌形花样”，如图4-8所示。值得注意的是，舌尖部位并不一定是裂纹扩展方向。另外还有“鱼骨状花样”“羽毛状花样”等，也是解理断口的特征花样，分别如图4-9和图4-10所示。

解理断裂通常是无预兆地突然断裂，一旦产生裂纹，将以极快的速度扩展而导致断裂。因此，会给设备带来灾难性的失效。

(2)宏观形态

解理断口的宏观形态表现为“小刻面”“放射形花纹”和“人字形花纹”等，分别如图4-11～图4-13所示。断口平直，有金属光泽，看不到塑性变形。解理断裂通常是脆性断口形式，当将其在强光下转动时，一些小平面可呈现闪闪发光的现象，这些小平面称为“小刻面”。

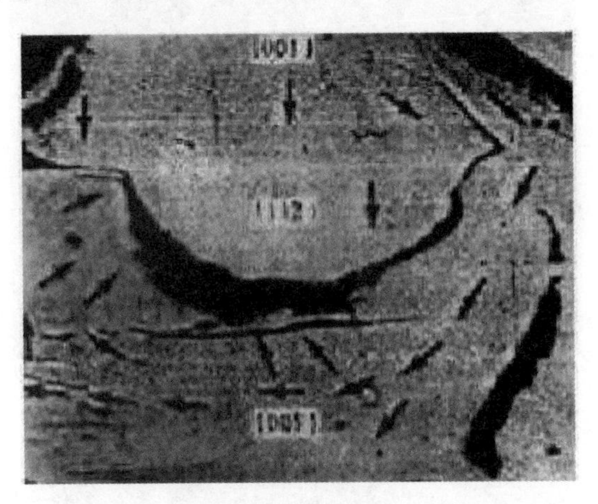

图4-8　舌形花样(2 000×)

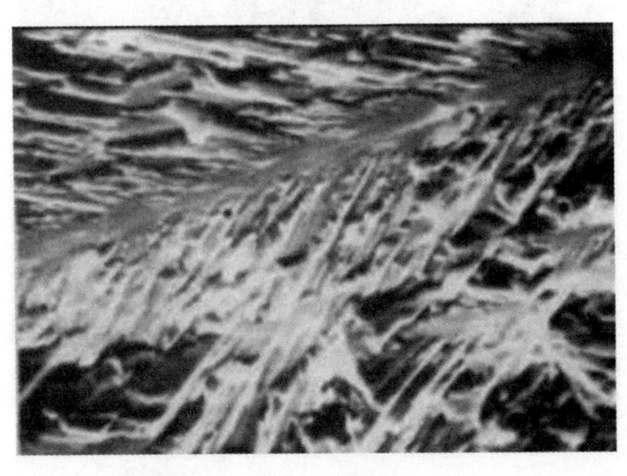

图4-9　鱼骨状花样(2 000×)

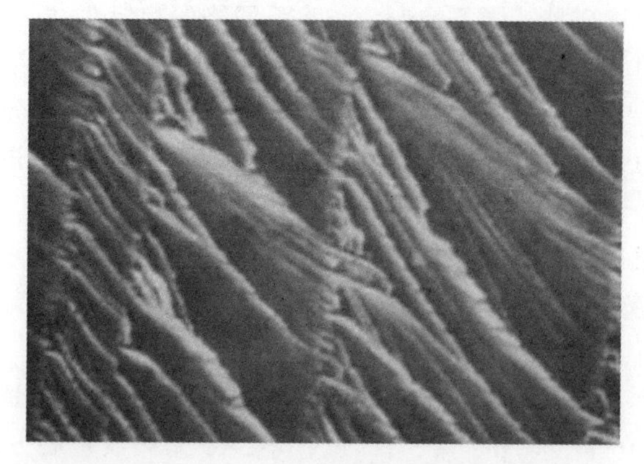

图 4-10　羽毛状花样(1 000×)

图 4-11　小刻面

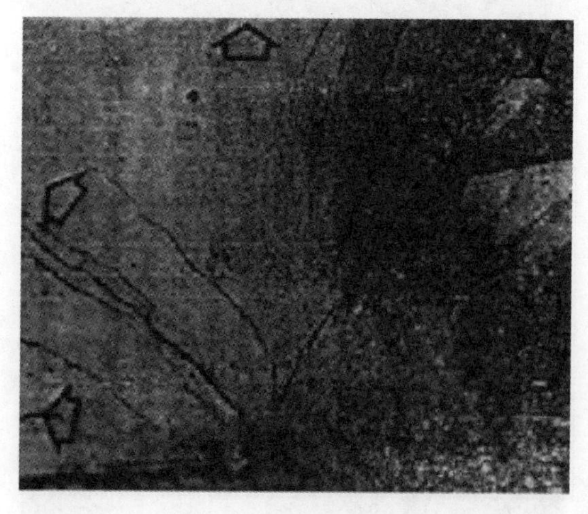

图 4-12　放射形花纹

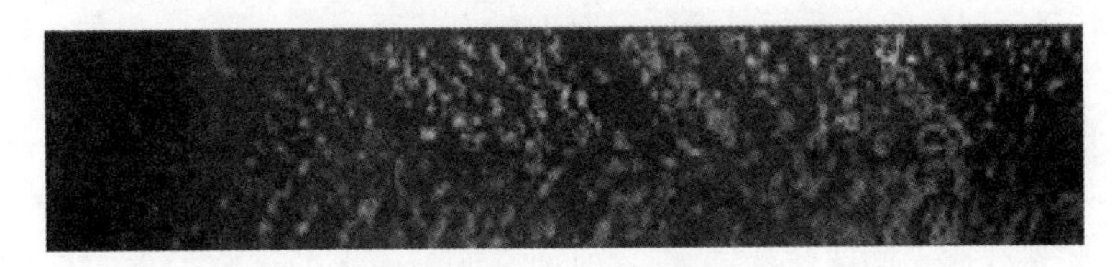

图4-13　人字形花纹

常说的“解理断口”与“脆性断口”意义是不同的，前者指断裂机制，后者指断裂前没有塑性变形或变形很小这一事实。

2. 韧窝(塑坑)型断口

任何晶体材料，当承载超过屈服强度，塑性变形超过限度而发生的断裂常被称为“韧性断裂”或“范性断裂”。韧性断裂形成的断口一般为韧窝(塑坑)型断口。

(1)微观形貌

钢、铜等有色金属因过载而断裂时都会形成韧窝型断口。钢铁等零件在发生断裂前先是发生塑性变形，因内、外因条件的不同，金属各处变形量不同。由于位错积塞等因素，首先在局部基体和夹杂物、沉淀相或在晶界等界面处产生微裂缝，随着应变率的增加，已形成的微裂缝将发展成显微空洞，以穿晶扩展方式为主相连成宏观裂缝，最终导致断裂。在这种断裂的一对断口上，相对应的位置都是形似窝状的凹陷小坑，故称其为“韧窝”。因其与材料局部塑性变形有关，故也有人称其为“塑坑”，因其显微形貌也有人称其为“涟波”，如图4-14所示。

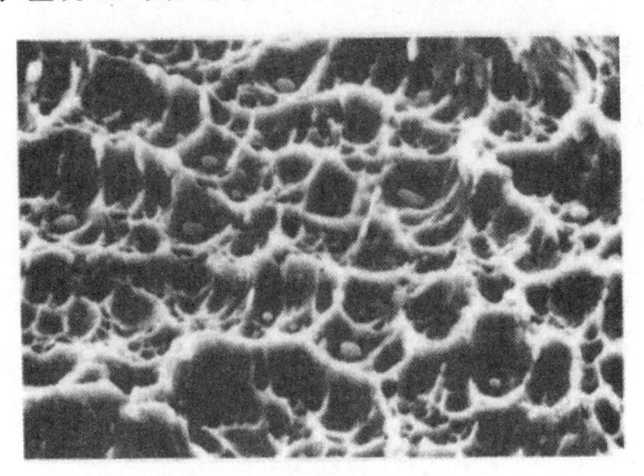

图4-14　韧窝形貌(2 650×)

韧窝很容易于夹杂物、沉淀相等处形核，因此在韧窝的底部常常发现形核产物。

1)韧窝的形成。韧窝特征的形成为空洞聚集，即显微空洞形核、长大、集聚直至断裂。金属内部形成的大量显微空洞在外力的作用下不断长大，同时，几个相邻显微空洞之间的基体横截面在不断缩小，直至彼此连接而导致断裂，形成韧窝断口形貌。

2)韧窝的大小和深浅。韧窝的大小和深浅取决于断裂时微孔的核心数量、材料本身的相对塑性以及环境温度等因素。因此，不同断口呈现出的韧窝大小与深浅可能相差较大，而且同一断口上韧窝的大小也不一定相同。通常，材料纯度高、塑性高、形变环境温度高时，形成的韧窝大而深，反之则小而浅。

3)韧窝的形态。韧窝的形态与材料断裂时的受力状态有关,根据受力状态的不同,可出现三种不同形态的韧窝。在正应力(垂直于断面的最大主应力)的均匀作用下,如果显微孔洞沿空间3个方向上的长大速度相同,则形成“等轴韧窝”,如图4-15所示;在切应力(平行于断面的最大切应力)作用下,塑性变形使显微孔洞沿切应力方向的长大速度达到最大,同时,显微孔被拉长,形成抛物线状或半椭圆状的韧窝,这时两个匹配面上的韧窝的方向相反,这种韧窝被称为“剪切韧窝”,如图4-16所示,通常出现在拉伸断口的剪切唇区;在撕裂应力作用下出现伸长的或呈抛物线状的韧窝,此时两个匹配面上的韧窝方向相同,这种韧窝被称为“撕裂韧窝”,如图4-17所示。撕裂韧窝的方向指向裂纹源,其反方向则是裂纹的扩展方向。

撕裂韧窝与剪切韧窝在形貌上没有什么不同,大多是长形、抛物线状,只是在对应的两个断面上,其抛物线韧窝的凸向不同,剪切韧窝的凸向相反,撕裂韧窝的凸向则相同。

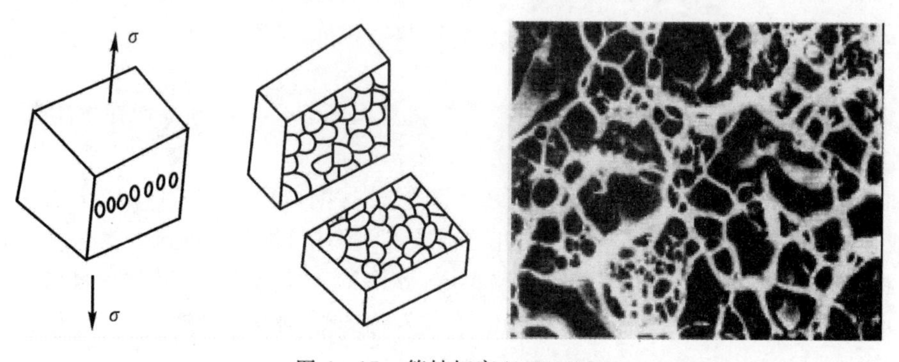

图4-15　等轴韧窝(1 500×)

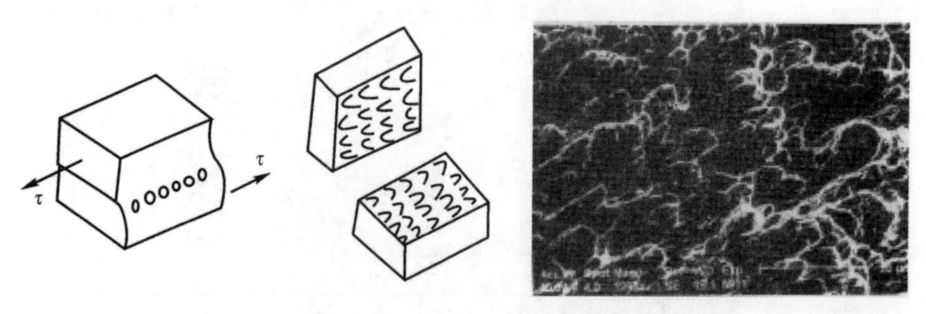

图4-16　剪切韧窝(1 500×)

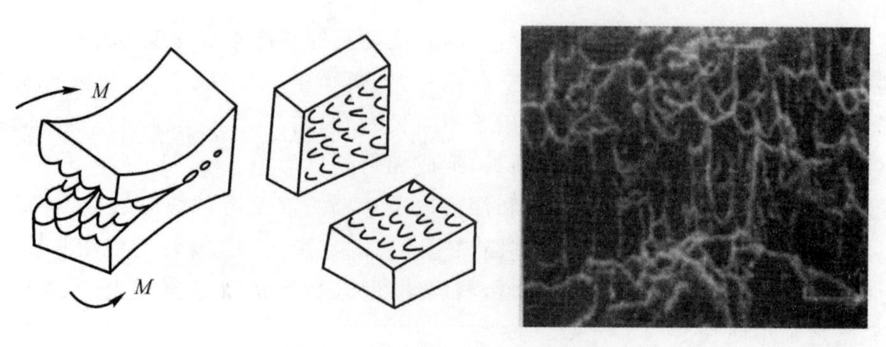

图4-17　撕裂韧窝(1 500×)

上述三种不同形状和匹配组合的韧窝只是最基本的简化形式，这是为了更好地说明空洞萌生处的应力状态或滑移方向对韧窝状态（形状和方向）的影响。在实际的断裂中很少有单一拉伸或剪切的应力状态，绝大多数情况下是多种单一应力状态的组合，同时，裂纹的局部扩展方向也在不断地发生变化，因此，会导致匹配断口的不均匀应变，产生多种不同形状和匹配组合的韧窝断口。在实际的韧性断口中，等轴韧窝与抛物线韧窝呈规则且交替分布，能观察到抛物线韧窝包围着等轴韧窝。

快速扩展裂纹断口上会形成韧窝。所以一旦发现韧窝，即说明裂纹已经失稳，进入快速扩展阶段，即将断裂。

慢速扩展裂纹断口上不形成韧窝。如应力腐蚀、疲劳、腐蚀疲劳等慢速扩展的裂纹，不会致使断裂断口形成韧窝。

值得注意的是，不应简单地以是否存在韧窝判断裂纹扩展速度。低周大应变疲劳，或应力强度因子很大的氢致延迟裂纹断口上，有时也会出现韧窝。

某些杂质、缺陷少的金属材料，经过较大的塑性变形后，会沿滑移面剪切分离。由于位向不同的晶粒之间的相互约束和牵制，不可能仅仅沿某一个滑移面滑移，而是沿着许多相互交叉的滑移面滑移，形成起伏弯曲的条纹形貌，一般将这种形貌称为蛇行花样，如图 4－18 所示。若形变程度加剧，蛇行花样因变形增加而变得平滑，会进一步形成涟波花样，如图 4－19 所示。如果继续变形，涟波花样也将进一步平坦化，在断口上留下没有特殊形貌的平坦面，称为无特征花样，或者延伸区、平直区。

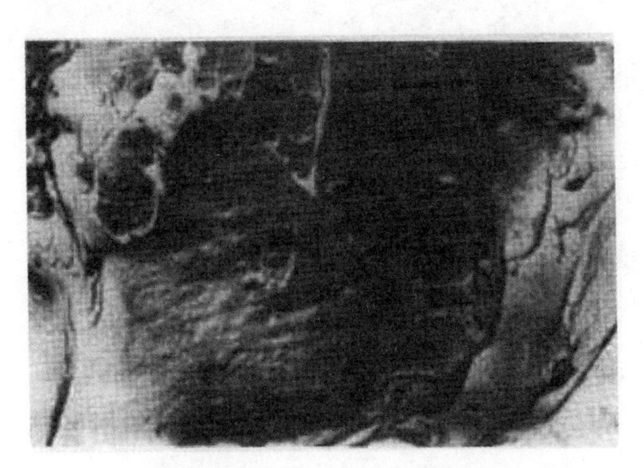

图 4－18　大韧窝底部的蛇行花样条纹（1 000×）

图 4－19　剪切韧窝及涟波花样（1 000×）

(2)宏观形态

断口呈纤维状与多孔状,与解理断口相比无光泽、发暗。例如,钢件断口一般呈灰色。

3. 准解理断口

准解理断裂是淬火并低温回火的高强度钢较为常见的一种断裂形式,常发生在脆性转变温度附近。关于准解理的形成机制看法不一,有人认为准解理小平面也是晶体学解理面,它与解理断裂的机制相同,但普遍的认识是,准解理断裂是介于解理断裂与韧窝断裂之间的一种过渡型断裂形式。

(1)微观形貌

准解理为不连续的断裂过程,各隐藏裂纹连接时,常发生较大的塑性变形,形成所谓撕裂岭,或形成微孔聚合的韧窝,有时甚至形成韧窝带。首先是在不同部位同时产生许多解理小裂纹,然后这种解理小裂纹不断长大,最后以塑性方式撕裂残余连接部分。以这种模式断裂的断口上最初和随后长大的解理小裂纹即成为解理小平面,而最后的塑性方式撕裂则表现为撕裂岭(或韧窝、韧窝带)。图 4-20 所示是有平坦的"类解理"小平面、微孔及撕裂岭组成的混合断裂准解理断口形貌。

准解理断口兼具解理断口与韧窝断口的特征,可呈现河流花样、舌形花样、解理台阶、韧窝花样和撕裂岭等花样。图 4-21 所示为准解理断口的河流花样及韧窝。

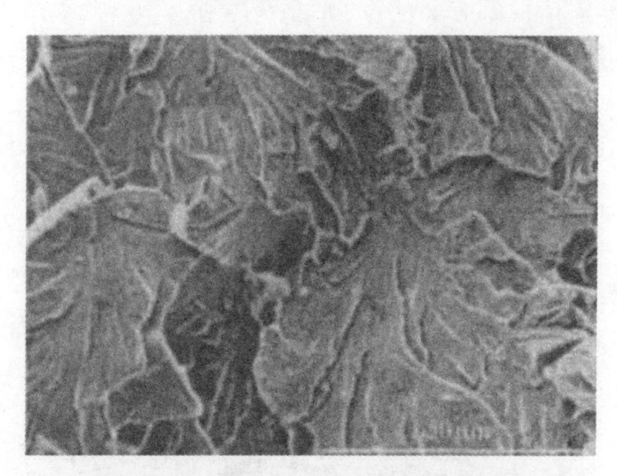

图 4-20 "类解理"小平面、微孔及撕裂岭组成的混合断裂断口(2 000×)

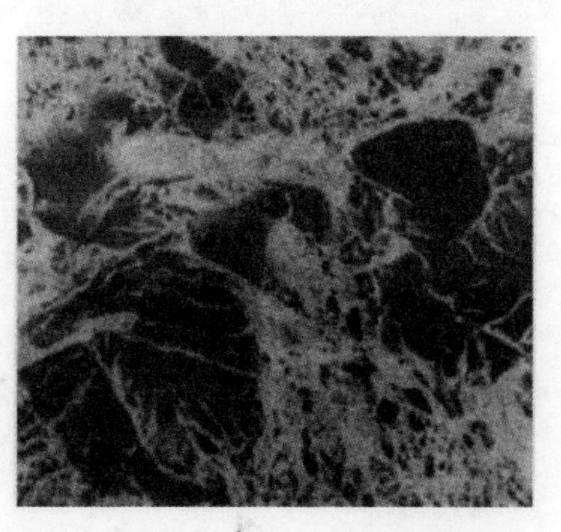

图 4-21 准解理断口的河流花样及韧窝(2 000×)

准解理断裂的特征为，大量高密度的短而弯曲的撕裂岭线条；点状裂纹源由准解理断面中部向四周放射的河流花样；准解理小断面与解理面不存在确定的对应关系；二次裂纹；等等。

准解理断口形貌与解理断口形貌相似，但也有不同之处，其主要差异如下：①裂纹源的位置不同，准解理裂纹源在晶粒内部的空洞、夹杂物和硬质点上，而解理断裂的裂纹源在晶粒边界或相界面上；②裂纹传播的路径不同，准解理是由裂纹源向四周扩展，相对于解理裂纹，准解理裂纹呈不连续状扩展，而且多是局部扩展；③解理裂纹是由晶界向晶内扩展，表现出河流走向；准解理小平面的位向并不与基体的解理面严格对应。

(2)宏观形态

不具有十分鲜明的解理断口特征，同时伴有纤维状断口。断口平整，少有塑性变形，具有小刻面与放射形条纹，呈脆性断裂形态。

4. *疲劳断口*

疲劳断口是任何材料在低于材料强度的交变载荷持续作用下，于高应力区(部件表面的尖角、刀痕、孔、槽和棱等处)形成疲劳裂纹，并扩展至断裂的断口。

(1)微观形貌

疲劳断口的典型特征是在裂纹扩展区具有“疲劳辉纹”。在高倍下观察，疲劳辉纹呈大体平行的细线条形貌，垂直于裂纹扩展方向发展。疲劳辉纹是疲劳断口的一种独特花样，每条疲劳辉纹表示在某应力循环下疲劳裂纹扩展前沿线的瞬时微观位置。疲劳源部位由很多细滑移线组成，并逐渐形成致密的条纹，如图4-22(a)所示；随着裂纹的扩展，应力逐渐增加，疲劳条纹之间的距离也随之增加，如图4-22(b)所示。在某些情况下，疲劳断口能观察到韧窝、滑移、准解理等特征。

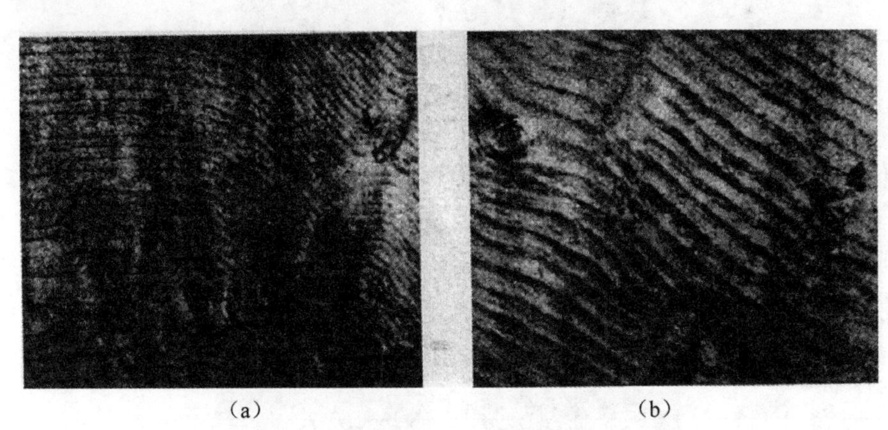

(a)　　(b)

图4-22 疲劳断面不同部位的疲劳辉纹形态(3 000×)

(a)疲劳源附近；(b)裂纹扩展区

疲劳辉纹是疲劳断口的特征，然而并不是所有疲劳断口都具有疲劳辉纹，它受许多因素制约。首先必须是拉应力，裂纹前端为平面应变状态，即断口面垂直于主应力的拉应力断口；受到的交变应力每循环一次，形成一条辉纹，拉应力频繁交变，才可能呈现出代表疲劳特征的疲劳辉纹；材料本身的塑性与强度也影响疲劳辉纹的形成与特征，只有材料的塑性高、强度较低或不是太高才易呈现疲劳辉纹；强度高，应力循环多次，才可能形成一条疲劳辉纹，强度过高，则很难形成疲劳辉纹；裂纹扩展速率和应力强度因子幅值影响疲劳辉纹特征，由于近裂源区裂纹扩展速率慢，应力强度因子幅值小，则疲劳辉纹间距小；相反，越靠近过载区，由于裂纹扩展速率快，应力强度因子幅值大，则疲劳辉纹间距也大；断口的不同部位存在化学成分、性能的微观变化。所以，在同一断口上，并不是都能发现疲劳辉纹；在腐蚀介质中，更不易形成疲劳辉纹。

(2)宏观形态

典型的疲劳断口由疲劳源区、裂纹扩展区和瞬时断裂区三部分组成。疲劳源区是疲劳裂纹的萌生地，该区一般位于零件的表面或内部缺陷处，可能只有一个，也可能有多个。裂纹扩展区断面光滑、平整，循环加载时，反复变形，裂开的两个面不断张开、闭合，相互摩擦。断面通常可见由载荷剧烈变动造成的形似海滩的"海滩条带"，它是在变幅加载、运行启动、突然过载等过程中，在裂纹前沿出现较大的应力而留下的塑性变形痕迹。瞬时断裂区是裂纹扩展到剩余面积不足以承担最大疲劳载荷，最后发生过载断裂失效形成的。瞬时断裂区的形貌与韧性或脆性断口形貌基本一致，比较粗糙，也称粗粒区。疲劳断口的宏观形貌如图 4-23 所示。

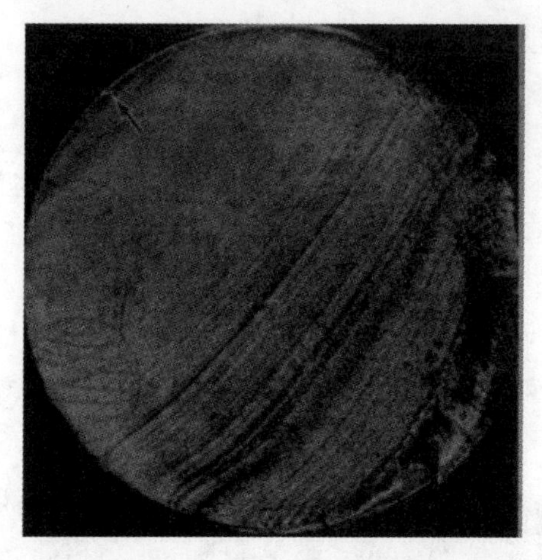

图 4-23　疲劳断口宏观形貌

零件受高应力循环作用而发生断裂的断口称为低周疲劳断口。低周疲劳应力循环频率不超过 10^3 次，由于交变应力幅度较大，断裂前的交变次数少，其微观断口不易形成疲劳辉纹，常常可看到"擦伤痕迹"或"轮胎花样"等复杂形态，如图 4-24 所示，具有韧窝、滑移、准解理及脊骨状花样等特征。断口处常能观测到穿晶解理开裂，有扩展台阶，台阶附近有二次裂纹。终断区可见到发生塑性变形的晶粒。

图 4-24　高应力低周疲劳断口上的轮胎花样(10 000×)

当低周疲劳的交变正应力进一步增大、循环次数进一步减少时，随着拉断条件的变化，断口也将由疲劳断口逐渐过渡到正应力拉断断口，即与过载断口形态相似，甚至出现韧窝。

5. 沿晶断口

裂纹沿晶界扩展形成的断口，称为沿晶断口。沿晶断裂多形成脆性断口，无明显变形。因此，对于宏观断口分析，只有脆性断口，而对于微观断口分析，则可有韧性沿晶断口与脆性沿晶断口之分。

(1)韧性沿晶断口

当晶界上析出小颗粒的沉淀相、碳化物、硫化物时，它们不仅削弱晶界，而且可能以其为核心形成韧窝。因此，在宏观脆性断口的试样中，通过显微观察可发现存在韧窝。这种断口称为韧性沿晶断口，又称为微孔聚合型沿晶断口。韧性沿晶断口微观形貌如图 4 - 25 所示。

蠕变断裂时，常会出现韧性沿晶断口，形成韧窝的核心多是晶界上的微孔洞。

(2)脆性沿晶断口

在晶界强度低于晶内强度的条件下，将导致微观脆性断口。许多因素可能削弱晶界强度，比如，磷、砷、锡等微量元素沿晶界偏析，腐蚀介质对晶界的腐蚀等。脆性沿晶微观断口的晶界面比较光滑，呈冰糖状花样，如图 4 - 26 所示。

脆性沿晶断口宏观形态：属脆性断口，可见到结晶颗粒，有金属光泽，断口平直，无塑性变形。

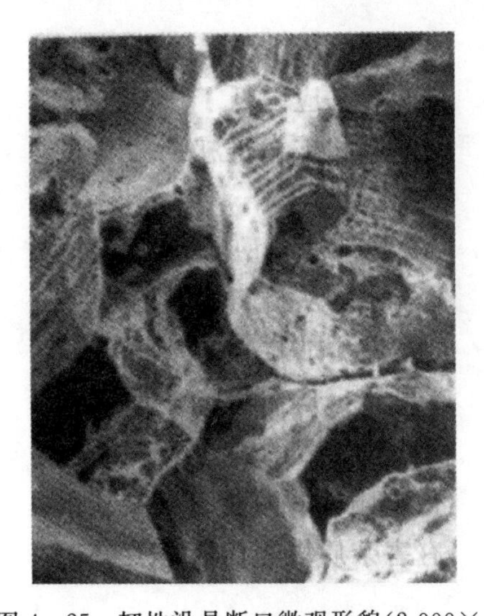

图 4 - 25　韧性沿晶断口微观形貌(2 000×)

图 4 - 26　脆性沿晶断口微观形貌(2 000×)

6. 晶间断裂断口

晶间断裂断口是高温或金属晶界脆弱的情况下，裂纹沿晶界扩展而断裂形成的断口。

(1)微观形貌

晶间断裂断口的微观形貌呈冰糖状花样。晶界沉淀相或蠕变造成的晶界断口，为沿晶韧性断裂，在晶界面上能观察到沿晶界分布的韧窝。杂质元素沿晶界偏聚、应力腐蚀及氢脆造成的断口，为脆性沿晶断口，晶粒表面没有韧窝。

高温断裂断口，理论上应沿晶界扩展而形成，但多数情况下为沿晶与穿晶断裂的混合断口。

(2)宏观形态

晶间断裂断口的宏观形态呈颗粒状,而非纤维状。

7. 应力腐蚀断口

金属在应力与腐蚀介质的联合作用下,在低于或远低于设计寿命时,即发生断裂,形成应力腐蚀断口。

(1)微观形貌

应力腐蚀裂纹既可在应力集中处萌生,也可在光滑表面萌生,以穿晶、沿晶或混合型方式扩展,所以有晶间、穿晶或混合型断裂。微观裂纹呈曲折、分叉状,有时呈网络状,如图 4-27 所示。裂纹尖端多沿晶界扩展,腐蚀源之处腐蚀产物较多,某些晶粒受到腐蚀。断口呈脆性状态,但也存在微米级塑性变形,可见韧窝断裂特征,有腐蚀坑及二次裂纹。穿晶断口往往呈块状花样、泥状花样、河流花样和扇形花样等形貌,往往有多裂纹源,裂纹在扩展过程中发生合并,形成台阶或明显的放射形条纹。图 4-28 所示为 316L 不锈钢应力腐蚀穿晶、沿晶混合断口形貌。

图 4-27 应力腐蚀裂纹微观形貌(400×)

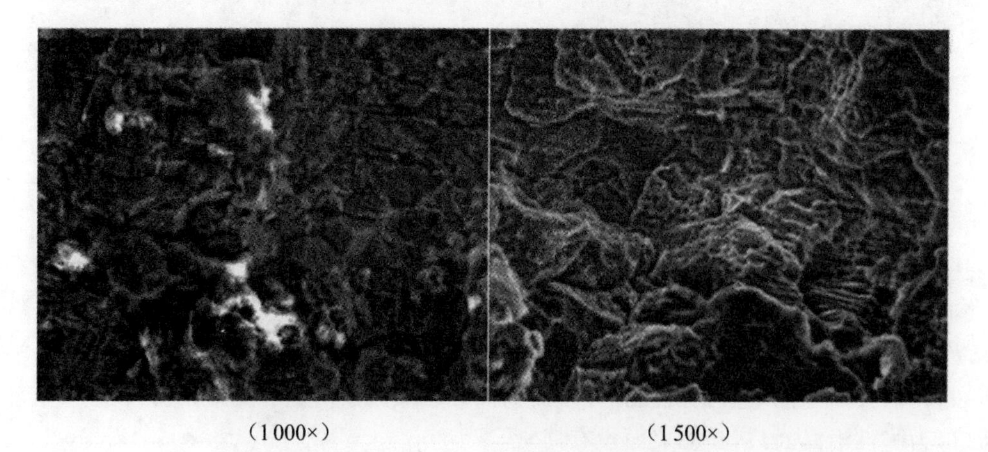

(1 000×)　　(1 500×)

图 4-28 316L 不锈钢应力腐蚀穿晶沿晶混合断口形貌

裂纹有分叉现象，但也有例外，曾发现过服役于液氨中结构钢的应力腐蚀破裂，为单根裂纹平直扩展而无分叉。其取决于应力强度因子，当应力强度因子大时，能出现裂纹分叉；当应力强度因子小时，裂纹只能以单根不分叉的形式扩展。

(2)宏观形态

宏观上呈脆性断口形貌，裂纹与拉应力方向垂立。零件试样表面只有轻微裂纹痕迹，裂纹源于金属表面。裂纹扩展部分具有明显的放射条纹，放射源即为裂纹源。终断区呈撕裂或剪切唇形貌。断口具有腐蚀产物颜色，终断区有金属光泽。

沿晶应力腐蚀裂纹走向与外加应力大致垂直，而晶间腐蚀则不具备这一特点。

8. 氢脆断裂断口

原子氢变成分子氢，氢分子与其他物质生成的氢化物，都能致使钢氢脆，发生断裂，形成氢脆断裂断口。

(1)微观形貌

氢脆和疲劳可在金属表面萌生裂纹，但应力较大时也可于金属内部萌生裂纹。裂纹源附近的晶间裂纹由表面向金属内部扩展，裂纹附近有脱碳现象。在金属内部，裂纹呈锯齿形，形成穿晶、沿晶断裂或混合断裂。图4-29所示为氢脆穿晶断裂断口形貌；图4-30所示为氢脆沿晶断裂断口形貌，晶粒轮廓分明，晶界有时可看到变形线(呈发纹或鸡爪痕花样)。断口具有滑移变形的迹象，可见较小的疲劳辉纹。滑移台阶是氢脆断口具有的特征，在断口上可见氢化物。发生氢腐蚀后，在晶界上出现小气孔、晶界变宽或出现裂缝，裂纹以沿晶扩展为主，无分叉。在氢致裂纹中，夹杂物附近可能出现鼓泡现象。

(2)宏观形态

断口平齐，带有放射状撕裂线，没有塑性变形，可见白点或氢脆断裂起源区。发生在高温的氢腐蚀常使一整块脱落，留下一个洞，形似窗，因此也被叫作“窗式破坏”。

氢腐蚀的表面呈现不均匀的腐蚀坑，腐蚀产物致密、硬而脆，可崩落。

铜在潮湿气氛中加热，也会出现类似氢腐蚀的现象，氢进入铜内部与晶界处的氧结合，生成水蒸气的小气泡，从而使金属变脆，被叫作“蒸汽脆”。

图4-29　氢脆穿晶断裂断口形貌(4 000×)

图 4-30　氢脆沿晶断裂断口形貌(3 200×)

4.1.4　断口特征与断裂模式

不同的断裂方式有不同的断口特征。对于某些简单的断裂事故，通过观察断口表面情况就可判断断裂的方式及性质。

1)根据断口上放射区与纤维区面积的相对比例，一般情况下可大致估计断裂的性质。纤维区标志韧性断裂状态，放射区标志脆性断裂状态。断口中纤维区越大，材料或零件断裂时的韧性越好；反之，断口中放射区越大，则脆性越大。

2)断口表面的弧形迹线，是裂纹前端在扩展过程中，应力状态的变更、断裂方式的改变以及扩展速度的显著变化等留下的弧形迹线，如贝纹线等。裂纹以恒定的方式扩展时，断口上无此种特征。

3)实际断口的表面是由许多微小的小断面构成的，这些小断面的大小、曲率半径以及相邻小断面间的高度差(台阶)，决定了整个断面的粗糙度。材料和断裂方式不同，其粗糙度也会有极大的区别。

仅就一般情况而言，断口越粗糙，即表征断口特征的"花样"越粗大，则剪切断裂所占的密度越大。如果断口齐平，多光泽，或者"花样"越细，则晶间、解理断裂所起的作用也越大。

4)断口的光泽与色彩。由于构成断口的许多小断面往往具有金属所特有的光泽与色彩，所以当不同断裂方式所造成的这些小断面集合在一起时，断口的光泽与色彩将发生变化。如断面相对摩擦、被氧化以及受到腐蚀，金属断口的色泽也将完全不同。

5)在不同的应力状态、材料及外界环境条件下，断口与最大正应力的交角是不同的。在平面应力条件下，断裂的断口与最大正应力成 45°交角。

6)材料内部存在缺陷，而缺陷附近存在应力集中，影响裂纹的扩展，因此会在断口上留下缺陷的痕迹。不同的断裂方式，材料缺陷在断口上所呈现的特征是不同的。

表 4-1 列出了几种重要断裂方式的断口特征。

表 4-1　几种重要断裂方式的断口特征

断裂方式	韧性断裂		脆性断裂		疲劳断裂	
	切断型断裂	正断型断裂	缺口脆性	低温脆性	低周疲劳	高周疲劳
放射花样	不出现，在高强度钢中有时会出现	不出现	明显	稍不明显	较不明显，对于板材，接近于平行的人字纹	明显极细
弧形迹线	不出现	不出现	不出现	不出现	贝纹线应力幅变动大时明显	贝纹线应力幅变动小时不出现
断口的粗糙度	比较光滑	粗糙的木挫粗齿状	极粗糙	粗糙	较光滑，粗糙度与裂纹扩展速度成正比	极光滑，粗糙度与裂纹扩展速度成正比
色彩	较弱的金属光泽	灰色熟丝状光泽	白亮色，接近金属光泽	结晶状，金属光泽	白亮色	灰黑色，裂纹扩展速度愈大，愈近白色
倾斜度（与最大正应力的交角）	45°	宏观断面成 90°	90°	90°	裂纹扩展速度小时成 90°（K_{I} 型），大时接近 45°（K_{III} 型）	90°
缺陷的断口形态	菊花状平断口	无区别	不出现	不出现	较不明显，有时也呈现延性断口	在裂纹核心区，在裂纹扩展过程中也会明显出现

4.1.5　裂纹、裂纹扩展方向及断裂源

一般来说，机械零件的断裂过程往往包括裂纹萌生、裂纹扩展（包括稳定扩展和失稳扩展）及最终断裂等阶段，所以裂纹显然在零件的断裂失效行为中扮演着非常重要的角色。裂纹不仅会在零件服役过程中产生，还会在材料制造、成型及装配阶段形成。裂纹的形成和扩展是材料、载荷条件和环境因素三者交互作用的结果。

4.1.5.1　裂纹的分类

1. 裂纹的一般分类

裂纹的分类依据有很多种，根据裂纹定义，按照裂纹上、下表面的位移特征可分为张开型（Ⅰ型）裂纹、滑开型（Ⅱ型）裂纹和撕开型（Ⅲ型）裂纹三种基本类型，如图 4-31 所示；根据裂

纹在零件中所处的位置可分为内部裂纹、表面裂纹和穿透裂纹等；根据裂纹产生的物理因素可分为焊接裂纹、层状裂纹、疲劳裂纹、氢脆裂纹、应力腐蚀裂纹和蠕变裂纹等；根据裂纹尺寸与材料微观组织结构的特征尺度的相对大小，还可将裂纹分为宏观裂纹和微观裂纹等。

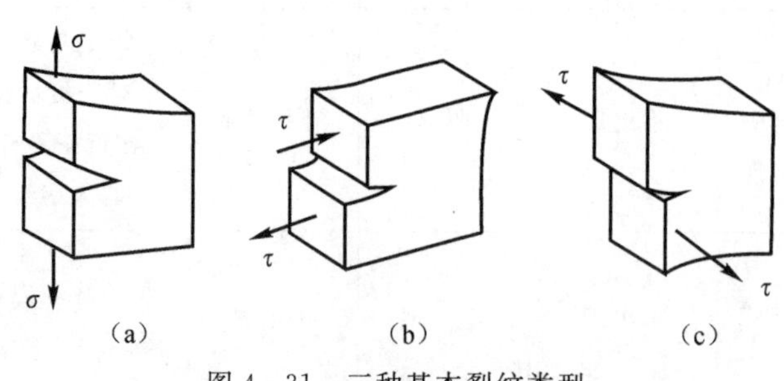

图 4-31　三种基本裂纹类型

(a)Ⅰ型；(b)Ⅱ型；(c)Ⅲ型

从图 4-31 中可知，Ⅰ型裂纹承受与裂纹面垂直的正应力作用，裂纹上、下表面的位移相反，且相对位移垂直于裂纹面和裂纹扩展方向；Ⅱ型裂纹承受位于裂纹面内，并与裂纹前沿垂直的剪力作用，裂纹上、下表面的位移也相反，但都位于裂纹面内，相对位移与裂纹前沿垂直；Ⅲ型裂纹承受离面剪力的作用，裂纹上、下表面的位移相反，但都位于裂纹面内，相对位移与裂纹前沿方向保持一致。值得指出的是，在实际工程结构中经常会遇到上述裂纹类型的复合形态，即复合型裂纹。

2. 工艺裂纹与使用裂纹

实际零件中所存在的裂纹，按其形成的时期可分为两大类：一类是零件在各加工过程中产生的裂纹，即工艺裂纹；另一类是零件在使用过程中产生的裂纹，即使用裂纹。

(1)工艺裂纹

在机械零件的生产制造过程中会产生各种类型的工艺裂纹，这些工艺裂纹会降低零件的质量等级，对保持其结构完整性具有不利的影响。工艺裂纹往往是零件的断裂源，失效常常是某一工艺裂纹在一次加载条件下失稳扩展或在一定的载荷环境条件下先经亚临界扩展，到某一临界长度时，再失稳扩展，造成零件破裂。工艺裂纹有铸造裂纹、锻造裂纹、热处理裂纹、焊接裂纹、白点、磨削裂纹和皱裂、皱褶等。研究影响工艺裂纹形成的各种因素，分析工艺裂纹的形成机理，对于减少零件中裂纹和有害缺陷的产生具有重要作用，可以提高零件的制造和加工质量，降低零件的失效概率。

(2)使用裂纹

在零件使用过程中产生并扩展的裂纹称为使用裂纹。机械零件在服役过程中会产生不同类型的使用裂纹，它们会影响零件的使用性能、服役寿命和运行安全。使用裂纹一般指应力腐蚀裂纹(包括氢脆裂纹)、疲劳裂纹和蠕变裂纹等。

4.1.5.2　裂纹的检测与分析

在材料制造、零部件加工以及零件的服役过程中都可能形成和产生裂纹。裂纹是一种常见的缺陷形式，会对零件的安全运行造成相当程度的危害。通过一定的方法和技术对零件中产生的裂纹进行分析研究，确定裂纹产生的原因，防止工程结构发生灾难性失效事故，是工程领域中具有重大意义的课题。

对裂纹进行检测与分析，一般包括裂纹的宏观检测分析、裂纹部位的力学分析及材质检测、裂纹的微观检查分析、主裂纹与裂纹源区位置的确定以及裂纹走向分析等内容。

4.1.5.3　裂纹源位置的确定

断裂分析的一个主要内容，就是要确定断裂源的位置及裂纹的扩展方向。金属零件若已断裂成多块，则应把所有断块按原来形状拼起来，但要注意不能碰撞，然后看其密合程度，密合得最差的断口最早断裂，即主断口。分析断裂原因时，只需对主断口进行分析。

有时主断面上还可能分成几块或未断裂开的裂纹，此时，如果零件上有多条裂纹，通常主裂纹较宽而长，裂纹源一定在主裂纹上，且裂纹源的方向通常与支裂纹的扩展方向相反，如图 4-32(a)所示。如果零件上有一条裂缝与另一条裂缝相交约 90°，横贯裂纹首先开裂，与其相交的裂纹为二次裂纹，裂纹源应在主裂纹中寻找，如图 4-32(b)所示。

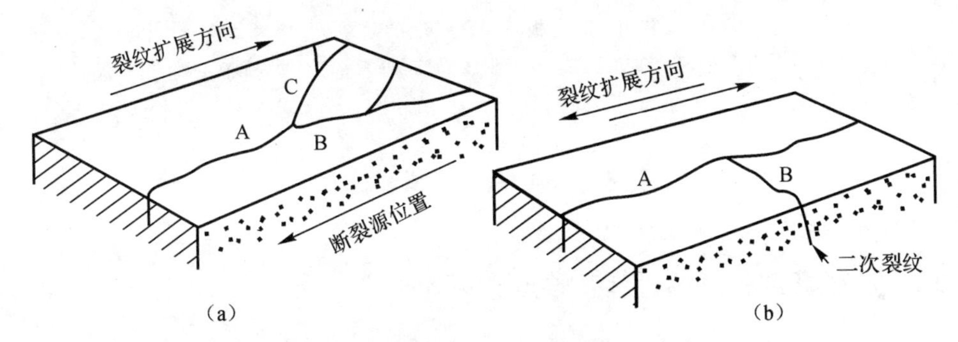

图 4-32　裂纹扩展方向与断裂源的关系

(a)裂纹源方向与支裂纹的扩展方向相反；(b)横贯裂纹为主裂纹，裂纹源在主裂纹中

主断面找到了，裂纹扩展的方向也明确了，接着就要确定断裂源。断裂源是指断裂的宏观起始点，在断面上描述为一点，但对于实际断裂零件来说，是一个三维或二维的特殊空间，如刀痕、微裂纹及缺陷等。需在主断面上寻找，根据放射区的迹线来判断。通常，裂纹在扩展中的迹线有“人”字形脊线或放射状脊线两种，在这种情况下“人”字的头部所指的是断裂源，放射线的放射中心是断裂源，而对于带有剪切唇或杯锥形的断裂，其断裂源在心部，分别如图 4-33(a)～(c)所示。

对于疲劳断裂，常可用贝壳线来判断其断裂源。应力腐蚀及氢脆断裂常有放射状脊线，放射状脊线的放射中心就是断裂源。

另外，断口的色泽也是判断断裂次序的重要依据，色泽较深的断裂较早。当在断面上有氧化或腐蚀产物时，还可根据产物的厚度变化来判断断裂的先后顺序。

当然，不是所有的断裂都有断裂源，如整体金属零件变脆、晶间腐蚀、过热、过烧等，这时虽然发生金属零件的断裂，但是属于整体性的，有时甚至是粉碎性的。

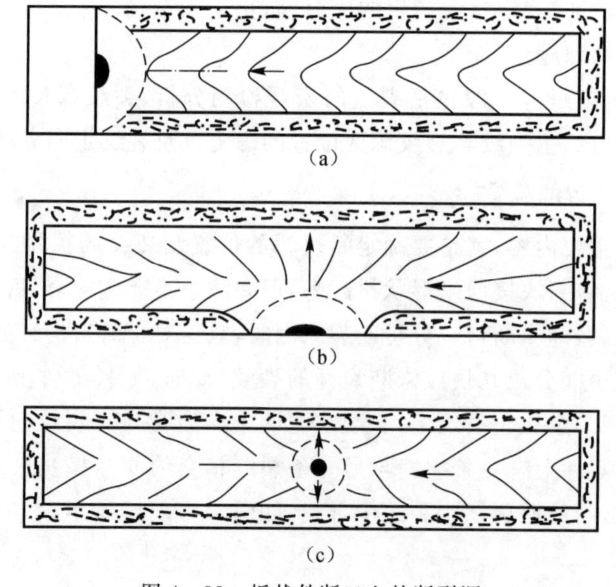

图 4-33 板状件断口上的断裂源

(a)"人"字头部指向断裂源;(b)放射线中心是断裂源;(c)断裂源在心部

4.2 脆性断裂失效

4.2.1 脆性断裂失效的过程及特点

脆性断裂是指断裂前没有明显塑性变形的一种断裂方式。

金属零件在制造过程中,工艺不正确或在运行中的环境、温度不合适,都可能使材料变脆,从而使金属零件发生脆性断裂。脆性断裂是一种很危险的突然事故,它会产生很多碎片,危害性很大,比如,焊接船舶的脆断事故,大直径无缝钢管发生的脆断裂缝,有铁桥因脆断而发生倒塌,飞机因脆断而失事以及电站设备和石油设备因脆断而发生的重大事故等。据日本对化工厂中化工设备破坏事故的调查,在 17 年间的 563 起事故中,因脆性断裂导致的破坏事故占 12.5%,仅低于疲劳断裂导致的破坏事故。

前面已经介绍过,根据断裂前断裂部位有无明显的塑性变形量,可以广义地把所有断裂分为韧性断裂与脆性断裂两大类。韧性断裂的断口部位有明显的塑性变形。脆性断裂的断口部位则无宏观的塑性变形痕迹,断口表面相对比较平齐。在断裂失效事故中,主要危险是脆性断裂事故。

广义脆性断裂包括以下几种:

1)单次加载断裂——狭义的脆性断裂。

2)多次加载断裂——疲劳断裂。

3)环境促进断裂——氢脆、应力腐蚀开裂等。

疲劳断裂的断口部位在宏观上也没有明显塑性变形,断口表面也比较平齐,但是因为这类断裂事故发生较多,断裂过程又有特殊性,因此,工程中一般不把这种断裂方式列入脆性断裂范围。

环境介质条件下的脆性断裂,实际上也是一种低应力脆断。环境介质因素,是指零部件在受载情况下同时接触会使材料性能或表面状态恶化的环境条件,如潮湿空气、水介质、熔盐、硫化氢气氛、低熔点熔融金属以及辐照环境等。这种环境介质条件下的断裂可分为氢脆、碱脆、低熔点金属脆性、辐照脆性、液体浸蚀脆性、晶间腐蚀、应力腐蚀开裂、氢腐蚀等几种。这类断裂事故的发展过程包含时间因素,因此与疲劳断裂有相似之处,都有裂纹形成和发展的时间过程,都不是受载后立即发生断裂,属于滞后破坏断裂范畴,这与上述受载后立即断裂的低应力断裂事故是有差别的。

本节只讨论狭义的脆性断裂,即单次加载条件(静载及冲击)下的脆性断裂。其他脆性断裂模式将在后面分别讨论。

单次加载条件(静载及冲击)下的脆性断裂是指在弹性应力范围内,在许用应力条件下一次加载引起的脆性断裂。这类事故的发生常常有外在原因或材料内部原因。外在原因包括受载时的加载速率、环境温度对材料性能的影响、零部件形状设计中引起的应力集中等。材料内部原因包括材料内部存在的宏观缺陷(裂纹、空洞、夹杂等)和材料本身的质量问题,如钢的低温脆性、蓝脆和回火脆性等。

脆性断裂表现出如下主要特征:

1)发生脆性断裂时的工作应力是很低的,往往低于材料的屈服强度,或低于设备的许用应力。在该应力下工作,往往被认为是安全的,但是却发生脆性断裂,因此,人们也把脆性断裂称为“低应力脆性断裂”。发生脆性断裂后,测定材料的常规机械性能,通常是合乎设计要求的。

2)脆性断裂一般在比较低的温度下发生,因此常被称为“低温脆性断裂”。根据系列冲击试验可以得到材料从塑性向脆性转化的强度。比如,我们最熟悉的塑料制品,当气温低于一定温度时,塑料会变硬、变脆,从而容易发生断裂,这种现象就是由温度低于脆性转化温度造成的,金属也具有这种类似的现象。对于在材料脆性转变温度以下工作的机械或结构,可能会发生脆性断裂。

3)脆性断裂通常在体心立方和密排六方金属材料中出现,而面心立方金属只有在特定的条件下,才会出现脆性断裂。

4)脆性断裂断口平齐而光亮,断口有人字纹或呈放射状花样。

5)脆性断裂总是以零件内部存在的宏观裂纹作为裂纹源。这种裂纹源可以在工艺过程中产生,如宏观从应力集中处开始,裂纹源通常在结构或材料的缺陷处,如缺口、裂纹、夹杂等。发生脆性断裂时,裂纹一旦产生,就迅速扩展,直至断裂,断裂之前的总宏观变形量极小,不能在断裂之前察觉出来。

由于低应力脆断事故的发生具有突发性,零部件或大型结构、设备往往在符合设计要求、满足规定性能指标的条件下,发生突发性的断裂,事故前预兆监测通常很困难,发生预兆到事故发生时间很短,常常造成严重的损失,甚至导致灾难性的后果。

4.2.2　脆性断裂的断口特征

4.2.2.1　脆性断口的宏观特征

脆性断口的宏观特征如下:断口上没有明显的宏观塑性变形;断口相对齐平并垂直于拉伸载荷方向;如果没有被腐蚀产物或脏物污染,表面经常呈现晶体学平面或晶粒的外形;断口的颜色有时比较光亮，有时相对暗一些；光亮的断口表面有时有放射状台阶，在一定条件下，放射状台阶会发展为人字纹花样；较灰暗的脆性断口呈现无定形的粗糙表面，有时也呈现晶粒外形。图 4－34 所示为脆性断口的宏观形貌。

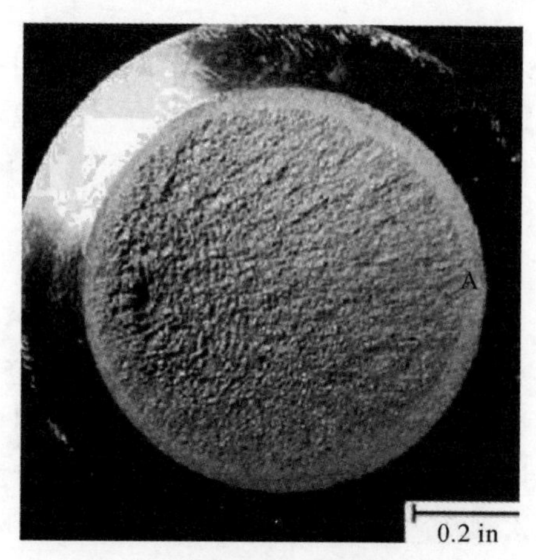

图 4－34　脆性断口的宏观形貌

注：1 in=2.54 cm

室温冲击韧性试验的宏观断口特征：整个断口比较平坦，呈颗粒状，断口主要为放射区，有粗糙的放射棱，为典型脆性断口，高倍显微镜下观察为典型的沿晶断裂。

室温拉伸试验的宏观断口特征：断面平坦，断口呈颗粒状，也是典型的脆性断口，高倍显微镜下观察为沿晶断裂。

锻件过热试样室温人工打断断口的宏观形貌特征：粗晶脆性断口，断口有发亮的小刻面，无剪切唇，微观形貌为解理和准解理断裂。

人字纹是宏观脆性断口诊断的重要依据。断口上是否有清晰的人字纹花样出现，取决于零件的几何形状和断裂的起始位置。在板材结构件脆性断裂的断口上就经常出现人字纹花样。如果在断口上发现人字纹花样（通过肉眼或借助放大镜或用体视显微镜），则可以说明断裂是脆性的。另外还能够找到断裂的起源，平滑板材断口上人字纹的尖头方向指向断裂源，人字纹的相反方向为裂纹的扩展方向。

但应注意，如果在板材的两侧都开有槽口，则由于裂纹首先在缺口处形成，且由于应力集中的原因，裂纹沿切口处的扩展速度较快，而中心较慢，故开裂时形成的人字纹尖头方向与无槽口平滑试样正好相反，即人字纹的尖头方向是裂纹的扩展方向。

金属的脆性断裂按断裂路径可以分为两种基本形式：穿晶脆断和沿晶脆断。

穿晶脆断的断口一般比较光亮，因为裂纹扩展是沿晶粒内部某些晶面劈开的，由于被劈开的晶面是完整的表面，当光线照在这些晶面上时就反射出闪闪的亮光。

沿晶脆断的断口一般呈暗灰色，一般情况下是由于晶界上有夹杂物、沉淀物聚集、成分偏析、晶间腐蚀、过烧等，晶界结合力降低、低于晶内结合力，使裂纹沿晶界扩展。

在分析脆性断裂的结构失效件时，至少有两个方面是很重要的。首先，必须考虑断裂起源，找到断裂源就能够判断断裂起源处是否有缺陷，是否有先前的疲劳裂纹或应力腐蚀裂纹导致随后的失效；其次，无论存在什么样的缺陷，都需要足够的载荷致使裂纹的快速失稳扩展。总之，工作条件下存在不正常的高工作应力，材料没有足够的韧性或没有对缺陷足够的承受能力都可能会导致脆性断裂。在进行脆断失效分析时，对以上两个方面需要仔细观察考虑。

4.2.2.2　脆性断口的微观特征

1. 穿晶(解理)断裂

穿晶(解理)断裂是金属或合金在外加正应力作用下沿某些特定低指数结晶学平面(解理面)发生的一种低能断裂现象。一般呈脆性特征，很少发生塑性变形，断面呈结晶状，有许多强烈反光的小平面(或小刻面)。

由脆性断裂理论可知，断续裂纹的成核与长大和切应力导致的滑移是分不开的，另外，滑移和解理在晶体受力变形过程中是相互竞争的关系。所以在介绍解理断裂之前，有必要对滑移和解理这两种变形机制进行简单的介绍，同时介绍与解理断裂有关的孪生(晶)。

(1)滑移、解理和孪生

滑移是指晶体的一部分相对于另一部分沿着一定的晶面和晶向产生相对滑动的过程，是一种很常见的塑性变形机制。滑移是在滑移面和该面上的滑移方向上进行的，通常情况下，滑移面是原子排列最紧密的面，滑移方向也是原子排列最紧密的方向。滑移是在切应力作用下发生的，当切应力在滑移面上的分量达到一定的临界值后，滑移就会开始。

穿晶脆断的裂纹扩展是沿晶粒内部某些晶面劈开的，由于被劈开的晶面是完整的表面，当光线照在这些晶面上时就反射出闪闪的亮光，这种断裂称为穿晶的脆性断裂或解理断裂。被劈开的面称为解理面，这个面常常是晶体内原子排列密度较大的晶面，因为它的晶面间原子结合力最差，所以当受力时这个面最容易劈开。在常见的点阵类型的金属中，体心立方、密排六方金属都有可能发生解理断裂，而面心立方金属则极少发生解理断裂。

在密排六方结构的金属中，有些方向的分切应力可能为零，此时不会发生滑移，相反会发生解理，断口相对光滑，像镜面一样。这种解理一般不会在面心立方结构金属中发生。

滑移面垂直于载荷方向，当载荷增大时，滑移可能在其他的滑移面进行(非密排面)，但是这时的临界分切应力是非常高的。另一种可能是此平面的分解正应力超过面间的结合力，这些平面就会分离或称之为解理。

由上所述，滑移和解理之间有竞争的关系。随着外加载荷增加，滑移系上的切应力和解理面上的正应力都会增加。滑移和解理哪个最先发生，取决于哪个应力最先达到临界值。

孪生是塑性变形的另一种重要形式，在孪生过程中形成孪晶。孪生是指晶体在切应力作用下发生均匀切变的过程。发生孪生以后，均匀切变区的取向改变，变成与未切变区呈镜面对称，孪生面就是对称面，这种对称的结构称为孪晶。

孪生是一种很复杂的过程，很少发生在面心立方晶体中。但是在密排六方和体心立方晶体中都会发生孪生。温度降低和应变速率增加有利于孪晶的产生。在体心立方结构金属的断裂过程中，裂纹的形核与机械孪晶有关。

(2)解理断裂的微观特征

单晶的解理断口应该是原子尺度光滑的，是没有任何特征的。低倍观察这些面也是极为平坦的镜面。然而，即使是纯金属的单晶也存在晶格缺陷，这些缺陷导致解理裂纹扩展发生偏差进而产生了断口形貌。同时，解理裂纹可能在多个位置形核，解理裂纹就在不同的平面上甚至是在同一类型的平行平面上扩展，如果裂纹沿着两个平行的解理面扩展，则在两者交界处形成台阶，这在断口上也能够得到反映。

解理断口的微观特征有解理台阶、河流花样、扇形花样、舌形花样以及鱼骨状花样等，详见4.1节。

2. 准解理断裂

准解理断裂是一种基本上属于脆性断裂范围的微观断裂，是介于解理断裂和韧窝断裂之间的一种过渡形式的断裂。

例如，在已经淬火形成马氏体及随后回火析出细小网状碳化物质点的钢中，当试验温度远远超过韧-脆转变温度时，其断裂的断口均由韧窝组成；当试验温度大大低于韧-脆转变温度时，其断裂的断口则主要是由平坦的解理小平面所组成的；而当温度恰好在韧-脆转变温度附近时，可以发现断口上原始奥氏体晶粒内有效解理面的尺寸及取向可能模糊不清，真正的解理面已经被更小的、不清晰的小解理面所代替，这些小解理面通常是在碳化物质点或大块夹杂物上发生，把这些小解理面称为准解理面。

准解理的解理面对原奥氏体晶粒是穿晶的，但比回火马氏体的小尺度特征大很多。在回火马氏体等复杂组织的钢中，经常可以观察到这种穿晶断裂。这种似解理的平坦小晶面比弥散马氏体针要粗大得多，而且似解理小晶面的取向不一定沿铁素体的解理面解理，但也不沿马氏体针叶伸展，而是沿各个方向都有可能解理。为了把这种小晶面的断裂方式和真正的解理断裂区别开来，通常把这种既似于解理断裂又不同于解理断裂的断裂方式称为准解理断裂。

准解理断口兼具解理断口与韧窝断口的特征，其微观形貌可呈现河流花样、舌形花样、解理台阶、韧窝花样和撕裂岭等，详见4.1节。

3. 沿晶断裂

在很多情况下，不论是冲击载荷还是缓慢加载，不论是低温还是高温，金属都会沿晶界发生断裂，生成的断口称为沿晶断口。

在一般情况下，晶界的结合力高于晶内结合力，晶界是强化因素。但如果热处理不当或环境、应力状态等因素使晶界被弱化成裂纹扩展的优先通道，材料就会发生沿晶断裂。根据断口表面的形态，可将沿晶断口分为两类：一类是常见的沿晶分离，即脆性沿晶断口。断口呈现出不同程度的晶粒多面体外形的岩石状花样或冰糖状花样，晶粒明显，且立体感强，晶界面上多显示光滑无特征形貌；另一类是沿晶韧窝断口，即韧性沿晶断口。断口表面的晶界上有大量的小韧窝(有时显示为滑移特征)，这是晶界显微空洞形核、长大、连接的结果。沿晶断口的断口形貌详见4.1节。

4.2.3 脆性断裂的判断依据

判断某一种断裂事故是否属于脆性断裂，根据上述所总结出的脆性断裂的特点就可基本确定。一般从零件的材料特点、零件的实际工作(服役)条件、裂纹产生的部位、断裂部位的宏观特征、断口的宏观和微观形貌特征等方面进行分析，判断其是否属于脆性断裂。金属脆性断裂的特征和判断依据见表4-2。

表 4-2　金属脆性断裂的特征和判断依据

序号	内容	特征和判断依据
1	材料	晶粒度粗大、夹杂物多、脆性相沿晶界分布以及脆性大的材料，含有裂纹、孔洞和疏松等缺陷的材料均容易出现
2	温度	在材料的韧-脆转变温度以下，一般在比较低的温度下发生，因此常称为"低温脆性断裂"
3	应力状态	应力很低，破坏应力低于材料的屈服强度，或低于设备的许用应力。断裂发生时常有动载荷存在，或有冲击载荷作用
4	宏观特征	零件断裂成两部分或碎成多块，且残品能很好地拼凑复原。断裂位置及其附近均无明显(或很小)的宏观塑性变形
5	断口宏观形貌	断口与正应力垂直，断口源区边沿无剪切唇；断口呈细瓷状，较亮，宏观观察可见放射棱线，在板材或薄壁件上可见"人字纹"
6	断口微观形貌	通常可见解理、准解理和沿晶等断裂特征
7	起裂部位	在应力集中部位或有表面缺陷、内部缺陷处
8	其他	断裂过程具有突然性

4.2.4　脆性断裂的影响因素及预防措施

4.2.4.1　脆性断裂影响因素

脆性断裂的影响因素很多，凡是导致材料断裂韧度下降、韧脆转变温度升高的因素都会致脆。总体来说，这些影响因素可分为内部因素和外部因素两大类。内部因素包括材料的晶体结构、组织成分以及内部缺陷等；外部因素包括应力状态和应力集中、温度和加载(或应变)速率等。

1. 内部因素

(1)材料的晶体结构

从晶体学原理可知，面心立方结构金属(合金)塑性好，一般不会发生脆性断裂；体心立方结构金属(合金)和密排六方结构金属(合金)塑性较差，在一定的情况下会发生脆性断裂。一方面，脆性转变通常只在晶体结构是体心立方的材料中发生，对于面心立方结构的材料，由于屈服应力与温度几乎没有关系，即使在能够达到的最低温度，滑移也是先于脆性分离发生的。另一方面，晶粒度大小对材料的脆性断裂也有重要影响，晶粒粗大会导致材料的韧性下降，易于发生脆断。

(2)材料的组织成分及内部缺陷

脆性材料、冶金质量不良的材料以及缺口敏感性大的材料都容易发生脆性断裂。众所周知，合金的化学成分是通过不同工艺形成各种组织结构，反映各种性能。例如：钢的含碳量增加会提高脆性转变温度；大颗粒的碳化物呈网状分布时会导致脆性断裂；氮是低碳钢发生蓝脆的主要原因；钢中磷含量过高将导致钢的脆性增加。此外，不良的热处理工艺会导致脆性组织状态产生，如组织偏析、脆性相析出、晶间脆性析出物、淬火裂纹、焊接工艺中产生的不连续性缺陷等，往往导致脆性断裂；热处理后消除应力不及时或不充分也容易形成裂纹源，促使脆性断裂发生。

2. 外部因素

(1)应力状态和应力集中

应力状态指零件内应力的类型、分布、大小和方向。不同的应力状态对脆性断裂有不同影响，比如，最大切应力促进塑性滑移的发展，是位错移动的推动力，对形变和断裂的发生和发展过程都产生影响；而最大拉伸应力则只促进脆性裂纹的扩展。因此，最大拉应力与最大切应力的比值越大，发生脆性断裂的可能性越大。在三向拉伸应力状态下，最大拉应力与最大切应力的比值最大，因此极易导致脆性断裂。在实际的机械零件中，由于应力分布不均匀而经常造成三向应力状态，如零件截面突然变化、小的圆角半径、预存裂纹、划痕、尖锐缺口尖端处等往往由于应力集中而引起应力分布不均匀，周围区域为了保持协调而产生变形，对高应力区加以约束，从而造成三向拉伸应力状态，这是金属零件在静态低负荷下发生脆性断裂的重要原因。

(2)温度

温度是影响材料脆性断裂十分重要的因素之一，脆性断裂常常发生在低温条件下。低温脆性断裂是由温度变化引起材料本身的性能变化。随着温度的降低，金属材料的屈服应力增加，韧性下降，解理应力也随着下降。当温度低于材料脆性转变温度时，材料的解理应力小于屈服应力，材料由韧性断裂转变为脆性断裂。

(3)加载(或应变)速率

冲击载荷比静载荷更容易使金属材料发生脆性断裂。提高加载(或应变)速率与降低温度的效应相似，材料发生脆断的温度与应变速率的关系可以用下述公式来描述，也可用图 4-35 来说明。

$$X = \dot{\varepsilon}\exp\left(\frac{Q}{RT}\right) \tag{4-1}$$

式中， X—— 描述材料形变和断裂行为的参量；

$\dot{\varepsilon}$—— 应变速率；

R—— 气体常数；

T—— 绝对温度；

Q—— 激活能，为常数。

由此可有

$$\ln X = \ln\dot{\varepsilon} + \frac{Q}{RT} \tag{4-2}$$

当讨论发生脆断的临界情况时，参量 X 即为常数，所以

$$\ln\dot{\varepsilon} = \alpha - \beta\frac{1}{T} \tag{4-3}$$

式中，α，β 为实验常数。

实验结果证实了发生脆断的温度与应变速率的关系，如图4-35所示，$\ln\dot{\varepsilon}$与$1/T$为直线关系。

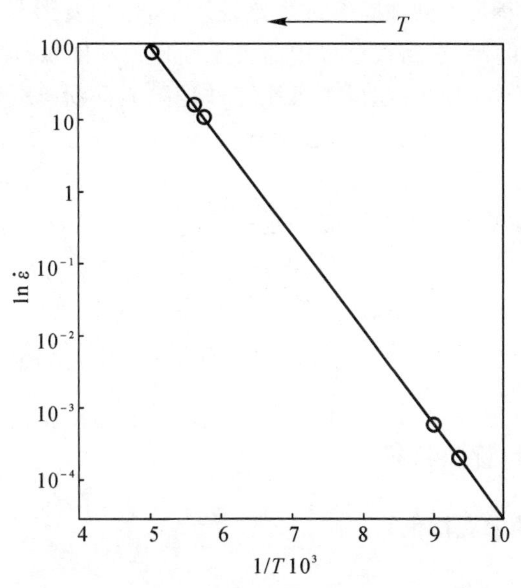

图4-35　发生脆断的温度与应变速率的关系

4.2.4.2　预防脆性断裂的措施

1. 设计上可采取的措施

1)根据零件工作条件正确选择材料，比如，在低温下工作的零件应选择低温脆性小的材料。

2)尽量避免三向拉应力的工作条件。

3)尽量避免采用复杂型面以减少应力集中和热加工的残余应力。

2. 工艺中可采取的措施

1)正确执行工艺规范，避免诸如过热引起的晶粒粗大和过烧引起的晶界熔化，以及回火脆性、焊接热裂纹和淬火裂纹等工艺缺陷。

2)热加工后及时回火，以清除内应力。

3)加强质量检验，避免有缺陷的零件漏检。

3. 使用中可采取的措施

1)按照产品的设计规范使用，尽量避免在容易出现脆断失效的条件下超规范使用。

2)操作平稳，不使产品承受可避免的冲击载荷。

4.3　韧性断裂失效

4.3.1　韧性断裂的过程及特点

韧性断裂又称为延性断裂、塑性断裂，是指断裂前发生明显宏观塑性变形的断裂。当韧性较好的材料所受实际应力大于其屈服强度时，将产生塑性变形，如果应力进一步增加，而该零件与其他零件的匹配关系又允许时，塑性变形将继续进行，当材料承受的载荷超过该材料的强度极限时，就会发生韧性断裂。韧性断裂过程比较缓慢，塑性变形与裂纹扩展同时进行，裂纹萌生及扩展的阻力大、速度慢，在断裂过程中需要不断地消耗能量，伴随着大量的塑性变形。

韧性断裂失效是由于外加载荷超过了机械零件危险界面所承受的极限应力，零件将发生断裂，因而这种断裂又称为过载断裂。与脆性断裂不同，几乎所有晶体结构的合金在合适的条件下都会发生韧性断裂。

韧性断裂的特点是在零件断裂之前有一定程度的塑性变形。韧性断裂在本质上属于微孔聚集型断裂，裂纹的形成与扩展有赖于微孔的形成、长大和连接。断裂前有明显的宏观塑性变形，只要对零件进行例行检查，在失效前人们就能够察觉到，因此韧性断裂在工程上的危害性比脆性断裂要小得多。另外，韧性断裂的机制比脆性断裂要复杂得多，因此研究进展比较缓慢。

4.3.2 韧性断裂的断口特征

4.3.2.1 韧性断口的宏观特征

1. 断口三要素

从宏观形貌来看，韧性断口一般分为杯锥状（或双杯状）、凿峰状和纯剪切断口等。其中，塑性金属光滑圆试样拉伸杯锥状断口是一种最为常见的韧性断口。这种类型断口通常可分为三个宏观区域，即纤维区、放射区和剪切唇区，这就是所谓的断口宏观特征三要素，如图 4－36 所示。

金属在拉伸时不断发生塑性变形，开始时是均匀伸长，接着在某一部位产生颈缩，其颈缩的中心部位最先开始分离，最后在颈缩的边沿部分沿与拉伸轴成 45°的方向被切断，即形成杯状断口，其中心区域呈现纤维状形貌特征。断口的边缘为切断区域，具有金属光泽，表面较光滑，通常称为剪切唇。纤维状区域与剪切唇区域之间，还存在着一个具有脆性特征的放射区域。

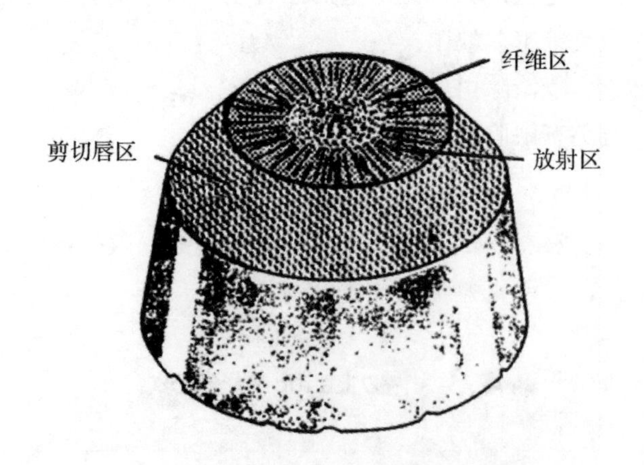

图 4－36　光滑圆试样拉伸断口三要素

（1）纤维区

纤维区一般位于断口的中央，是材料处于平面应变状态下发生的断裂，凹凸起伏呈纤维状，属于正断型断裂。断口的颜色是断口对光反射的结果，纤维状断口颜色发暗是由于这种断口表面对光的反射能力很弱（散射能力强）的缘故。纤维区的宏观平面与拉伸应力轴相垂直，裂纹源在该区形成，并首先产生于颈缩的中央。

(2)放射区

紧接纤维区的第二区域是放射区。放射区是裂纹由缓慢扩展转化为快速的不稳定扩展的区域，其特征是放射花样，放射线发散和收敛的方向为裂纹扩展方向。放射条纹的粗细取决于材料的性能、微观结构及试验温度等。对于光滑试样的断口，放射线发散的方向为裂纹扩展方向，裂纹由中心向外扩展；而缺口拉伸试样的断口，放射状收敛的方向为裂纹扩展方向，即由外部缺口处向中心收敛，最后收敛为一点。另外，根据放射花样的形态，可分为“放射纤维”和“放射剪切”两种。“放射纤维”的放射元呈纤维状，一般总是直的；“放射剪切”的放射元并不总是直的，若裂纹源偏离试样中心，且放射线很粗时，放射花样就发生弯曲。

(3)剪切唇区

最后断裂的区域形成剪切唇区。剪切唇表面较光滑，与拉伸应力轴的交角成 45°，是一种典型的切断型断裂。它是在平面应力状态下发生的快速不稳定断裂，表示裂纹快速扩展的形貌特征。一般情况下，剪切唇大小是应力状态与材料性能的函数。根据剪切唇的大小及在断口上所占的位置，可分为两种情况。一种情况是断口上只有纤维区和剪切唇区两个区域，这时，剪切唇区在断口表面所占的比例较大。裂纹从试样中心的纤维区向外扩展时，裂纹外侧整个区域都发生了很大的塑性变形，而剪切唇区就在该塑性区中形成；另一种情况是断口上同时存在纤维区、放射区和剪切唇区，剪切唇区与放射区相邻，这时它所占的比例较小。因为裂纹在放射区快速扩展时，塑性变形限制在裂纹前端很小的区域内，只有当塑性变形区随裂纹扩展至临近试样表面时，才形成剪切唇区。当断裂过程相对于试样断口来说完全对称时，剪切唇仅存在于试样断口两侧中的一侧，呈杯状，另一侧呈锥状；当不对称时，剪切唇可能同时存在于断口的两侧。

对于带缺口的圆形拉伸试样，断口三要素的分布与光滑圆形试样不同。试样中心部分基本上是放射区，纤维区在试样周围形成环状，裂纹源在缺口底部萌生，裂纹扩展方向刚好与光滑试样相反，即从周围开始向中心扩展。这类断口基本上无剪切唇区，如图 4-37 所示。

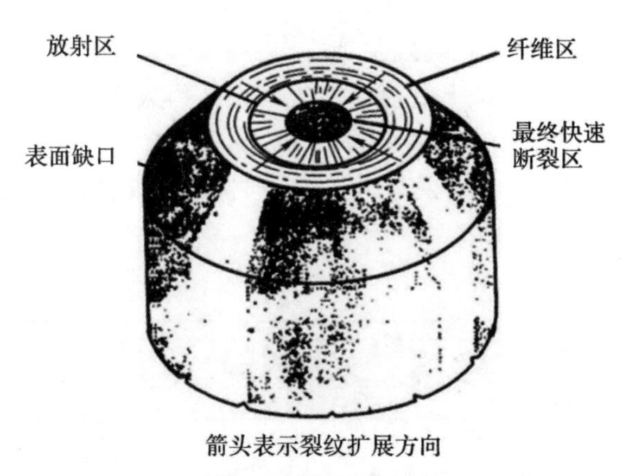

图 4-37　缺口圆形拉伸试样断口三要素

在室温下很纯的金属中，还会出现“双杯状”断口，该断口是全纤维断口，没有放射区和剪切唇区。这是由于纤维区的裂纹单一地沿垂直于轴的方向缓慢扩展，并且在未断区域发生强烈的塑性变形而逐渐形成一个很大的中心空洞。

如果试样的中心没有萌生裂纹，断面收缩率可达到100%，材料会被拉成一个点，形成凿峰状断口。

纯剪切断口也是一种常见的韧性断口，这种断口的平面和拉伸轴成45°，断口比较光亮，但断口附近也有明显的宏观塑性变形的痕迹。具有较低抗剪强度的材料（如镁合金、大多数变形铝合金和冷加工钢等）易于产生这种断口。

由上可见，韧性断口的宏观基本特征是：断口附近有明显的宏观塑性变形；断口外貌呈杯锥状，杯锥底垂直于主应力，锥面平行于最大切应力，与主应力成45°；或整个断口平行于最大切应力，与主应力成45°的剪切断口；断口表面呈纤维状，颜色灰暗。

2. 断口三要素的分布

在通常情况下，金属材料的断口均要出现断口三要素形貌特征，所不同的仅仅是三个区域的位置、形状、大小及分布。受材质、温度、受力状态等因素的影响，有时在断口上只出现一种或两种断口形貌特征，即断口三要素有时并不同时出现。断口三要素的分布包括下列四种情况：

1)断口上全部为剪切唇，例如，纯剪切型断口或薄板拉伸断口等就属于这种情况。

2)断口上只有纤维区和剪切唇区，而没有放射区。

3)断口上没有纤维区，仅有放射区和剪切唇区，例如，低合金钢在－60℃的拉伸断口。

4)断口三要素同时出现，这是最常见的断口宏观形貌特征。

3. 断口三要素在断裂失效分析中的应用

(1)确定裂纹源位置

在通常情况下，裂纹源位于纤维状区的中心部位，因此，找到纤维区的位置就可以确定裂纹源的位置。此外，可以利用放射区的形貌特征，在一般情况下，放射条纹收敛处即为裂纹源位置。

(2)确定裂纹扩展方向

在断口三要素中，放射条纹指向裂纹扩展方向。通常，裂纹扩展方向是由纤维区指向剪切唇区方向。如果是板材零件，断口上放射区的宏观特征为人字条纹，其反方向为裂纹扩展方向，如图4-38所示。需要指出的是，如果在板材的两侧开有缺口，则由于应力集中的影响，形成的人字纹尖顶的指向与无缺口时正好相反，反方向指向裂纹源。

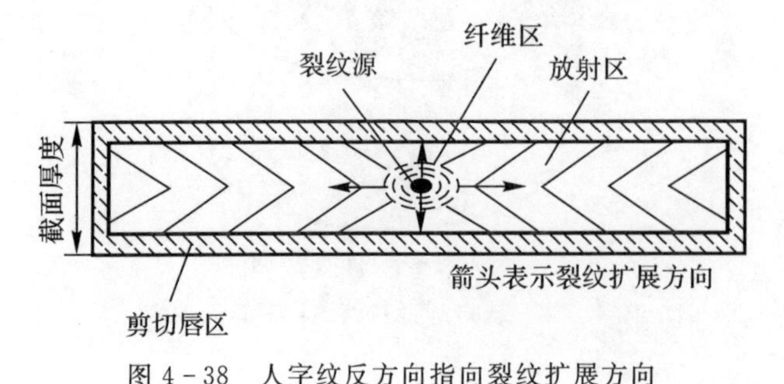

图4-38　人字纹反方向指向裂纹扩展方向

4. 断口三要素的影响因素

断口三要素的分布、形状、大小等变化，不仅与材料的组织有关，而且与试样的形状、试验温度、材料强度等因素有关。

(1)零件形状的影响

圆形拉伸试样断口三要素中形态及位置的变化如图 4－36 和图 4－37 所示。对于矩形截面试样来说，拉伸断口与圆形断口相似，由于试样中心的变形约束最大，裂纹首先在试样中心形成，并缓慢扩展，形成纤维状断口。纤维区呈椭圆形且位于中心部位，放射区的形状往往为人字纹，剪切唇区为矩形框与自由表面相接，拉伸试样的变化情况如图 4－38 所示。即使都是矩形试样，它们的截面厚度不同，其断口三要素的分布也不尽相同，如图 4－39 所示。

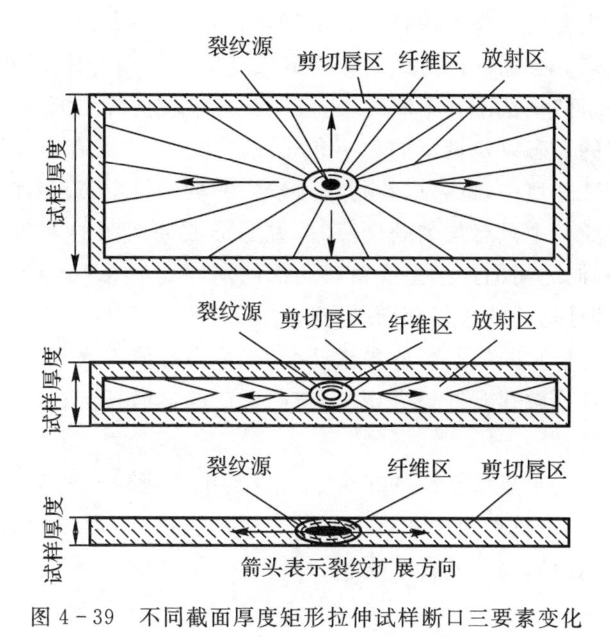

图 4－39　不同截面厚度矩形拉伸试样断口三要素变化

韧性较好的室温冲击断口上往往可见断口三要素，如图 4－40 所示。纤维区在缺口中部呈半圆状，放射区呈半轮辐型，剪切唇区位于三侧边缘区域(矩形试样厚度越薄，剪切唇区的面积越大，而放射区面积越小)。

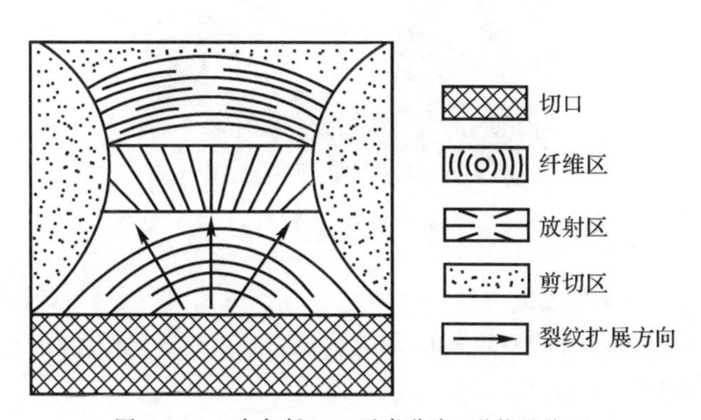

图 4－40　冲击断口三要素分布、形状及位置

(2)环境温度的影响

温度对断口三要素的影响比较明显。对于同一材料及相同形状的试样，随着温度的降低，断口上的纤维区和剪切唇区减少，而放射区面积增加。随着试验温度的升高，则出现相反的变化。

(3)材料强度的影响

在室温条件下，随着材料强度的增加，纤维区和放射区由大变小，而剪切唇区由小变大，这与通常认为的剪切唇区表示塑性断裂的看法相反。

4.3.2.2 韧性断口的微观特征

1. 韧窝

金属韧性断裂最主要的微观形貌特征就是韧窝，也称之为微孔、微坑等，在韧窝的中心常有夹杂物或第二相质点。金属内部形成的大量显微孔洞在外力的作用下不断长大，同时，几个相邻显微孔洞之间的基体横截面在不断缩小，直至彼此连接而导致断裂，从而形成韧窝断口形貌。关于断口上韧窝的形态以及韧窝的大小和深浅在4.1节中已有详细描述。

在金属材料的韧性断口中，也可以看到尺寸较大的均匀韧窝，或者是在较大韧窝周围密集分布较小的韧窝。当断口中只有均匀的韧窝时，说明形成韧窝源的夹杂物或第二相质点只有一种类型，而且显微孔洞之间的连接是靠材料内部的塑性变形来实现的；当断口中存在着尺寸大小不同的韧窝，尤其是均匀的大韧窝周围有尺寸不同的小韧窝时，说明首先是较大尺寸的夹杂物或第二相质点作为韧窝的核心形成显微孔洞，当显微孔洞长大到一定程度后，较小的夹杂物或第二相质点再形成显微孔洞并长大，并与先前形成的显微孔洞在长大过程中发生连接，因此形成大小不一的韧窝。

韧窝数量的多少取决于显微孔洞的多少。当材料中含有较多的第二相质点或夹杂物时，在韧窝形成过程中，第二相质点或夹杂物往往存在于韧窝底部，形成的韧窝数量较多、尺寸较小。图4-41所示为钢的韧窝及其夹杂物。

图4-41　钢的韧窝及其夹杂物(TEM 5 000×)

虽然韧窝的大小、深浅和数量与材料的塑性有直接关系，但因材料的冶金质量、相组成、热处理质量、晶粒大小、性能和环境温度等因素的影响，至今还没有得出韧窝大小、深浅、数量与材料塑性之间明确的定量关系。

2. 滑移分离

对于某些杂质、缺陷少的金属，韧性断裂时断口上会出现蛇行花样、涟波花样等微观形貌。这是由于在外载荷作用下发生塑性变形时，在金属内沿着一定的晶体学平面和方向产生了滑移，详见 4.1 节。

4.3.3　韧性断裂的判断依据

一般从断口的分析入手，分析判断机械零件断裂的性质，即先观察和分析断口的形貌特征，包括宏观和微观断口形貌。

前面已经分析总结过韧性断裂断口的宏观特征，用肉眼、借助放大镜或利用体视光学显微镜观察，断口如果符合韧性断裂断口的宏观特征即为韧性断口。这种基本的分析是相对简单的，但是仅仅对断口的宏观形貌进行简单描述是远远不够的，为了更深入地了解断口，还需要对断口的微观性质进行判断。

韧窝及滑移特征（蛇行滑移、涟波、无特征区）是韧性断口的典型微观形貌特征。但是，有上述花样的断口不一定是韧性断口，因为即使在脆性断口中，个别区域也可能产生微区的塑性变形而形成韧窝。因此，用微观形貌特征判断材料是不是韧性断裂时应十分谨慎，只有在大量的视野中观察到大面积的韧窝后，才能判断为韧性断裂。

由于影响材料的失效模式和断裂特征的因素很多，一般的韧性断裂不一定具备全部特征，因此，一般从断口的宏观、微观特征即可以做出判断。金属韧性断裂的特征和判断依据见表 4 - 3。

表 4 - 3　金属韧性断裂的特征和判断依据

序号	内容	特征和判断依据
1	材料	韧性金属材料
2	温度	在材料的韧脆转变温度以上
3	应力状态	静应力，大于材料的屈服强度
4	宏观特征	断裂位置附近有明显的宏观塑性变形，零件有扭角、挠曲、变粗、颈缩和鼓包等形状变化，断口两侧不能拼合
5	断口宏观形貌	粗糙、色泽灰暗、呈纤维状，边缘有与零件表面成 45°的剪切唇
6	断口微观形貌	韧窝花样及滑移特征（蛇行滑移、涟波、无特征区）
7	组织	断口附近表面金相组织有明显的变形层
8	表面状态	断口附近表面脆性的镀层、涂层等部分覆盖膜破裂

4.3.4　韧性断裂的影响因素及预防措施

1. 韧性断裂的影响因素

（1）设计原因

设计原因表现为选材错误、强度不够或工作应力过大。由设计原因引起的韧性断裂，虽然材料的化学成分和显微组织是符合设计选材牌号的，但它的力学性能不合格（如强度不够），这就属于选材的失误。

(2)材质原因

材质原因表现为材料成分不合格、强化元素少、材料的韧性即屈服强度较小，其中，材料的化学成分、显微组织和力学性能均不符合设计的要求是由混料造成的。

(3)工艺原因

工艺原因表现为未(或不完全)热处理强化。材料的化学成分是符合设计要求的，但它们的显微组织和力学性能均不合格，主要是由热处理工艺不合格造成的。

(4)环境原因

环境原因表现为零件在使用过程中材料的软化，如高温局部软化，显微组织中有软化相存在。

造成韧性断裂的原因总体来说是零件所承受的应力超过了材料的强度极限(如抗拉强度)。之所以造成这种情况，可能是设计、材质、工艺以及使用的原因，而判断到底是什么原因造成韧性断裂，则要通过对化学成分、显微组织和力学性能的对比分析来确定。

2. 预防措施

(1)设计时充分考虑零件的承载能力、设计变形限位装置或者增加变形保护系统，尽可能使塑性变形不发展成断裂。

(2)严格遵守操作规程，杜绝超载、超温、超速等。

(3)随时检查零件有无异常变形。

4.4 疲劳断裂失效

4.4.1 疲劳断裂的过程及特点

4.4.1.1 材料的疲劳断裂

材料在应力或应变的反复作用下所发生的性能变化称为疲劳，若导致材料开裂就称为疲劳断裂，有时也简称为“疲劳”。

疲劳断裂失效是机器零件在交变载荷作用下发生断裂的一种失效模式，是机械零部件在服役过程中最常见和最重要的失效模式之一。在工程机构和机械零部件中，疲劳失效的现象极为广泛，它遍及每一个运动的零部件。绝大多数零部件承受的应力是周期变化的，如各种发动机曲轴、主轴、齿轮、弹簧以及各种滚动轴承等，这些零部件的损坏，据统计，80%以上是由疲劳断裂引起的。甚至有些看上去静止的零部件，只要它承受反复作用的载荷，也可能会导致疲劳断裂失效。

在静载条件下，材料发生断裂之前，通常需要经历弹性变形、塑性变形和塑性失稳等几个阶段。但是，如果材料承受的不是静载荷，而是交变载荷，引起疲劳断裂的交变载荷的最大值，一般小于材料的屈服强度，这就决定了疲劳断裂的零件无明显的塑性变形。疲劳断裂的过程，包括裂纹的萌生、扩展和最终瞬时断裂三个阶段。因此，疲劳断裂总是要经历一个时间过程，亦即一定的交变载荷循环次数。试验表明，交变载荷越大，断裂所需循环次数越少，如图 4-42 所示。

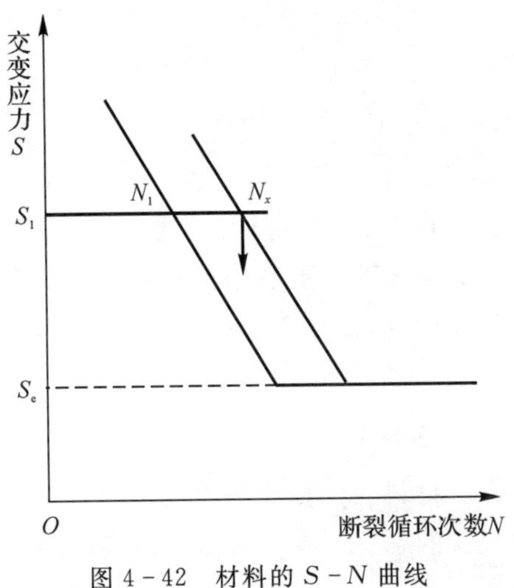

图 4－42　材料的 $S-N$ 曲线

由 $S-N$ 曲线可以看出，存在一个临界的交变应力值 S_e，当外加交变应力小于 S_e 时，原则上材料可以经受无限次应力循环而不发生断裂。该应力 S_e 通常称为疲劳强度极限。不同的材料具有不同的疲劳强度极限。当交变应力 S_1 作用于零件时，经过 N_1 次循环萌生疲劳裂纹，循环增至 N_x 次时发生断裂，这说明：

1) 当零件所受交变应力高于材料的疲劳强度极限时，经过 N_1 次应力循环就萌生裂纹(在工程上萌生裂纹的长度通常规定为 0.5 mm)，但零件并没有失效，仍可承受外加载荷。

2) 当循环 N_x 次时发生疲劳断裂，N_x 就是零件的疲劳寿命。

3) 从裂纹萌生至疲劳断裂的循环次数(即 N_x-N_1)，是零件的剩余寿命。根据材料疲劳裂纹扩展特性、无损检测对裂纹尺寸的测定，并运用断裂力学的计算方法，预测并合理利用零件的剩余寿命，可以取得良好的经济效果。

4.4.1.2　疲劳断裂的特点

1. 疲劳断裂是在交变载荷循环作用下发生的

金属零件在交变应力的反复作用下，经过一定周期后所发生的断裂称为疲劳断裂。交变应力是指应力的大小、方向或大小方向同时随时间做周期性变化的应力。这种改变可以是规律性的，也可以是不完全规律性的。

2. 疲劳断裂应力很低

发生疲劳断裂时，零件所受的最高应力一般远低于静载荷下材料的强度极限(有时远低于屈服强度)，甚至低于弹性极限。材料对静载荷的抗力主要取决于材料本身，而在交变载荷作用下，材料对形状、尺寸、表面状态、使用条件和外界环境等非常敏感；加工过程也对疲劳抗力有很大的影响，材料内部宏观、微观的不均匀性对材料抗疲劳损伤性能的影响也远比在静载荷下大。很大一部分零部件承受弯曲扭转应力，在这种情况下，表面应力最大，而表面情况，如缺口、刀痕、表面粗糙度、氧化、腐蚀和脱碳等都对疲劳抗力有极大的影响，增加了疲劳断裂的概率。

3. 疲劳断裂是一个损伤累积的过程

零件疲劳断裂是由交变应力引起的一种缓慢断裂过程。一般将它分为三个阶段，即裂纹萌生、裂纹扩展和最后断裂。裂纹萌生包括疲劳硬化或软化、不均匀变形、形成驻留滑移带和显微裂纹。裂纹扩展一般分为两个阶段：早期沿滑移面与应力轴约成45°方向的扩展为第Ⅰ阶段，随后沿垂直于应力轴方向的扩展为第Ⅱ阶段。

4. 疲劳断裂的突发性

疲劳断裂失效在断裂前没有明显的宏观塑性变形，断裂没有明显征兆，具有很强的突发性。即使在静拉伸条件下具有大量塑性变形的塑性材料，在交变应力作用下也会显示出宏观脆性的断裂特征。断裂是突然发生的，往往会造成灾难性的后果，造成巨大的经济损失和社会危害。

5. 疲劳断裂对材料缺陷的敏感性

金属材料的疲劳失效具有对材料的各种缺陷均较为敏感的特点。疲劳断裂的裂纹源总是起源于微裂纹处。这些微裂纹有的是材料本身的冶金缺陷，有的是加工制造过程中留下的，有的则是在使用过程中产生的。

6. 疲劳断裂对腐蚀介质的敏感性

金属材料的疲劳断裂除取决于材料本身的性能外，还与零件运行的环境条件有着密切的关系。对材料敏感的环境条件虽然对材料的静强度也有一定的影响，但其影响程度远小于对材料疲劳强度的影响。大量实验数据表明，在腐蚀环境下，材料的疲劳极限较在大气条件下低得多，甚至就没有所说的疲劳极限。即使对不锈钢来说，在交变应力作用下，由于金属表面的钝化膜易被破坏而极易产生裂纹，使其疲劳断裂的抗力比大气环境下低得多。

4.4.2 疲劳断裂的分类

疲劳断裂是工程中最常见的断裂类型，由于所受的载荷和环境条件不同，因此有各种不同的疲劳类型。在机械零件中，根据零件的特点及破坏时总的应力循环次数，可将疲劳断裂分为以下几种类型，如图4-43所示。

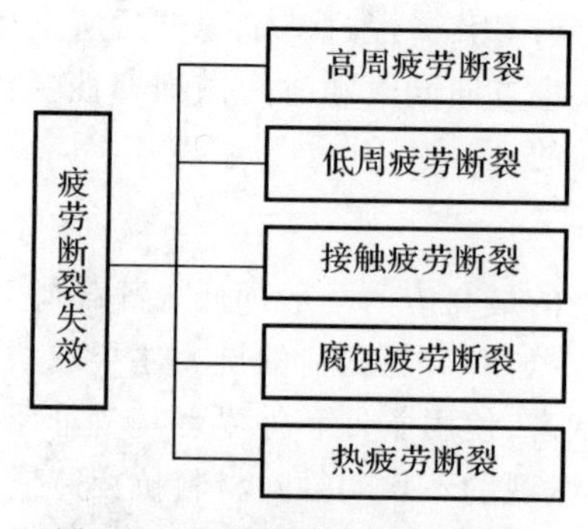

图4-43　疲劳断裂失效的类型

1. 高周疲劳断裂

金属材料在低于屈服强度的应力作用下，寿命较高的疲劳破坏，断裂时总循环次数在10^5以上，称为高周疲劳断裂。

2. 低周疲劳断裂

金属材料在反复大应力或大应变作用下，材料的局部应力超过材料的屈服极限。在断裂过程中产生较大的塑性变形，断裂时总循环次数在10^4以下，称为低周疲劳断裂。

3. 接触疲劳断裂

在较高的接触压应力作用下，经过多次应力循环后，其接触表面的局部区域产生小片或小块金属剥落，形成麻点或凹坑，最后导致零件失效的现象为接触疲劳断裂。如果接触疲劳裂纹源于材料表面，裂纹的扩展会出现麻点及导致表面金属剥落；如果裂纹源于次表面，则引起表面层压碎，导致工作面剥落。比如，在较高压应力的作用下，两个相对运动的辊子，经过多次使用后，它的表面产生疲劳并产生许多麻点和凹坑。

4. 腐蚀疲劳断裂

金属材料在循环应力及腐蚀介质共同作用下产生的断裂，称为腐蚀疲劳断裂，其裂纹源多数在材料的表面形成。因为在腐蚀介质的作用下，表面覆盖层破裂，局部化学侵蚀，形成腐蚀坑或微裂纹，在应力的作用下，这些腐蚀坑或微裂纹就成为腐蚀疲劳裂纹源。

腐蚀疲劳断裂的显著特征是材料受腐蚀介质的影响，疲劳曲线向低值方向移动，疲劳源容易形成，即腐蚀疲劳的孕育期比较短。另外，由于腐蚀环境的影响，疲劳裂纹扩展速率加快，所以腐蚀疲劳的寿命较短。

5. 热疲劳断裂

热疲劳断裂是由温度起伏或热循环效应引起的疲劳断裂。当零件受到交变温度场的作用时，由于物体不均匀膨胀和收缩，可以引起交变的热应力，这种交变的热应力也能导致零件发生疲劳破坏，称为热疲劳断裂。需要指出，热疲劳断裂不是指在高温条件下由交变的机械载荷引起的疲劳断裂现象，后者称为高温疲劳断裂。热疲劳断裂通常是循环应变所引起的疲劳断裂，它主要取决于金属材料的膨胀系数、弹性模数等。热疲劳断裂的机械零件表面往往出现“龟裂”形貌，例如热轧辊、热压模具等，均可观察到“龟裂”现象。

4.4.3　疲劳断裂的断口特征

4.4.3.1　疲劳断口的宏观特征

典型的疲劳断口由疲劳源区、疲劳裂纹扩展区和最终断裂区（又称为瞬时断裂区）三部分组成，如图4-44所示。

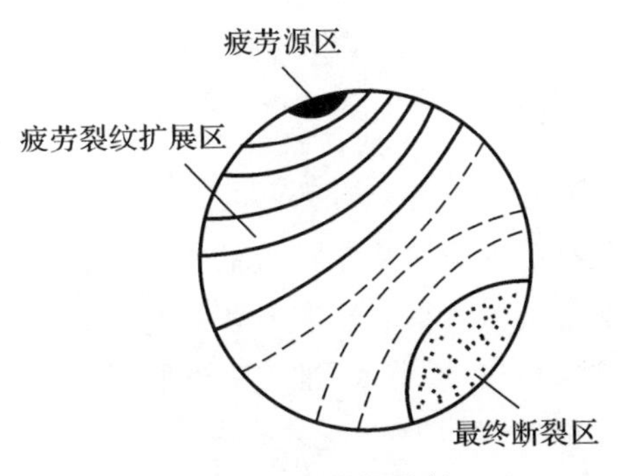

图4-44　疲劳断裂断口

疲劳源区是疲劳裂纹萌生的区域,一般用宏观观察就可以确定其位置。疲劳源区一般在试样或零件的表面或次表面,如果材料内部有严重的不连续性缺陷,疲劳源也可能在材料内部。疲劳源区是最早生成的断口,而且该区裂纹扩展速率缓慢,裂纹反复张开闭合引起匹配断口表面的摩擦,因此一般比较平整光滑。当作用在零件上的交变载荷较低或疲劳裂纹在平滑的表面上萌生时,一般只有一个疲劳源;当交变载荷较高或在应力集中部位萌生裂纹时,往往出现多个疲劳源,低周疲劳的断口上经常有多个疲劳源区。多个疲劳源可能不在一个平面上,扩展连接会形成台阶,因而断口表面比较粗糙。一般来讲,疲劳源的数目越多,说明交变载荷越大,应力集中位置越多或应力集中系数越大。

在疲劳裂纹扩展区的疲劳弧线是金属疲劳断口最基本的宏观形貌特征,它是在疲劳裂纹稳定扩展阶段形成的与裂纹扩展方向垂直的弧形线,是疲劳裂纹瞬时前沿线的宏观塑性变形痕迹。用肉眼观察,看起来很像贝壳或海滩,因此又称为贝壳花样或海滩花样。研究认为,疲劳弧线是循环载荷的变化或由于材料中的组织不均匀(不连续)、应力松弛和临近裂纹等的影响,发生应力再分配,使得裂纹尖端前沿区域局部地区出现应力大小或(和)应力状态的改变,应力的改变使疲劳裂纹扩展的速度或(和)方向发生变化而在断口上留下塑性变形痕迹;环境介质对裂纹前沿的氧化或腐蚀的差异是产生疲劳弧线的重要原因。

疲劳弧线的形状受材料的缺口敏感性、疲劳断裂源数量等因素的影响。没有应力集中的疲劳断口上的疲劳弧线多呈凸形,即弧线从源点向扩展方向凸起;缺口的存在会使疲劳裂纹沿外缘表面的扩展速率大于疲劳裂纹向内部的扩展速率,使弧线呈凹形。多源会使疲劳弧线由凸向凹转变。

虽然疲劳弧线是疲劳断口的宏观基本特征和判断其为疲劳断口的主要依据,但并不是所有的疲劳断口上都会出现疲劳弧线。在实验室试样的疲劳断口上就很少出现疲劳弧线,这主要是因为在实验室一般为短时均匀加载。即使在服役的零件上也不是每个疲劳断口上都有清晰可见的疲劳弧线,在外加载荷变化不大、材质均匀等情况下,就可能很少或几乎不出现疲劳弧线。另外,并非所有的贝壳花样都是疲劳断口的形貌特征,应力腐蚀和腐蚀疲劳的断口上有时也会出现这种贝壳花样。

疲劳裂纹不断改变局部扩展方向,会在断口上形成二次台阶(与疲劳源区的台阶相区分),有些疲劳台阶与疲劳弧线垂直,呈辐射状。

当疲劳裂纹达到临界尺寸时,试样或零件会发生瞬时断裂,该区域的断口宏观形貌与静载断裂的断口形貌基本一致。韧性材料瞬断区断口一般为剪切斜断口。断口表面呈暗灰粗糙的纤维状;脆性材料瞬断区断口一般为平断口,断口表面呈结晶状或放射状。

一般来说,疲劳断口不发生明显的塑性变形,属于脆性断口。

4.4.3.2 疲劳断口的微观特征

1. 疲劳源区的微观形貌特征

这里所说的疲劳源区,包括疲劳裂纹稳定扩展的第Ⅰ阶段。根据疲劳裂纹萌生机制和微裂纹扩展机制的不同,疲劳源区的微观形貌也有显著的差异。该区域的微观形貌极其复杂,可能出现的微观形貌特征有:摩擦痕迹、滑移线、准解理形貌(如河流、羽毛、舌头等)、早期疲劳辉纹、沿晶和混合形貌等断口特征。

2. 疲劳裂纹稳定扩展第Ⅱ阶段的微观形貌特征

疲劳辉纹是疲劳裂纹稳定扩展第Ⅱ阶段的典型微观形貌特征，是判断疲劳断裂的基本依据。只要在断口上发现了疲劳辉纹，就可判定此断口为疲劳断口；但是如果断口上没有疲劳辉纹特征，也不能判定该断口为非疲劳断口，因为在一些材料的疲劳断口上或某些情况下，疲劳微观形貌特征不是以疲劳辉纹的形式出现的。

(1)疲劳辉纹的特征

疲劳辉纹是一系列基本上相互平行的条纹，条纹方向与局部裂纹扩展方向垂直并沿局部裂纹扩展方向外凸。

由于材料内部显微组织(晶粒取向、晶界和第二相质点等)的差异，裂纹扩展时可能会由一个平面转移至另一个平面，因此不同区域的疲劳辉纹有时分布在高度、方向都不同的平面上。

在理想情况下，每一条疲劳辉纹代表一次相应的循环载荷，即疲劳辉纹的数目应该与载荷循环数相等。但由于裂纹闭合效应等因素的影响，实际的循环载荷数远大于微观可见的疲劳辉纹数目。

疲劳辉纹的间距有规律的变化。一般随应力强度因子范围的增大而增大，随着裂纹扩展长度的增加而增大。

(2)疲劳辉纹的形貌

虽然一般疲劳断口上的疲劳辉纹都具有以上四个基本特征，但不同断口上的疲劳辉纹的形貌又有很大的差别。总体来说，疲劳辉纹可分为塑性疲劳辉纹和脆性疲劳辉纹。塑性疲劳辉纹更为光滑，间距也更为规则；脆性疲劳辉纹参差不齐、间距不规则，断口常显示晶体学平面以及类似解理河流花样的扇形脊线。图 4-45 所示为塑性疲劳辉纹和脆性疲劳辉纹示意图。

在实际疲劳断口中，大多数都是塑性疲劳辉纹，脆性疲劳辉纹很少出现。通常认为脆性疲劳辉纹的形成是受裂纹前沿环境作用的结果，当裂纹扩展速率足够慢、环境可以与扩展着的裂纹尖端发生交互作用时，才会出现脆性疲劳辉纹。

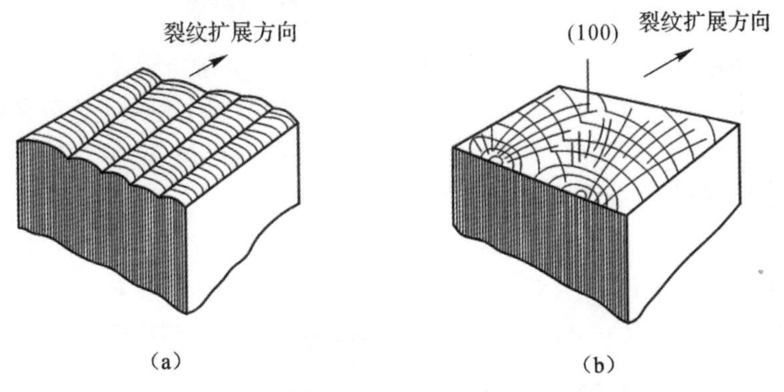

图 4-45　塑性疲劳辉纹和脆性疲劳辉纹示意图

(a)塑性疲劳辉纹；(b)脆性疲劳辉纹

需要注意的是，断口上与疲劳辉纹相似的条纹状微观形貌是很常见的，如规则的摩擦痕迹、滑移线、周期腐蚀(氧化)痕迹和显微组织(珠光体、α 相)形貌等。在实际分析中，应根据各种因素(如放大倍率、条纹特征和环境因素等)来加以辨别，以免与疲劳辉纹混淆，导致得出错误的推论。

(3)疲劳辉纹的影响因素

如前所述,并不是在所有的疲劳断口上都能观察到疲劳辉纹,更不是在疲劳断口的任何一部分都能观察到疲劳辉纹,而且不同疲劳断口以及同一疲劳断口的不同部位的疲劳辉纹的形态也有差别。这是因为有很多因素影响疲劳辉纹的形成及其形貌。这些影响因素有:①材料性质的影响。例如,材料的静抗拉强度越高,越不容易出现疲劳辉纹;韧性较高的材料容易出现疲劳辉纹;面心立方结构的材料中易出现疲劳辉纹,且面心立方结构材料的疲劳辉纹通常比体心立方结构材料的疲劳辉纹清晰连续。②载荷的影响。裂纹尖端的应力状态和应力幅的大小对疲劳辉纹的形成和性质都有很大的影响,应力强度因子范围的改变能够显著地改变疲劳辉纹的宽度和间距。一般来讲,载荷的频率越高、应力幅越低,疲劳辉纹越细,间距越小;裂纹逐渐扩展,剩余承受载荷的零件面积减少,致使应力增加而影响疲劳辉纹的宽度和间距。③环境介质的影响。疲劳断裂过程对环境介质是十分敏感的。由于疲劳是一个滑移过程,因此任何影响滑移的环境介质都会影响疲劳裂纹扩展速率和断口上的疲劳辉纹特征。通常,促进滑移或阻碍滑移反转的因素会使疲劳裂纹扩展速率加快、疲劳辉纹间距增加;阻碍滑移或促进滑移反转的因素会使疲劳裂纹扩展速率降低、疲劳辉纹间距减小,在极端情况下甚至会导致疲劳辉纹完全消失。

(4)二次裂纹

在疲劳断口上还经常看到与疲劳辉纹同时存在的二次裂纹,二次裂纹平行于疲劳辉纹,垂直于疲劳裂纹扩展方向。

(5)轮胎压痕

在疲劳断口上(尤其是高应力疲劳断口),还经常见到轮胎压痕——因类似于轮胎在泥地上留下的痕迹而得名。如果疲劳断口上没有疲劳辉纹而出现轮胎压痕,可以初步判定为低循环(高应力)疲劳断裂。

3. 最终断裂区的微观形貌特征

疲劳裂纹高速扩展区的断口一般为混合断口。在从第Ⅱ阶段裂纹扩展区刚刚转入高速扩展区的断口上通常会有少量的疲劳辉纹,但是断口的微观形貌主要表现为静载瞬时特征,较多的情况为韧窝(包括等轴韧窝和拉长韧窝),有时也可能出现准解理、解理和沿晶等形貌,具体的形貌与材料性质、载荷类型和环境条件等有关。

综上所述,在疲劳裂纹扩展的不同阶段,疲劳断口的微观形貌特征有着显著的差异。在疲劳裂纹扩展的第Ⅰ阶段,断口包含许多结晶学小平面;在疲劳裂纹扩展的第Ⅱ阶段,断口上有典型的疲劳辉纹,且随着应力强度因子范围的增加,疲劳辉纹间距增大;当应力强度因子范围足够大时,断口上出现韧窝形貌。

4.4.4 疲劳断裂的判断依据

分析一个失效的零件是否属于疲劳断裂失效,首先需要了解和弄清判断疲劳断裂失效的各种根据。在一般情况下,根据零件的实际工作(服役)条件、裂纹产生的部位、断口的宏观和微观形貌等特征来判断失效的性质。具有下列条件者,可以判断为疲劳断裂。

1. 工作条件

工作条件主要指零件在服役中所承受的应力状况和工作环境。众所周知，承受恒定载荷的零件不会发生疲劳性质的失效，而只有承受循环载荷的零件才有可能发生疲劳断裂失效。例如曲轴、连杆、齿轮、弹簧和叶片等零件通常在循环载荷下工作，所以它们的失效在多数情况下是疲劳性质的。

2. 裂纹产生的部位

在一般情况下，凡有下述因素：内外圆角、键槽、截面突变过渡等区域的应力提升处，锻、铸、焊、热处理造成的表面裂纹或其他缺陷，表面划伤，表面残余拉应力等零件，疲劳裂纹首先在这些部位萌生。因此，在分析判断零件是否属于疲劳性质的失效时，应观察零件是否在上述部位或其附近出现裂纹或断裂，而且裂纹的长度与服役时间有明显的关系，以此作为判断疲劳失效的根据之一。

3. 断口的宏观形貌

用肉眼或低倍光学显微镜观察，可在断口上发现光亮程度不同的两个区域，并能确认这两个区域不是由于材质(包括状态)不同而形成的。根据断口的光亮程度来判别是否为疲劳断裂时，应注意不要把材质不同而造成的现象误判为疲劳。

4. 断口的微观形貌

在电镜或扫描电镜下观察，断口上呈现疲劳辉纹等特征。

5. 断裂零件的表面特征

零件断裂位置附近没有明显的宏观塑性变形，断口附近表面金相组织可见变形层，零件表面的脆性镀层、涂层等在断口附近有破裂现象。

金属疲劳断裂模式的判断依据见表 4-4。

表 4-4　金属疲劳断裂模式的判断依据

序号	内容	特　征
1	宏观特征	断裂位置附近没有明显的宏观塑性变形
2	应力状态	交变动载荷，大于材料的疲劳极限
3	断口宏观形貌	断口齐平、光滑，具有宏观疲劳弧线和放射棱线，有的有疲劳台阶特征。断口可分为疲劳源区、扩展区和瞬断区三部分。疲劳源区一般位于零件表面应力集中处或缺陷处、内部缺陷处
4	断口微观形貌	疲劳条痕特征，如疲劳辉纹、平行的二次裂纹带、韧窝带、轮胎花样等
5	断口颜色	疲劳区颜色相对于瞬断区较暗，氧化较重，较光亮
6	组织	断口附近表面金相组织有明显的变形层
7	表面状态	断口附近表面脆性的镀层、涂层等覆盖膜破裂

4.4.5　疲劳断裂的影响因素及预防措施

4.4.5.1　疲劳断裂的影响因素

疲劳断裂是一个十分复杂的过程，受多种内在、外在因素的影响。一般来讲，这些影响因素有些影响疲劳裂纹的萌生，有些影响疲劳裂纹的近门槛区扩展，有些影响疲劳裂纹的第二阶段扩展，有些对疲劳断裂全过程或其中几个阶段有着显著的影响。主要的影响因素归纳起来通常包括零件的结构形状、材料选择及其表面状态、材料及其组织状态零件的装配与连接、疲劳载荷性质以及使用环境因素等几个方面。

1. 零件的结构形状

零件的结构形状不合理，主要表现在该零件中最薄弱的部位存在转角、孔、槽、螺纹等形状的突变而造成过大的应力集中，疲劳微裂纹最易在此处萌生，这是零件发生疲劳断裂的最常见原因。

2. 材料的表面状态

材料的表面对疲劳裂纹的萌生有着十分重要的影响。对于金属零件，绝大部分的疲劳断裂均起源于表面，因此零件表面的完整性对它的疲劳性能有着决定性的影响。不同的切削加工方式(车、铣、刨、磨、抛光)会形成不同的表面粗糙度，即形成不同大小尺寸和尖锐程度的小缺口。这种小缺口与零件几何形状突变所造成的应力集中效果是相同的。尖锐的小缺口起到“类裂纹”的作用，疲劳断裂不需要经过疲劳裂纹萌生期而直接进入裂纹扩展期，极大地缩短了零件的疲劳寿命。表面状态不良导致疲劳裂纹的形成是金属零件发生疲劳断裂的一个重要原因，通过降低表面粗糙度、表面强化以及改善表面的组织结构和残余应力状态都能够提高零件的疲劳性能。

3. 材料及其组织状态

材料选用不当或在生产过程中由于管理不善而错用材料造成的疲劳断裂也时有发生。金属材料的组织状态不良是疲劳断裂的常见原因。一般来说，回火马氏体比其他混合组织，如珠光体、马氏体及贝氏体加马氏体具有更高的疲劳强度；铁素体加珠光体组织钢材的疲劳强度随珠光体组织相对含量的增加而增加；一般来说，任何增加材料抗拉强度的热处理均能提高材料的疲劳强度。

表面处理(表面淬火、化学热处理等)均可提高材料的疲劳强度，但处理工艺控制不当，导致马氏体组织粗大、碳化物聚集、过热等，从而导致零件的早期疲劳失效，这也是常见的问题。

组织的不均匀，如非金属夹杂物、疏松、偏析和混晶等缺陷，均使疲劳强度降低而成为疲劳断裂的重要原因。失效分析时，夹杂物引起的疲劳断裂是比较常见的，但分析时要找到真正的疲劳源，难度比较大。

4. 装配与连接效应

装配与连接效应对零件的疲劳寿命有很大的影响。正确的拧紧力矩可使其疲劳寿命提高5倍以上。容易出现的问题是，认为越大的拧紧力对提高连接的可靠性越有利，实践经验和疲劳试验表明，这种看法具有很大的片面性。

5. 疲劳载荷

疲劳载荷是疲劳断裂的外在必要条件，载荷类型、载荷谱中的各种参数对疲劳都有直接影响。许多重要的工程结构件大多承受复杂循环加载。人们在揭示非比例循环加载的疲劳断裂规律和影响等方面开展了十分有益的工作。相关资料表明，在相同等效应变幅值、不同应变路径下，非比例加载低周疲劳寿命远小于单轴拉压低周疲劳寿命。非比例加载低周疲劳寿命强烈依赖于应变路径，与各种应变路径下的非比例循环附加强化程序直接相关。

6. 使用环境

外部环境包括很多因素，其中两个最重要的因素是环境介质和温度。环境因素的变化，使材料的疲劳强度显著降低，往往引起零件过早发生断裂失效。例如，许多在腐蚀环境中服役的金属零件，容易在表面形成腐蚀坑，由于应力集中的作用，疲劳裂纹往往易于在这些部位萌生。

4.4.5.2 预防措施

疲劳断裂的预防措施与疲劳断裂发生的原因是相对应的，制订预防措施可以从延长疲劳寿命和合理使用疲劳寿命两方面入手，其中，提高金属零件的疲劳强度是防止零件发生疲劳断裂的根本措施。具体的疲劳断裂预防措施包括以下几个方面：

1. 优化结构设计和加工工艺

零件截面尺寸的突然变化、表面缺陷、划伤、材料质地不均、表面粗糙等都会引起应力的不均匀分布，使局部应力增大，形成应力集中。应力集中处的局部应力可能高出正常应力数倍。应力集中往往是机械零件断裂的重要原因，对于在交变载荷下工作的零件尤为重要。因此，合理的结构设计和工艺设计是赋予零件优良抗疲劳品质的关键。在零件设计中，应尽量减少复杂的型面，以免造成应力集中，注意截面尺寸的圆滑过渡、保证一定的粗糙度、防止表面划伤以及避免表面缺陷和软点等，都是防止零件疲劳断裂的有力措施。

结构设计确定之后，所选用的加工工艺是造成零件应力集中、表面状态、纤维流向和残余应力等的决定性因素。经验表明，半径太小的圆角、键槽处的尖锐棱角、螺纹的退刀槽等都是疲劳裂纹萌生的部位，这往往与刀具参数和工艺方法选择不当有关。例如，曾对某发动机疲劳断裂的 50 根曲轴的失效分析表明，80%以上的断裂是多次修复后，轴径圆角半径小于 3 mm（设计要求为 6 mm）造成的。

2. 合理选择材料

选择优良的抗疲劳品质的材料，也是确保零件具有优良疲劳抗力的重要因素。在静载荷状态下，材料的强度越高，所能承受的载荷越大；但材料的强度和硬度越高，对缺口的敏感性越大，这对疲劳强度是不利的，承受循环载荷的零件应特别注意这一问题，应从疲劳强度对材料的要求来考虑。在选材方面除尽量提高材料纯度、细化晶粒及选择最佳的组织状态外，注意强度、塑性和韧性的合理配合也很重要。对于一定结构形状的零件，应根据其工作条件，确定强度、塑性和韧性的最佳配合，以充分发挥材料的性能潜力。

3. 改善和提高零件的抗疲劳性能

对于已经加工的成品零件，理论上讲，其抗疲劳性能就已经确定下来。但为了进一步提高零件的抗疲劳性能，发展了一系列后处理工艺，即表面强化工艺。目前，工业上广泛采用的加工工艺有表面化学热处理（渗碳、渗氮、碳氮共渗等）、表面淬火、表面形变强化（喷丸、滚压等）、表面抛光、表面激光处理以及表面复合强化等。实践表明，这些后处理工艺对提高零件抗疲劳性能的作用是非常显著的。例如，喷丸强化可使 55Si2 弹簧钢的弯曲疲劳极限提高 50%～

60%,表面滚压强化可使15SiMn3WVA钢的疲劳极限提高80%以上,而对于不同组织的铸铁,则可提高110%~190%。

4. 降低动载荷

动载荷是零件疲劳破坏的直接原因,因而降低动载荷(尤其是无效的动载荷)是最有效的方法。但是,对于动载荷的组成应该进行分析。一部分动载荷是零件工作的有效载荷,而另一部分则是无效且有害的附加载荷。对于前者,有时可采取降额使用的方法来减少,但这会影响机器的性能,而对于后者则应设法找到附加载荷源。比如,轴和齿轮设计公差偏大、加工精度不够、装配时偏心或工作过程中磨损等原因,使振动增大,从而引起一些零件的疲劳断裂,应设法找出这些原因,并采取相应的措施加以解决。

5. 降低疲劳裂纹的扩展速率

对于一定的材料及一定形状的金属零件,在其已经产生疲劳裂纹后,为了阻止或减小疲劳裂纹的扩展速率,可采取如下措施:对于板材零件上的表面局部裂纹,可采取止裂孔法,即在裂纹扩展前沿钻孔以阻止裂纹进一步扩展;对于零件内孔表面裂纹,可采用扩孔法将其消除;对于表面局部裂纹,采取刮磨修理法等。除此之外,对于零件局部表面裂纹,也可采用局部增加有效截面或补金属条等措施,以降低应力水平,从而达到阻止裂纹继续扩展的目的。

6. 合理使用疲劳寿命

合理使用疲劳寿命是另一项重要的改进措施。如前所述,从疲劳裂纹的萌生到最后瞬时断裂,需经历一个逐步扩展的过程,在这个过程中,一方面,可以利用现代化的无损检测技术来发现裂纹并准确测出其大小及部位。根据检测结果并利用断裂力学理论计算出零件的剩余寿命,使已经出现裂纹的零件继续工作,充分利用其疲劳寿命,这就是所谓的"破损-安全"或"损伤容限"设计。另一方面,不要浪费有限的疲劳寿命,应将其用于正常的服役工作上。利用筛选的方法剔除早期疲劳失效的零件是不可取的。对于重要的零件,采用动态检测技术来检测疲劳裂纹的扩展是很有效的措施。

4.5 环境因素引起的断裂失效

金属零件的断裂失效不仅与材料的性质、应力状态有关,而且在很大程度上取决于它的环境条件。环境因素引起的断裂是指金属材料与某种特殊的环境因素发生交互作用而导致的具有一定环境特征的断裂失效。本节简要介绍其中的应力腐蚀断裂和氢脆断裂失效。

4.5.1 应力腐蚀断裂失效

4.5.1.1 应力腐蚀断裂及其特点

1. 材料的应力腐蚀断裂

应力腐蚀断裂是指金属材料在特定的介质条件下,受拉应力作用,经过一定时间后产生裂纹从而导致断裂的现象。

在静拉应力作用下金属的腐蚀破坏,一般称为应力腐蚀开裂;而在交变应力作用下金属的腐蚀破坏，则称为腐蚀疲劳。

应力腐蚀断裂是普遍存在的一种失效形式，现已查明，在几乎所有的金属材料中都发生过应力腐蚀断裂问题。因此，应力腐蚀、疲劳、低应力脆断并称为当前工程断裂事故的三种主要失效形式。

金属产生应力腐蚀开裂的最早事例，系1886年Au－Cu－Ag合金在$FeCl_3$溶液中的破坏，后来，黄铜弹壳的破裂成为最引人注目的实例。当时人们对应力腐蚀开裂还没有认识，仅根据其破裂特点，曾称为干裂（像风干的木材那样的破裂），或根据其每到雨季就破裂的特点，而称为季裂。直到1918年，W. H. Bassett才指出此种破裂与腐蚀的关系，并建议称为腐蚀开裂。一般认为铆接锅炉用碳钢的碱脆是黑色金属应力腐蚀开裂较早的例子，1930年发表了Cr－Ni奥氏体不锈钢产生应力腐蚀开裂的第一篇报道。1944年首次召开了有关应力腐蚀开裂的国际学术讨论会后，随着化学、石油、动力等工业向高温、高压方向发展，应力腐蚀开裂的事故不断增多，这一问题得到越来越多的关注。

100多年来，虽然对应力腐蚀破坏的报道越来越多，但从科学的角度对应力腐蚀进行研究却是最近几十年的事情。20世纪60年代，将断裂力学的原理和方法引入应力腐蚀研究之后，极大地促进了该领域的发展，应力腐蚀现已成为材料学、力学、化学和电化学等跨学科的一个新的研究领域。

2. 应力腐蚀断裂的特点

应力腐蚀断裂具有如下特点：

1）即使是塑性材料，应力腐蚀断裂也是脆性形式的断裂。

2）应力腐蚀是一种局部腐蚀，形成的裂纹常被腐蚀产物覆盖，不易被发觉，从而导致断裂具有突发性，危害较大。

3）应力腐蚀断裂属于延迟断裂，断裂的时间取决于介质条件和应力大小。应力腐蚀裂纹扩展的速率一般介于均匀腐蚀速率和快速机械断裂速率之间。以钢为例，应力腐蚀裂纹扩展速率为1～100 mm/h。

4）引起金属零件应力腐蚀断裂的应力一定是拉应力，这种拉应力可能是外载荷引起的拉应力，也可能是零件内的残余应力。零件中的残余应力，主要来源于热处理（温差应力、相变应力等）、焊接（特别是焊接热影响区）、加工及装配过程。一般来说，当金属所承受的应力超过某一应力值时，才发生应力腐蚀断裂，该值称为应力腐蚀断裂的临界应力。对于不同金属或合金，其应力腐蚀断裂的临界应力值是不同的。

5）纯金属不发生应力腐蚀破坏，但几乎所有的合金在特定（敏感）的腐蚀环境中，都会引起应力腐蚀。添加极少的合金元素都可能使金属发生应力腐蚀。如99.99％的铁在硝酸盐中不发生应力腐蚀，但含有0.04％的碳元素，则会引起应力腐蚀。

6）一定的金属材料并不是在所有的环境介质中都会发生应力腐蚀断裂，而只是在特定的活性介质中才发生应力腐蚀断裂。对一定金属而言，特定活性介质就是指有一定特殊作用的离子、分子或络合物。特定介质，即使浓度很低，也足以引起应力腐蚀断裂。相反，一定的金属材料，在某些介质中，可能对应力腐蚀完全不敏感，即具有免疫能力。常用材料发生应力腐蚀的特定的材料-介质组合见表4－5。

表 4－5　常用金属材料发生应力腐蚀的特定的材料-介质组合

基材	合金元素	敏感应力腐蚀介质
铝基	Al－Zn	大气
	Al－Mg	$NaCl+H_2O_2$，NaCl 溶液，海洋性大气
	Al－Cu－Mg	海水
	Al－Mg－Zn	海水
	Al－Zn－Cu	NaCl，$NaCl+H_2O_2$ 溶液
	Al－Cu	$NaCl+H_2O_2$ 溶液，NaCl，$NaCl+NaHCO_3$，KCl，$MgCl_2$
	Al－Si	$CuCl_2$，NH_3Cl，$NaCl_2$ 溶液
镁基	Mg－Al	HNO_3，NaOH，HF 溶液，蒸馏水
	Mg－Al－Zn－Mn	$NaCl+H_2O_2$ 溶液，海洋性大气，$NaCl+K_2GrO_4$ 溶液，潮湿大气$+SO_2+CO_2$
	Mg	KHF_2 溶液，水，氯化物$+K_2C_4O_4$ 水溶液，热带工业和海洋大气
铜基	Cu－Zn－Sn Cu－Zn－Pb	HNO_3 蒸气溶液
	Cu－Zn－P	浓 NH_4OH
	Cu－Zn	HN_3 溶液，蒸汽，胺类，潮湿 SO_2 气氛，$Cu(NO_2)_2$ 溶液
	Cu－Zn－Ni Cu－Zn	NH_3 蒸气和溶液
	Cu－Zn－P	大气
	Cu－P，Cu－As Cu－Ni－Al，Cu－Si Cu－Zn，Cu－Si－Mn	潮湿的 NH_3 气氛
	Cu－Zn－Si	水蒸气
	Cu－Zn－Mn	潮湿 SO_2 气氛，$Cu(NO_2)_3$ 溶液
	Cu－Mn	潮湿 SO_2 气氛，$Cu(NO_3)_3$，H_2SO_4，HCl，HNO_3 溶液
铁基	软铁	$FeCl_3$ 溶液
	Fe－Cr－C	NH_4Cl，$MgCl_2$，$(NH_4)H_2PO_4$，Na_3HPO_4 溶液，H_2SO_4+NaCl 水溶液，$NaCl+H_2O_2$ 溶液，海水，H_2S 溶液
	Fe－Ni－C	$HCl+H_2SO_4$ 水蒸气，H_2SO_4 溶液
镍基	Ti－Al－Sn， Ti－Al－Sn－Zr， Ti－Al－Mo－V	H_2，CCl_4 水溶液，海水，HCl，甲醇，乙醇溶液，发烟硝酸，融熔 NaCl 或融熔 $SnCl_2$，汞，氟三氯甲烷和液态 N_2O_4，Ag(>466℃)，AgCl(371～482℃)，氯化物盐(288～427℃)，乙烯二醇等

续 表

基材	合金元素	敏感应力腐蚀介质
其他	Au - Cu - Ag	$FeCl_2$ 水溶液
	Mg - Au	HNO_3+HCl，HNO_3，$FeCl_3$ 溶液
	Ag - Pt	$FeCl_3$ 溶液
	Pb	$Pb(HAC)_2+HNO_3$ 溶液，空气，土壤中
	Ti 合金	温度高于 290℃的固体 NaCl，发烟硝酸，海水，HCl 酒精溶液
	Ti - 6Al - 4V	液态 N_2O_4
	Zr 及 Zr 合金	甲醇，甲醇＋HCl，乙醇＋HCl，CCl_4，硝化苯，CS_2

4.5.1.2　应力腐蚀断裂的断口及裂纹特征

1)断口的宏观形态一般为脆性断裂，断口截面基本上垂直于拉应力方向。断口上有断裂源区、裂纹扩展区和最后断裂区，如图 4 - 46 所示。

2)应力腐蚀裂纹源于表面，并呈不连续状，裂纹具有分叉较多、尾部较尖锐(呈树枝状)的特征，如图 4 - 47 所示。

3)裂纹的走向可以是穿晶的也可以是沿晶的。材料的晶体结构是影响应力腐蚀裂纹走向的主要因素。面心立方金属的材料易引起穿晶型应力腐蚀，而体心立方金属的材料则以沿晶型断裂为主。

4)其他因素影响应力腐蚀裂纹的扩展方式。例如，第二相质点沿晶界析出，易促使裂纹的沿晶扩展。

5)在一般情况下，当应力较小、腐蚀介质较弱时，应力腐蚀裂纹多呈沿晶扩展；相反，当应力较大、腐蚀介质较强时，应力腐蚀裂纹通常是穿晶扩展。同一种材料在不同的介质中会有不同的裂纹走向。许多情况下，应力腐蚀裂纹也可以是沿晶扩展和穿晶扩展的混合型。

6)应力腐蚀断口的微观形貌可呈岩石状，岩石表面有腐蚀痕迹。严重时整个都被腐蚀产物所覆盖，此时，断口呈泥纹状或龟板状花样，如图 4 - 48 和图 4 - 49 所示。在穿晶断裂时，电子显微镜下看到的断口为平坦的凹槽(深度大于宽度)、扇形花样、台阶及河流花样，如图 4 - 50 所示。

图 4 - 46　应力腐蚀断口宏观形貌

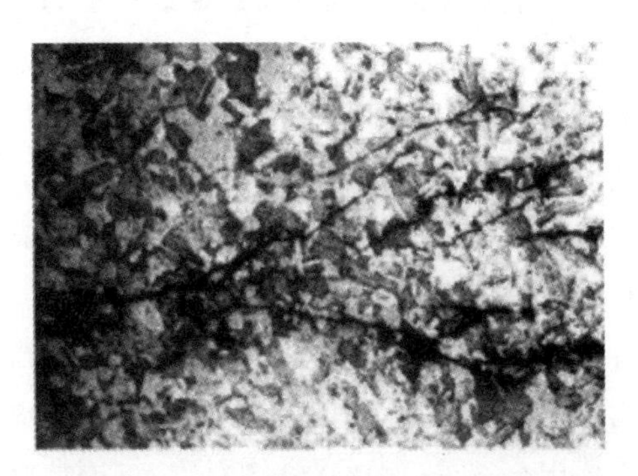

图 4 - 47　应力腐蚀裂纹的分叉特征

图 4-48　奥氏体不锈钢应力腐蚀断裂断口形貌Ⅰ
（表面的泥纹状花样，表面被一层腐蚀产物覆盖，有泥状裂纹）

图 4-49　奥氏体不锈钢应力腐蚀断裂断口形貌Ⅱ
（表面有腐蚀产物和外来杂质覆盖层，形似岩石状）

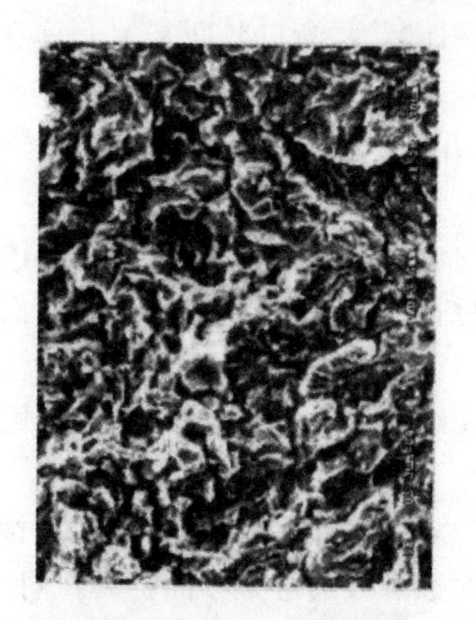

图 4-50　奥氏体不锈钢应力腐蚀断裂断口形貌Ⅲ
（有河流、扇形花样，以穿晶断裂为主）

总体来说，单一地把沿晶断裂或穿晶断裂作为确定一种材料应力腐蚀断裂的唯一依据是不准确的。由于实际情况比较复杂，一个实际零件的应力腐蚀断裂可能受到多种介质的作用，在微观上可能观察到不同性质的断裂类型，这时要综合考虑各种因素的影响，从而确定主要因素的作用。

4.5.1.3　应力腐蚀断裂的预防措施

由前面对应力腐蚀行为特征的描述可知，要防止应力腐蚀断裂，应从合理选材、减少或消除零件中的残余拉应力、改善介质条件和采用电化学保护等方面入手。

1. 合理选择材料

针对零件所受的应力和使用条件选用耐应力腐蚀的材料，这是一个基本原则。如铜对氨的应力腐蚀敏感性很高，因此，接触氨的零件应避免使用铜合金；又如在高浓度氯化物介质中，一般可选用不含镍、铜或仅含微量镍、铜的低碳高铬铁素体不锈钢，或含硅较高的铬镍不锈钢，也可选用镍基和铁-镍基耐蚀合金。

2. 减少或消除零件中的残余拉应力

残余拉应力是产生应力腐蚀的重要条件。为此,设计上应尽量减小零件的应力集中。从工艺上说,加热和冷却要均匀,必要时采用退火工艺以消除内应力。或者采用喷丸或表面热处理,使零件表层产生一定的残余压应力,对防止应力腐蚀也是有效的。

3. 改善介质条件

可从两个方面考虑:一方面,设法减少或消除促进应力腐蚀断裂的有害化学离子,如通过水净化处理,降低冷却水与蒸汽中的氯离子含量,对预防奥氏体不锈钢的氯脆十分有效;另一方面,可以在腐蚀介质中添加缓蚀剂,如在高温水中加入 3×10^{-4} mol/L 的磷酸盐,可使铬镍奥氏体不锈钢抗应力腐蚀性能大大提高。

4. 采用电化学保护

由于金属在介质中只有在一定的电极电位范围内才会产生应力腐蚀,因此采用外加电位的方法,使金属在介质中的电位远离应力腐蚀敏感电位区域,这也是防止应力腐蚀的一种措施,一般采用阴极保护法。不过,对高强度钢和其他氢脆敏感的材料,不能采用这种保护方法。有时采用牺牲阳极法进行电化学保护也是很有效的。

4.5.2 氢脆断裂失效

4.5.2.1 金属的氢脆现象

氢导致金属材料在低应力静载荷下发生脆性断裂,称为氢脆断裂。

氢原子具有最小的原子半径,所以非常容易进入金属中。金属中的原子态氢,在适当的条件下,在外力作用下移动并向危险部位聚集。两个氢原子相遇可形成氢分子,这些分子状态的氢以及与其他元素形成的气体分子,难以从金属中逸出,这就导致了金属的脆性。因此,金属中的氢是一种有害元素,只要极少量的氢即可导致金属变脆。氢脆是在应力和过量氢的共同作用下使金属材料塑性、韧性下降的一种现象。引起氢脆的应力可能是外加应力,也可能是残余应力,金属中的氢则可能是本来就存在于其内部的,也可能是由表面吸附而进入其中的。

金属,尤其是高强钢的氢脆断裂一般表现为延迟断裂。也存在发生氢脆的门槛应力 σ_{th},当应力 $\sigma<\sigma_{th}$ 时,不发生氢脆断裂。氢脆断裂发生在一定的温度范围内,对于高强钢,通常在 $-100\sim100$℃之间,室温附近的氢脆敏感性最大。应变率越低,氢脆敏感性越大。材料中氢含量越高,氢脆现象越严重。

金属中氢的来源有很多。首先,在熔炼过程中由于原料中含有水分和油垢等不纯物质,在高温下分解出氢,部分溶于液态金属中。凝固后若冷却较快,氢来不及逸出便过饱和地存在于金属中。另外,金属材料在含氢的高温气氛中加热时、在化学及电化学处理过程中,氢都可能进入金属内部。氢还可能在机械加工(如酸洗、电镀等)过程中进入金属。此外,金属机件在服役过程中,环境介质也可提供氢。

金属中的氢可以有几种不同的存在形式。在一般情况下,氢以间隙原子状态固溶于金属中,对于大多数工业合金,氢的溶解度随温度降低而降低。氢在金属中也可能通过扩散聚集在较大的缺陷(如空洞、气泡、裂纹等)处,以氢分子状态存在。此外,氢还可能和一些过渡族、稀土或碱土金属元素作用,生成氢化物,或与金属中的第二相作用生成气体产物,如钢中的氢可与渗碳体中的碳原子作用生成甲烷等。

4.5.2.2 氢脆失效的类型

由于氢在金属中存在的状态不同,以及氢与金属的交互作用的性质不同,氢可以不同的机制使金属脆化。关于氢脆的机制,有多种学说,这些学说都有一定的实验依据,也都能解释一些氢脆现象。如氢压理论,认为金属中的氢在缺陷处聚集成分子态,形成高压气泡,使金属脆化,可以说明钢中白点的成因,并据此制订对策,以消除白点。氢化物理论认为,氢与金属形成氢化物造成材料脆化。减聚理论认为,固溶于金属中的氢降低金属原子间的结合力,使金属变脆,并认为氢使微观塑变局部化,造成滞后塑变,降低屈服应力导致脆性等。下面简要介绍几种主要的氢致脆化类型。

1. 白点

白点又称发裂,是由钢中存在过量的氢造成的。锻件(固溶体)中的氢,在锻后冷却速率较快时,因溶解度的减小而过饱和,并从固溶体中析出。这些析出的氢如果来不及逸出,便在钢中的缺陷处聚集并结合成氢分子,气体氢在局部形成的压力逐渐增高,将钢撕裂形成微裂纹。如果将这种钢材冲断,断口上可见银白色的椭圆形斑点,即白点。在钢的纵向剖面上,白点呈发纹状。这种白点在Cr-Ni结构钢的大锻件中最为严重。历史上曾因此造成许多重大事故,因此,20世纪初以来对它的成因及防止方法进行了大量而详尽的研究,并得出精炼除气、锻后缓冷或等温退火等工艺方法,以及在钢中加入稀土或其他微量元素使之减弱或消除。

2. 氢蚀

环境气氛中的氢在高温下进入金属内部,并夺取钢中的碳,形成甲烷,使钢变脆,这种现象称为氢蚀。其机理是氢与钢中的碳发生反应,生成甲烷(CH_4)气体,可以在钢中形成高压,并导致钢材塑性降低。石油工业中的加氢裂化装置就有可能发生氢蚀。甲烷气体的形成必须依附于钢中的夹杂物或第二相质点。这些第二相质点往往存在于晶界上,如用Al脱氧的钢中,晶界上分布着很多细小的夹杂物质点,因此,氢蚀脆化裂纹往往沿晶界发展,形成晶粒状断口。甲烷形成和聚集到一定的量,需要一定的时间,因此,氢蚀过程存在孕育期,并且温度越高,孕育期越短。钢发生氢蚀的温度为300～500℃,低于200℃时不发生氢蚀。

为了减缓氢蚀,可降低钢中的含碳量,减少形成甲烷的碳供应,或者加入碳化物形成元素,如Ti、V等,它们形成稳定的碳化物不易分解,可以延长氢蚀的孕育期。

3. 氢化物致脆

在纯钛、α-钛合金、钒、锆、铌及其合金中,氢易形成氢化物,使金属塑性、韧性降低,产生脆化。这种氢化物又分为两类:一类是熔融金属冷凝后,由于氢的溶解度降低而从过饱和固溶体中析出形成的,称为自发形成氢化物;另一类则是在氢含量较低的情况下,受外拉应力作用,原来基本均匀分布的氢逐渐聚集到裂纹前沿或微孔附近等应力集中处,当其达到足够浓度后,也会析出而形成氢化物。由于它是在外力持续作用下产生的,故称为应力感生氢化物。

金属材料对这种氢化物造成的氢脆敏感性随温度的降低及试样缺口尖锐程度的增加而增加。裂纹常沿氢化物与基体的界面扩展,因此,在断口上常看到氢化物。

氢化物的形状和分布对金属的脆性有明显影响。若晶粒粗大,氢化物在晶界上呈薄片状,易产生较大的应力集中,危害较大。若晶粒较细小,氢化物多呈块状不连续分布,对氢脆就不太敏感。

4. 氢致延迟断裂

高强度钢或α-β钛合金中含有适量的处于固溶状态的氢(原来存在的或从环境介质中吸收的),在低于屈服强度的应力持续作用下,经过一段孕育期后,在内部特别是在三向拉应力区形成裂纹,并且裂纹逐步扩展,最后会突然发生脆性断裂。这种由于氢的作用而产生的延迟断裂现象称为氢致延迟断裂。目前工程上所说的氢脆,大多数是指这类氢脆。这类氢脆的特点是:①只在一定温度范围内出现,如高强度钢多出现在-100～150℃之间,在室温下最敏感。②提高形变速率,材料对氢脆的敏感性降低。因此,只有在慢速加载试验中才能显示这类氢脆。③此类氢脆显著降低金属材料的延伸率,但含氢量超过一定数值后,延伸率不再变化,而断面收缩率则随含氢量的增加不断下降,且材料强度越高,断面收缩率下降得越剧烈。④此类氢脆的裂纹路径与应力大小有关。40CrNiMo钢的试验表明,当应力强度因子K_{I}较高时,断裂为穿晶韧窝型;K_{I}为中等大小时,断裂为准解理与微孔混合型;K_{I}较低时,断裂为沿晶型。此外,断裂类型还与杂质含量有关,杂质含量较高时,晶界偏聚杂质较多,从而可吸收较多氢,造成沿晶断裂。提高纯度,可使断裂由沿晶型向穿晶型过渡。

4.5.2.3　氢脆断裂的断口形貌特征

1)宏观断口齐平,为脆性的结晶状,表面洁净呈亮灰色。实际零件的氢脆断裂往往与机械断裂同时出现,因此,断口上常常包括这两种断裂的特征。对于延迟断裂断口,通常有两个区域,一是氢脆裂纹的亚临界扩展区(齐平部分),二是机械撕裂区(斜面、粗糙、有放射线花样)。

对氢脆断裂断裂源区的形态、大小进行分析,有助于正确判断氢的来源和断裂的原因。比如,高温高压下工作的零件发生的氢脆,其断裂源不是一点,而是一片,其零件中氢的来源为环境中的氢。

2)微观断口可呈穿晶、沿晶断裂或混合断裂形貌,显微裂纹呈断续而弯曲的锯齿状,氢脆裂纹的走向形态如图4-51所示。

3)在应力集中较大的部位起裂时,微裂纹源于表面或靠近缺口底部。应力集中比较小时,微裂纹多源于次表面或远离缺口底部(渗碳等表面硬化件出现的氢脆多源于次表面)。氢导致的静疲劳破坏这一特征是区分于其他形式断裂的唯一标志。因此,在分析断口时,对这一现象要给予足够重视。这一区域一般很小,往往只有几个晶粒范围。

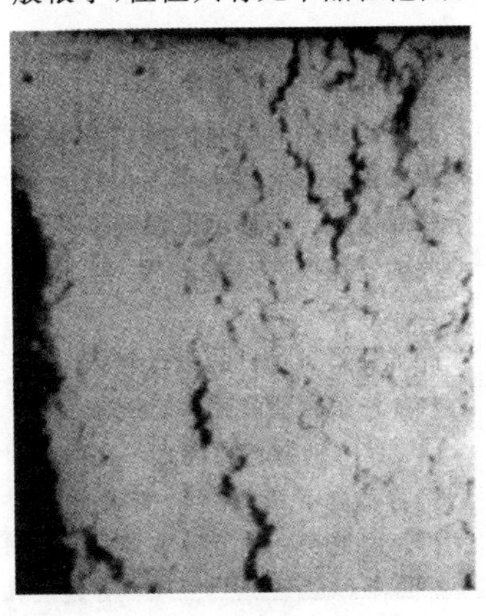

图4-51　氢脆裂纹的走向形态(100×)

4)对于在高温下氢与钢中碳形成CH_4气体导致的脆性断裂，其断口表面具有氧化色，呈晶粒状。微观断口可见晶界明显加宽及沿晶型的断裂特征，裂纹附近的珠光体有脱碳现象。

5)氢化物致脆断裂，也属沿晶型的。这种沿晶断裂与上述氢脆断裂的不同之处在于，除了只在高速变形时(如冲击载荷)才表现出来外，在微观断口上也可看到氢化物第二相质点。

4.5.2.4 防止氢脆断裂的措施

由前面的讨论可知，决定氢脆的因素主要有环境、力学及材料三方面，因此要防止氢脆失效，也要从这三方面制订对策。

1. 环境因素

设法切断氢进入金属内的途径，或者通过控制这条途径上的某个关键环节，延缓该环节的反应速度，使氢不进入或少进入金属内。例如，采用表面涂层，使机件表面与环境介质隔离。还可用在介质中加入抑制剂的方法，比如，在100%干燥H_2中加入0.6%的O_2，氧原子优先吸附于裂纹顶端，阻止氢原子向金属内部扩散，可以有效抑制裂纹扩展。又比如在3%NaCl水溶液中加入浓度为10^{-8} moL/L的N-椰子素、β-氨基丙酸，也可降低钢中的含氢量，延长高强度钢的断裂时间。

对于需经酸洗和电镀的机件，应制订正确的工艺，防止吸入过多的氢，并在酸洗、电镀后及时进行去氢处理。

2. 力学因素

在零件设计和加工过程中应避免各种产生残余拉应力的因素。采用表面处理，使表面获得残余压应力层，对防止氢脆有良好作用。金属材料抗氢脆的力学性能指标与抗应力腐蚀性能指标一样，可采用氢脆临界应力场强度因子门槛值K_{IHth}及裂纹扩展速率da/dt来表示。应尽可能选用K_{IHth}值高的材料，并力求使零件服役时的K_I值小于K_{IHth}。

3. 材料因素

含碳量较低且硫、磷含量较少的钢，氢脆敏感性低。钢的强度等级越高，对氢脆越敏感。因此，对在含氢介质中服役的高强度钢的强度应有所限制。钢的显微组织对氢脆敏感性也有较大影响，一般按下列顺序递增：下贝氏体、回火马氏体或贝氏体、球化或正火组织。细化晶粒可提高抗氢脆能力，冷变形可使氢脆敏感性增大。因此，正确制订钢的冷热加工工艺，可以提高零件的抗氢脆性能。

4.6 蠕变断裂失效

4.6.1 蠕变及蠕变断裂

金属材料在恒应力和温度的长期作用下，缓慢而连续不断地发生塑性变形的性质，称为金属的蠕变。蠕变使零件尺寸产生相当大的变化，使其在发生断裂前因为变形引起的松弛而失效。这种变形最终可导致材料断裂，称为蠕变断裂，其断口称为蠕变断口。由于蠕变断裂是依赖于时间的过程，因此又称为持久断裂。

金属材料的蠕变可以发生于从绝对零度起直到熔点为止的整个温度范围内的任何应力状态条件下。考虑到温度的作用，在高温时蠕变现象更为明显。由于金属零件在高温时变形速率大，蠕变现象更明显，所以在实际应用中，我们所关心的是高温蠕变。高温蠕变指的是发生在金属熔点绝对温度 1/2 以上的蠕变。

金属材料发生蠕变的主要机理是金属晶粒沿晶界滑动产生形变。当形变温度升高到 $(0.35\sim0.7)T_m$（T_m 是熔点的绝对温度）时，晶界附近的薄层区域内发生恢复而软化，变形得以进行。变形后又产生畸变，于是需要再恢复和再软化，以保持变形在这些区域中继续进行，这就是所谓的晶界滑动。由于恢复需要一定的温度和时间，因而晶界滑动就要高于某一温度，并以相当缓慢的速度进行。

描述蠕变变形的参数主要有：应力、温度、时间、蠕变速率和蠕变变形量。

尽管各种金属或合金的成分和组织不同，但蠕变实验所得到的应变与时间曲线通常都具有相似的形状，称为金属的蠕变曲线。金属拉伸的蠕变曲线如图 4－52 所示。图中按蠕变速率（$d\varepsilon/dt$）可分为三个阶段。

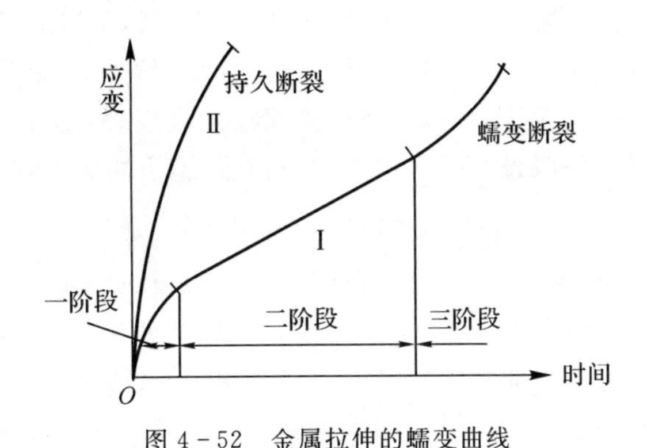

图 4－52　金属拉伸的蠕变曲线

第一阶段，即蠕变的初期阶段。蠕变速率随着时间的增长而下降，表明蠕变阻力逐渐增加，也称为瞬态蠕变。

第二阶段，蠕变速率随着时间的增长基本不变，该阶段由于形变的增加与恢复的减少两个过程处于平衡，即硬化与恢复这两者机理处于平衡状态，因此又称为稳态蠕变。通常它在蠕变的全过程中占据较大的比例。

第三个阶段，蠕变速率随着时间的增加急剧增加，此时金属的变形硬化已不足以阻止金属的变形，而且有效截面积的减少，促进了蠕变速率的增加，最后导致断裂。

并非任何材料的蠕变曲线均出现上述三个阶段，图中曲线Ⅱ几乎没有第二阶段。按曲线Ⅰ进行的断裂称为蠕变断裂，而按曲线Ⅱ进行的断裂称为持久断裂。

因蠕变过程使预紧零件的尺寸发生变化而导致失效的现象称为热松弛。比如，压力容器用于紧固法兰盘上的螺栓，在温度和应力的长期作用下，因蠕变而伸长，致使预紧力下降，因此可能造成压力容器泄漏。

4.6.2　蠕变断裂的特征及判断

蠕变最主要的特征是产生永久变形，且永久变形的速度很缓慢。此外，高温条件下蠕变的速率很大，蠕变是应力、温度和时间共同作用的结果。没有适当的温度和足够的时间，就不会发生蠕变或蠕变断裂。

蠕变断裂的另一特征是高温氧化。高温氧化使蠕变断口表面形成一层氧化膜。对于耐高温合金,形成的氧化膜是致密的,它对断口分析影响不大,而一般钢所形成的氧化膜是疏松的,会给断口分析带来困难。

在蠕变断口的最终断裂区,撕裂岭不如常温拉伸断口上的清晰,如图 4-53 所示。在扫描电镜下观察,蠕变断口附近的晶粒形状往往不出现拉长的情况,而在高倍显微镜下,有时能见到蠕变空洞。

蠕变断裂失效与塑性断裂失效容易混淆,因为从宏观上看,断裂前均有永久变形,断口附近均有缩颈。其区别可从下列几方面考虑:

1. 工况上的差别

众所周知,塑性变形和塑性断裂是在拉应力作用下发生的,过程进行较快,温度较低。热松弛和持久断裂是温度和时间两个因素起重要作用的失效过程,较高的工作温度和较长的服役时间,是这种失效模式的必要条件。除了通过查阅文字资料了解工况外,还可以直接查看残骸上有无高温的遗痕,如氧化色等。分析工况时要很慎重,例如,某高温压力容器在很长时间内处于较低的压力下工作,突然压力升高,使连接螺栓发生断裂,因此只有在具体地了解有关压力、温度及在不同工况下的服役时间后,才能判断是否属于蠕变失效。

2. 断口形貌的差别

塑性断口上韧窝非常清晰,微孔聚合的部位比较尖锐,在扫描电镜下观察这些部位,可见白亮线条。在蠕变断口上,微孔聚合的部位比较钝,在扫描电镜下观察,这些部位没有明显的白亮线条。在蠕变断口上,有可能看到氧化色,有时还能见到蠕变空洞。

3. 断口附近的金相组织

蠕变多为沿晶断裂,而塑性断裂多为穿晶断裂。此外,碳钢长时间在高温下停留,碳化物会发生一定程度的石墨化。

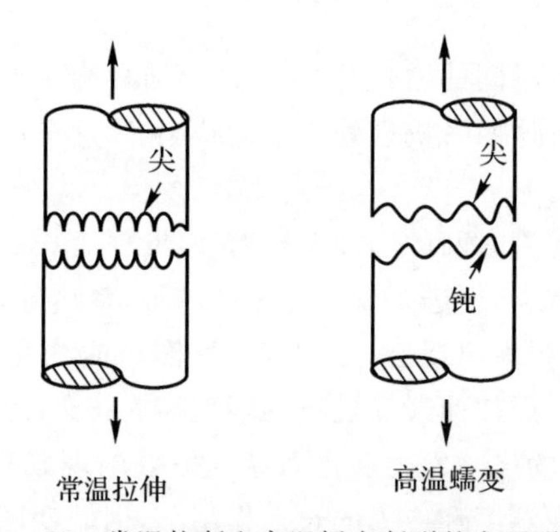

图 4-53　常温拉断和高温蠕变断裂的宏观形貌

4.6.3　预防蠕变断裂失效的措施

1. 设计方面

根据产品的特点,正确地选择材料和确定零件尺寸至关重要。近年来,为适应产品的使用温度和负载不断提高的要求，研制出不少新材料，但是能够提供给设计人员使用的蠕变性能数据却不够充分。在这种情况下，一方面，有可能出现由设计的应力水平偏高而导致早期失效的情况；另一方面，也可能由设计过于保守而造成不必要的浪费。例如，热电站的设计寿命一般为 1×10^5 h。在我国有很多540℃、10 MPa(100 atm)电站高压锅炉的主蒸汽管道已相继达到设计寿命，但根据最近的寿命估算指出，有把握将这些锅炉的使用寿命延长到 2×10^5 h。

一般来说，这种失效形式需要较长的时间，因此反应速度迟缓，有效的措施是根据材料蠕变性能的测试和积累，进一步研究决定。

2. 制造方面

加强质量管理，避免不符合技术规范的零件装配产品，这对失效周期较长的产品尤为重要。当然，具体措施应在产品服役中的失效分析基础上制订。

3. 使用方面

超负荷使用是蠕变失效的常见原因，因此在使用中严格控制使用条件，是提高产品寿命和可靠性的最为重要的措施。对正在服役的产品以及关键零件的质量状况加强监控，是保证产品可靠性的有效措施。

4.7　断裂失效分析步骤及实例

4.7.1　断裂失效分析步骤

现以一个机械零件的断裂原因分析为例，说明通常采用的失效分析步骤。

1. 调查研究收集原始背景材料

1)零件名称，用于何机器、何部位及相关零件的情况。

2)该零件的功能、要求、设计依据以及材料选择。

3)使用经历，包括使用寿命、操作温度、环境条件、载荷(谱)形式、受力情况、加载速度和超载情况等。

4)原材料、加工工艺流程和材料工艺性能情况。

5)表面处理情况。

6)制造工艺。

7)失效零件的样品收集。

2. 残骸拼凑分析与低倍宏观检查

(1)残骸拼凑分析

有时一个较复杂的设备的破坏，不只是个别零件，而是许多零部件都发生了不同程度的破坏。在这种情况下，首要任务是找到最先破坏的零件或部件，往往采用残骸拼凑分析的方法，根据裂纹走向、断口情况以及各零部件相互间的碰撞划伤情况来判断最先破断的零件或部位。

(2)对整个零件进行检查

1)断裂形式、部位及塑性变形情况，并注意裂纹源区、发展情况及终止点。

2)裂纹源以外的裂纹或其他缺陷。

3)有无腐蚀痕迹(如局部腐蚀、点蚀、缝隙腐蚀、电化学腐蚀、高温剥蚀或应力腐蚀)。

4)有无磨损迹象(过热、擦伤、磨蚀及剥落等)。

5)表面状况(有无机械损伤、颜色变化、氧化或脱碳现象等)。

6)原材料质量,加工缺陷,如锻件、铸件质量,焊缝质量(裂纹、疏松和夹杂等)及其与断裂部位的相对位置。

7)裂纹与零件表面有无腐蚀产物和其他外来物。

(3)对断口进行宏观检查

1)裂纹源与终止点。

2)裂纹源附近的表面应力集中区和材料与加工的缺陷。

3)断口附近的塑性变形情况。

4)根据断口估计平均应力的大小。

5)断裂面、裂纹扩展方向与应力类型、大小和方向的关系。

6)断口是清洁光亮还是氧化锈蚀及回火色。

7)断口结构特点、贝纹特征及终断区大小。

(4)摄影和画草图,注明所观察的结果

(5)尺寸测量

(6)妥善保管断口及其上的附着物,在宏观观测检验的基础上分析需要进一步了解的内容,决定需要进行何种试验分析

3. 零件失效部位应力分析

对零件失效部位进行应力分析计算,必要时用试验方法测定。

4. 深入试验分析

用来进行进一步试验分析的实验技术是各种各样的,尤其是现代分析仪器的发展,使实验手段更多、更精密、更微观,但对于某一具体失效零件要采取何种实验技术,要视具体情况而定,原则是为了揭示主要矛盾,用尽可能少的实验、较简单的仪器设备,获得进行分析所必需的足够信息。可供选择使用的实验技术概括起来包括以下几大类:

(1)力学性能方法

测定零件材料的力学性能,即应力应变特性和断裂韧性(有的要包括环境温度和介质条件,以便能对零件的承载能力做出评价)。

(2)断口和裂纹附近剖面磨片的微观分析

对零件材料的金相组织、显微硬度、晶粒度、夹杂物、表面处理、加工流线、裂纹起源和走向等进行观察和评定,对选材、制造、热处理和焊接工艺等是否合适作出判断。如果配合立体显微镜观察还不能确证,则可利用透射电镜、扫描电镜、探针、能谱仪和 X 射线衍射仪等方法对断口微观形貌和断口上可能的附着物类型、微区成分、超薄表面层(1～5 nm)或表面成分的微量变化进行详细观察分析,对断裂性质、应力类型和可能的断裂原因作出初步判断。

(3)化学及电化学方法

对物料及断口附着物的成分和材料在环境介质中的稳定性、电极电位等进行评定。

(4)物理性能方法

利用各种现代化分析仪器对材料的电磁、膨胀和热性能进行测试,了解零件材料组织结构及其变化规律。

5. 综合分析找出失效原因,提出防止和改进措施的建议

根据原始资料以及应力分析和各种观察、试验的结果数据,运用机械学和材料学等知识进行综合分析,找出导致失效的主要原因,并针对这些原因提出切实可行并且有效的改进措施。为了验证所得结论的可靠性,在重大问题上,在条件许可的情况下,应通过模拟试验或实物试验来进行验证。如试验结果与预期结果基本一致,则说明分析结论基本正确,可推广到生产实践中进一步考验;否则,则需要进一步分析。

6. 撰写失效分析报告

报告中应包括主要原始情况、重要数据、失效的主要形式、原因和建议的防治措施等判断失效顺序的实例。

4.7.2　断裂失效分析实例

某厂生产的活塞杆在投入使用约两年后有 10 余根发生了断裂。以下按照断裂失效分析的方法步骤对这一失效现象进行分析。

1. 调查研究收集原始背景材料

活塞杆材质为 45 钢,制造工艺为:原材料检验→落料→轧直→粗磨→高频淬火→半精磨→精磨→滚压螺纹→抛光。活塞杆实物形貌如图 4－54 所示,整体为细长杆结构,杆身存在两处倒圆角部位,为了便于分析,特将其分别命名为 R1 和 R2。值得提出的是,10 根活塞杆的断裂均发生于 R1 处。

图 4－54　活塞杆实物形貌

2. 残骸宏观检查

断裂处宏观形貌如图 4－55 所示,由图可知:

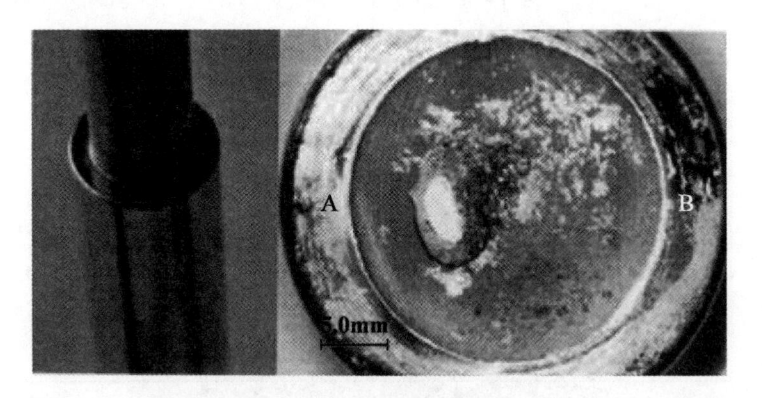

图 4－55　断裂处宏观形貌

1)断裂处表面采用电镀彩锌的处理工艺,断裂发生于台阶处根部,R1 为小圆角过渡。

2)断口整体较为平整,与杆身轴线方向垂直。

3)断面贝纹线清晰可见,呈典型的双向弯曲疲劳断裂特征,疲劳源起于R1表面的A、B两处;最终撕裂面(瞬断区)夹于两磨光区之中,约占断口面积的10%,可见活塞杆断口处的名义应力较小。

4)值得注意的是,断面贝纹线呈"反向"扩展特征,说明裂纹源处存在较大的应力集中现象。

备注:贝纹线"反向"实际上是应力集中现象使得外表面的扩展速度大于径向的扩展速度导致的。

3.测试分析

(1)微观形貌分析

从图4-55可看出疲劳源B处表面局部磨损,因此,我们仅对疲劳源A进行微观形貌观察,微观形貌如图4-56和图4-57所示。从图中可见,源区未见异常缺陷,但表面存在多个小的疲劳台阶,此为多源疲劳的典型特征,这也再次证明了裂源处存在应力集中现象。扩展区(距离裂源约3 mm)疲劳条带清晰可见,条带间距细密,结合断口宏观形貌可判断活塞杆的断裂属于低应力高周疲劳断裂。

图4-56 疲劳源A处微观形貌

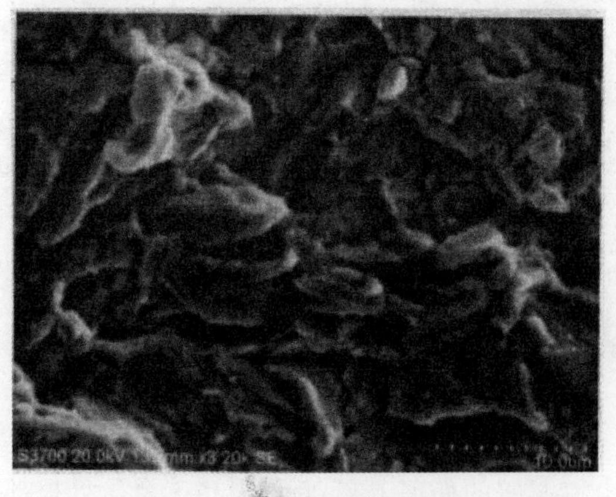

图4-57 扩展区微观形貌

(2)低倍检查

在断口下方取样进行低倍检查,结果如图 4-58 所示,未见异常。

图 4-58　活塞杆低倍形貌

(3)化学分析

对活塞杆进行化学成分分析,结果满足技术要求,见表 4-6。

表 4-6　活塞杆化学成分(质量分数)(单位:%)

试样名称	C	Si	Mn	P	S	Cr	Ni	Mo
活 塞 杆	0.48	0.24	0.60	0.023	0.010	0.04	0.02	<0.01
技术要求	0.43～0.48	0.15～0.35	0.60～0.80	≤0.035	0.02～0.04	≤0.25	≤0.15	≤0.05

(4)力学性能测定

鉴于活塞杆最大外径仅为 30 mm,故在其心部取拉棒试样进行力学性能检查,检测结果见表 4-7 和图 4-59。

表 4-7　力学性能

试样名称	R_m/MPa	$R_{p0.2}$/MPa	A/(%)	Z/(%)
活塞杆	821	690	9	35

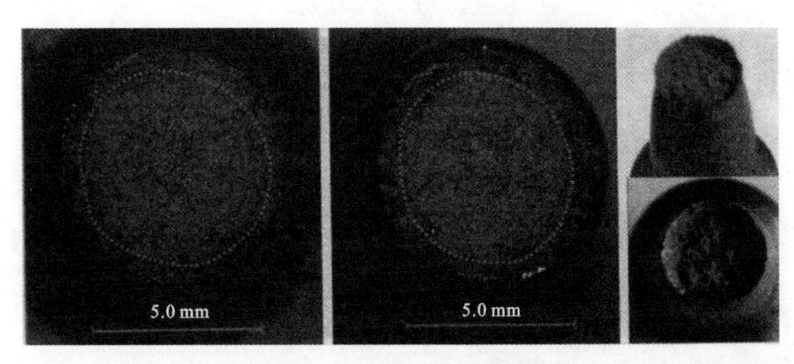

图 4-59　断口宏观形貌

由图 4－59 可知，拉伸断口呈典型的杯锥状特征，主要由纤维区（图中虚线区域）和剪切唇区组成，结合力学性能说明活塞杆韧性较好。

（5）微组织分析

图 4－59 所示为裂源对应部位 R1 处的圆角形貌和组织情况，从图中可看出 R1 处圆角半径约为 0.41 mm，表面粗糙度较大。众所周知，零件的疲劳寿命随表面粗糙度的增加而降低。此外，R1 圆角处组织同心部，为珠光体＋铁素体，铁素体晶粒度约为 9 级，如图 4－60（a）和图 4－61 所示（备注：R1 表面组织发白是因为 Zn 比 Fe 的活性高）。

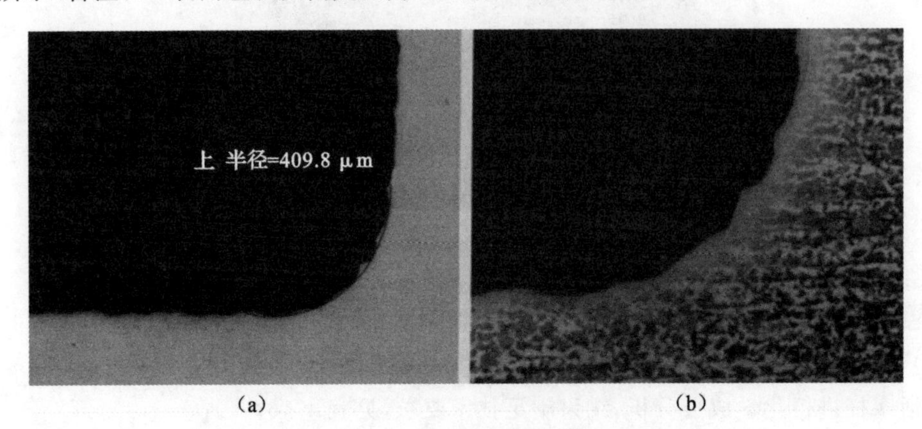

（a）　　（b）

图 4－60　裂源对应处情况

（a）R1 圆角形貌（20×）；（b）R1 圆角组织（100×）

图 4－61　基体组织

值得注意的是，R2 处圆角半径约为 1.29 mm，与技术要求的 1.25 mm 相近，表面质量良好，如图 4－62 所示。

4. 失效原因分析

通过以上分析可知，R1 处圆角半径较小和表面粗糙度值较大，造成表面应力集中，服役过程中在双向弯曲应力的作用下该处首先萌生裂纹，导致活塞杆发生疲劳断裂。

大量的疲劳破坏事故和试验结果都表明，疲劳源总是在应力集中处出现。相比而言，应力集中对静强度的影响较小，这是因为静力破坏之前通常都有一个明显的塑性变形过程，使得零件上的应力得以重新分配，趋于均匀化。而疲劳则无此过程，因此，尽管截面上的名义应力低于材料的屈服极限，但应力集中处将成为零件的薄弱环节，严重影响零件的疲劳寿命，设计时必须引起高度重视。

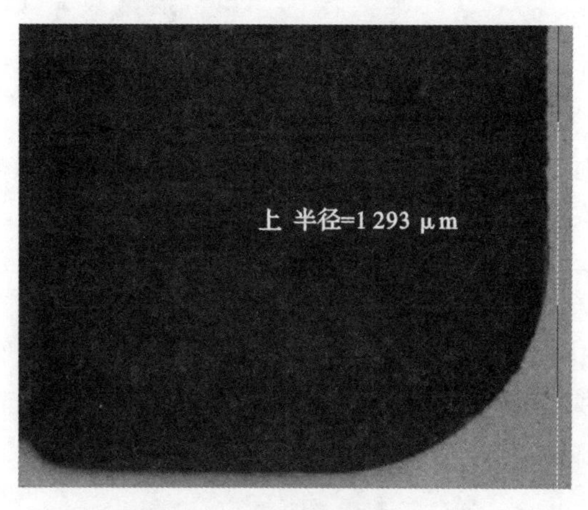

图 4-62　R2 圆角形貌(20×)

5. 改进方案

从对疲劳失效的预防来看，改进方案主要包括以下几个方面：

1)合理的结构设计，增大 R1 处的过渡圆角，避免出现局部应力集中。

2)可靠的零件加工工艺，提高表面加工精度，是零件表面质量的保证。

3)适当的表面强化处理，如表面形变所产生的加工硬化和引入残余压应力等。

4)适宜的热处理工艺，一方面，避免在零件表面形成脱碳、过热和硬脆相等变质层，以确保表面层的疲劳抗力；另一方面，提高零件整体的强度和韧性。

5)合理选材是提高疲劳寿命的基础。

第5章　磨损失效分析

几乎每一个零件相对于另一个零件摩擦时，都要发生磨损，磨损失效在工程土方机械、矿山机械、汽车、拖拉机和农业机械中是一个很突出的失效问题。例如，推土机、挖掘机和拖拉机的行走机构（履带板、销套、驱动轮、支重轮等），农具的犁铧、锄、铲，发动机中的曲轴、凸轮轴、气门挺杆、活塞环、油嘴油泵和齿轮等，都存在磨损现象和磨损失效。

自从1966年Jost把摩擦、润滑和磨损这几个互相关联的领域综合成一门学科，定名为“摩擦学”（Tribology）以来，这个与人类生活与生产活动密切相关的问题受到了人们空前的重视，人们开始从科学研究的角度处理磨损问题。

5.1　磨损与磨损失效

5.1.1　摩擦的相关概念

1. 摩擦与摩擦力

两相互接触的物体在外力作用下发生相对运动，或具有相对运动的趋势，接触面上具有阻止相对运动或相对运动趋势的作用，两物体间发生的这种现象就称为摩擦，所产生的切向阻力称为摩擦力。摩擦力的方向永远与物体运动的方向相反，其作用是阻止物体的相对运动。

2. 摩擦分类

在日常生活和生产活动中，存在着各种各样的摩擦现象，按其功能和作用方式、材质不同，可以有几种不同的分类方法。

按照摩擦表面的润滑状况，可将摩擦分为干摩擦、边界摩擦（边界润滑）、流体摩擦（流体润滑）和混合摩擦。

按照摩擦副的运动状态，可将摩擦分为静摩擦、动摩擦和冲击摩擦（或滚动）。

按照摩擦副的运动形式，可将摩擦分为滑动摩擦（如轴颈与轴瓦）、滚动摩擦（如滚动轴承）和转动摩擦（如涡轮钻具的橡胶止推轴承）。

按照摩擦副的材料，可将摩擦分为金属摩擦和非金属摩擦。

按照摩擦副的工作特性，可将摩擦分为减摩摩擦和增摩摩擦，前者的目的是减少功率损耗，提高机器的效率，而后者则是为了吸收动能以实现特定的工作要求（如刹车、摩擦焊等）。

以上各种分类，只限于发生在相对运动的两物体接触界面上的各种摩擦，这些摩擦统称为外摩擦。冲击、拉压、振动和扭曲等，使物体（包括固体、液体和气体）内部各部分物质之间发生相对运动，而引起内能消散的现象称为内摩擦。对于固体，内摩擦表现为迟滞或能量损失（如发热）；对于流体来说，内摩擦则表现为液体或气体的黏性。

3. 摩擦因数

当物体处于相对静止状态时，摩擦力随外力的增大而增大，此时的摩擦力称为静摩擦力，外力增大到使物体开始运动时的摩擦力称为最大静摩擦力。根据古典摩擦理论，摩擦力与作用在物体上的正压力成正比，即

$$F = fN \tag{5-1}$$

式中，F—— 摩擦力；

N—— 作用在物体上的正压力；

f—— 摩擦因数。

4. 影响摩擦因数的因素

摩擦因数是表征材料特性的重要参数，它与材料表面性质、介质或环境等因素有密切关系。所以，在给出一种材料的摩擦因数时，必须同时给出得出该数值的条件和所用的测试设备。

(1)表面氧化膜对摩擦因数的影响

具有表面氧化膜的摩擦副，摩擦主要发生在膜层内。表面氧化膜的塑性和强度比金属材料差，在摩擦过程中，一般是氧化膜先被破坏，摩擦表面不易发生黏着，从而使摩擦因数降低，磨损减少。表面氧化膜对摩擦因数的影响见表5-1。

表5-1　表面氧化膜对摩擦因数的影响

摩擦副材料	摩擦因数 f		
	真空中加热	大气中清洁表面	氧化膜
钢-钢	黏着	0.78	0.27
铜-铜	黏着	1.21	0.76

在摩擦表面涂覆软金属能有效地降低摩擦因数，其中以镉对摩擦因数的影响最为明显，但镉与基体金属的结合力较弱，容易在摩擦时被擦掉。

纯净金属材料的摩擦副，由于不存在表面氧化膜，因此摩擦因数较高，见表5-2。

表5-2　实验室条件下纯净金属的摩擦因数

平板材料		钢	铜	平板材料		镍	平板材料		锡	铅
载荷 N	凸角材料	摩擦因数 f		载荷 N	凸角材料	摩擦因数 f	载荷 N	凸角材料	摩擦因数 f	
2.20	Pb	1.0	0.50	1.40	Pb	0.68	0.40	Pb	1.00	1.35
21.40		0.78	0.36	11.40		0.39	10.40		1.14	1.34
2.40	Sn	0.66	0.41	1.40	Sn	0.68	0.40	Sn	0.90	0.48
21.40		0.56	0.35	11.40		0.44	10.40		0.83	0.51
2.40	Bi	0.62	0.50	1.40	Bi	0.39	1.40	Bi	0.60	0.60
21.40		0.44	0.34	11.40		0.26	10.40		0.54	1.00

续表

平板材料		钢	铜	平板材料		镍	平板材料		锡	铅
载荷 N	凸角材料	摩擦因数 f		载荷 N	凸角材料	摩擦因数 f	载荷 N	凸角材料	摩擦因数 f	
2.40	Al	0.71	0.40	1.40	Al	0.51	1.40	Al	0.91	1.00
21.40		0.45	0.25	11.40		0.26	10.40		0.68	1.00
2.40	Cu	0.37	1.20	1.40	Cu	0.49	1.40	Cu	1.00	1.00
21.40		0.31	1.46	11.40		0.27	10.40		0.84	1.14
2.40	Zn	0.41	0.35	1.40	Zn	—	1.40	Zn	0.91	0.83
21.40		0.30	0.34	11.40		—	10.40		0.69	1.10
2.40	钢	0.53	0.23	1.40	钢	0.50	1.40	钢	0.83	1.38
21.40		0.82	0.17	11.40		0.39	10.40		0.60	0.57

注：表中数值是以三球状凸角沿平板滑动的试验方法得出的。

(2)材料性质对摩擦因数的影响

分子或原子结构相同或相近的两种材料互溶性大，反之，分子或原子结构差别大则互溶性小。互溶性较大的材料组成的摩擦副，易发生黏着，摩擦因数大；互溶性较小的材料组成摩擦副，不易发生黏着，摩擦因数比较小。

(3)载荷对摩擦因数的影响

弹性接触时，实际接触面积与载荷有关，摩擦因数将随载荷的增加而越过一极大值。当载荷足够大时，实际接触面积变化很小，从而使摩擦因数趋于稳定。载荷对摩擦因数的影响如图5-1所示。在黏滑试验机上进行试验，试验条件为室温、速度为5 cm/s。

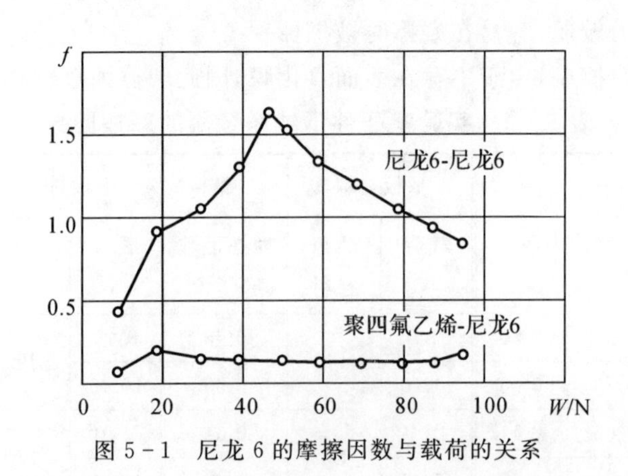

图5-1　尼龙6的摩擦因数与载荷的关系

在弹塑性接触情况下，摩擦因数亦随载荷的增大而增大，越过一极大值后又随载荷的增加而减小，见表5-3。

表 5-3　酚醛塑料(A-1)的摩擦因数与载荷的关系

试验条件		不同时间 min 下的摩擦因数 f					
转速/($r \cdot min^{-1}$)	载荷/N	5	10	15	20	25	30
800	37.34	0.06	0.06	0.06	0.06	0.04	0.04
800	133.48	0.11	0.11	0.07	0.07	0.05	0.05
800	222.46	0.03	0.03	0.02	0.02	0.02	0.02
800	311.44	0.04	0.04	0.03	0.03	0.02	0.02

注：试验是在室温、水润滑条件下，在环—块式试验机上进行的。

(4)滑动速度对摩擦因数的影响

一般情况下，摩擦因数随滑动速度的增加而升高，但越过一极大值后，又随滑动速度的增加而减少。克拉盖尔斯基对各种材料在 0.004～25 m/s 的速度范围，0.8×10^3～166.6×10^3 Pa 压力范围内的摩擦因数进行试验研究后得出结论：①速度增大时摩擦因数得到一个最大值；②压力增大时，该最大值对应较小的速度值，并得出表示摩擦力与速度的关系式为

$$F=(a+bv)e^{-cv}+d \tag{5-2}$$

式中，　F—— 摩擦力；

v—— 滑动速度；

a,b,c,d—— 系数。

根据上述各系数的值得到如图 5-2 所示的曲线，该曲线是在铸铁轧制铅材时，按功率消耗值间接得出的，轧制时的压缩率为 50%。

滑动速度对摩擦因数的影响主要是使温度发生变化。滑动速度引起的发热和温度变化改变了摩擦表面层的性质和接触状况，从而使摩擦因数发生变化。对温度不敏感的材料(如石墨)，摩擦因数几乎与滑动速度无关。

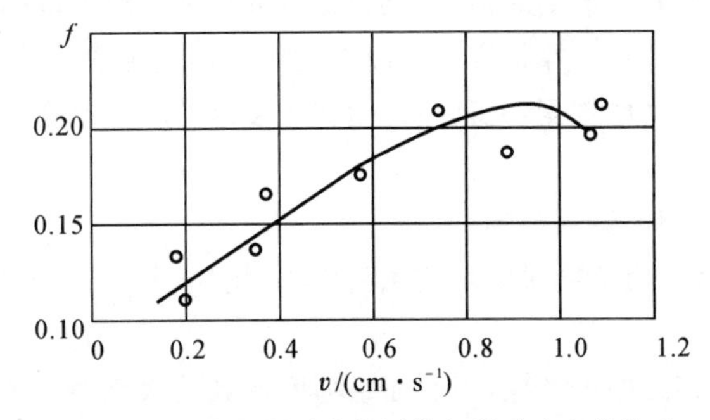

图 5-2　轧制铅材时摩擦因数与滑动速度的关系

(5)温度对摩擦因数的影响

摩擦副相互滑动时，温度的变化使表面材料的性质发生改变，从而影响摩擦因数，摩擦因

数随摩擦副工作条件的不同而变化，具体情况需用试验方法测定。

1)大多数金属摩擦副的摩擦因数均随温度的升高而减小，极少数(如金-金)金属摩擦副的摩擦因数随温度的升高而增大。在压力加大情况下，摩擦因数随温度的升高越过一极大值，如轧制铜材时，摩擦因数的极大值出现在 600～800℃；当温度继续升高时，摩擦因数下降，如图 5-3 所示(图中的曲线是以钳夹紧法测得的)。

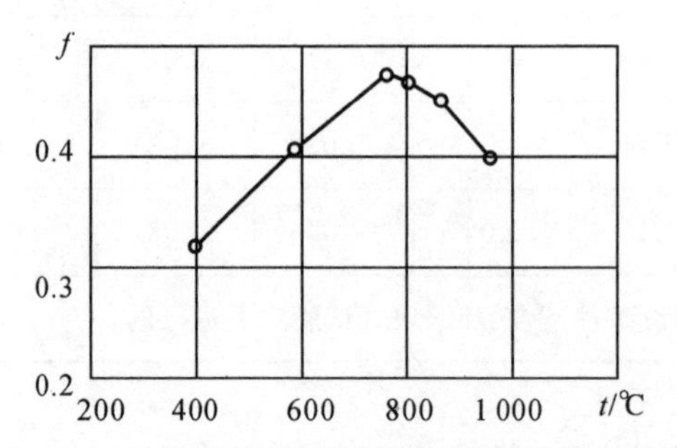

图 5-3　轧制铜材时摩擦因数随温度变化的规律

2)使用散热性较差的材料(如工程塑料)时，当表面温度达到一定值，材料表面(特别是含有机聚合物的热塑性塑料)将被熔化。所以，一般工程塑料都只能在一定的温度范围内使用，否则，摩擦副材料将丧失工作能力。如图 5-4 所示，图中曲线的摩擦副材料是尼龙 6 与钢，用电热方法加温，在高温三号试验机上测得载荷为 200 N，滑动速度为 1 cm/s。

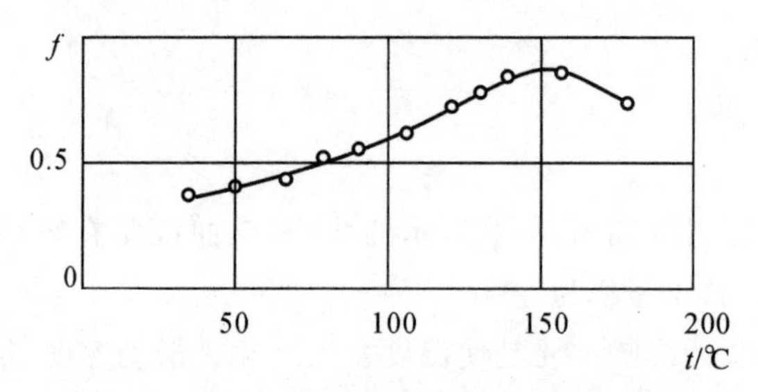

图 5-4　尼龙 6 的摩擦因数随温度的变化情况

3)对于金属与复合材料组成的摩擦副，其摩擦因数在某一温度范围内受温度的影响较小，但是，当温度超过某一极限值时，摩擦因数将随温度的升高而显著下降，通常把这种现象称为材料的热衰退性。对于制动摩擦副，尤其应控制在热衰退的临界温度以下工作，以保证其具有足够的制动能力。

(6)表面粗糙度对摩擦因数的影响

塑性接触时，由于表面粗糙度对实际接触面积的影响不大，可认为摩擦因数不受表面粗糙度影响，保持为一定值。

对于弹性或弹塑性接触的干摩擦，当表面粗糙度达到使表面分子吸引力有效发生作用时(如超精加工表面)，机械啮合的摩擦理论就不适用了。表面粗糙度越低，实际接触面积就越大，摩擦因数也就越大，如图 5-5 所示，钢和尼龙的粗糙度均用打磨表面所用砂纸的规格来表示。图 5-5 中的数据是在高温三号试验机上测得的，滑动速度为 $v=10$ cm/s。

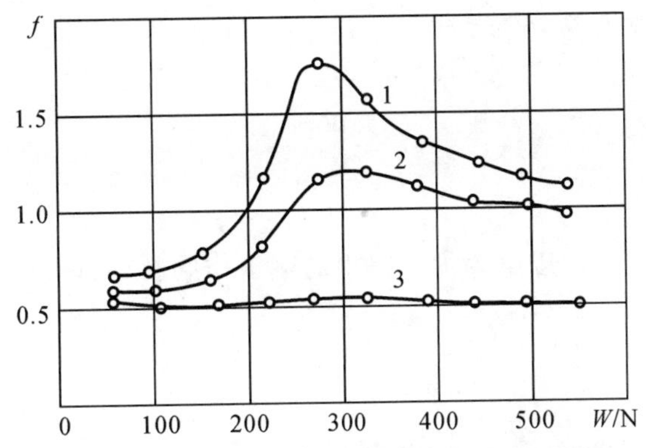

图5-5　钢与尼龙摩擦时，表面粗糙度对摩擦因数的影响

1—尼龙600/钢60；2—尼龙600/钢40；3—尼龙600/钢20

5.1.2　磨损的概念

相互接触并做相对运动的物体，机械、物理和化学作用造成物体表面材料发生位移及分离，使物体表面形状、尺寸、组织及性能发生变化的过程称为磨损。

为了评价磨损的严重程度，一般用以下特征量表征磨损程度：磨损量（线性磨损量）U、磨损速率 W_t 和磨损强度 W_s，后两者统称为磨损率。

1. 磨损量 U

磨损量是指沿摩擦表面垂直方向测量的表面尺寸变化量，一般称为线磨损量，记为 U_e，一般以 μm 为单位。如果强调磨损的体积，则称为体积磨损量，记为 U_V，一般以 μm^3 为单位。显然，磨损量只是某一摩擦表面的磨损程度的绝对量。但是，即使该表面的磨损量 U_1 大于另一表面的磨损量 U_2，也不能说明两表面哪一个磨损程度更严重。这是因为没有一个相对比较量。

2. 磨损速率 W_t

磨损量大小与产生该磨损量的时间 t 之比，

$$W_t = \mathrm{d}U/\mathrm{d}t, \ \mu\mathrm{m/h} \tag{5-3}$$

3. 磨损强度 W_s

磨损量大小与产生该磨损量的相应摩擦路程 s 之比，

$$W_s = \mathrm{d}U/\mathrm{d}s \tag{5-4}$$

显然，W_t 或 W_s 均可表示各比较摩擦面的磨损程度，W_t 或 W_s 值大，表示其磨损程度严重。

4. 耐磨性

磨损率与耐磨性正好是相反的概念，即磨损率高，则耐磨性比较差。耐磨性的量度用磨阻 W_r 来表示。

$$W_r = \frac{1}{W_t} \quad 或 \quad W_r = \frac{1}{W_s} \tag{5-5}$$

5. 相对磨损率 ε_W 与相对耐磨性 ε

ε_W 与 ε 互为倒数，即

$$\varepsilon_W = \frac{W_{rS}}{W_{rB}} = \frac{1}{\varepsilon} \tag{5-6}$$

式中，W_{rS}—— 试件的磨阻；

W_{rB}—— 标准磨阻，即以电解加工得出的刚玉作磨料(其硬度为 HB229)，以巴氏合金为试件而得到磨阻。

5.1.3 磨损过程

在一般的机械零件摩擦副中，正常的零件磨损过程大致可分成三个阶段，如图5-6所示。

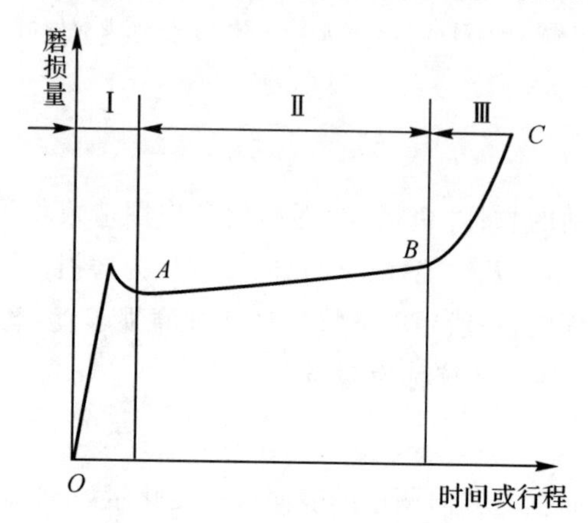

图 5-6 摩擦副正常磨损过程

Ⅰ— 磨合阶段；Ⅱ— 正常磨损阶段；Ⅲ— 严重磨损阶段

1. 磨合阶段(Ⅰ 区，$O \sim A$)

当外部参数(载荷、速度、介质) 不变时，在这个阶段，由于新的摩擦副表面具有一定的粗糙度，因此两个接触面之间的真实接触面积很小。开始摩擦时，在载荷作用下会产生比较快速的磨损，经过一段时间的磨合阶段，表面逐渐磨平，真实接触面积逐渐增大，磨损速度减慢，逐渐过渡到正常稳定的磨损阶段。它通常使摩擦、磨损、温度达到最小值而形成再生的粗糙度。磨合阶段的磨粒相对较大。

2. 正常磨损阶段(Ⅱ 区，$A \sim B$)

这一阶段属于机器正常的稳定磨损过程，这时的磨损率比较稳定(因为表面粗糙度降低)。为了保证获得较高的零件使用寿命，应当采取各种措施，尽可能使该阶段的零件磨损量最小，并延长其正常的运转周期。

3. 严重磨损阶段(Ⅲ 区，$B \sim C$)

正常磨损达到一定时期，或者由于偶然的外来因素(磨料进入、载荷突然变化、咬死等) 影响，零件尺寸发生较大变化，产生严重塑性变形以及材料表面质量发生恶化等，使得短时期内摩擦因数和磨损率大大增高，或特有噪声发热等，使零件很快失效或破坏。

机器运转时，任何零件在接触状态下发生相对运动(滑动、滚动或滑动加滚动)，都会产生

摩擦,而磨损是摩擦的结果。如果零件表面受到了损伤,轻者使受损零件部分失去了其应有的功能,重者会完全丧失其适用性,如齿轮表面、轴承表面、机床导轨等。可见,磨损是降低机器和工具的效率、准确度甚至使其报废的一个重要原因。因此,分析磨损及其表面损伤的规律和原因,对提高零件耐磨性、延长零件寿命具有重要的意义。

零件在使用过程中发生磨损是在所难免的,在整部机器使用寿命期间,如果零件表面磨损量没有超过允许值,则零件的表面设计(受力状态、表层组织、表面粗糙度、润滑等)是合理的,应尽可能避免超量的磨损,特别是不均匀磨损。

5.1.4 磨损失效

机械零件因磨损导致尺寸减小和表面状态改变,并最终丧失其功能的现象称为磨损失效。磨损失效是个逐步发展、渐变的过程,不像断裂失效那样突然。磨损失效过程短则几小时,长则几年。有时磨损会造成零件的断裂失效。在腐蚀介质中,磨损也会加速腐蚀过程。

磨损是否构成零件的失效,主要看磨损是否已危及该零件的工作能力。尽管缺少通用的标准,但对于某一零件,在具体的工况条件下,可以制订相应的失效标准。例如,一个柱塞式液压阀的精密配合阀柱,即使发生轻微磨损也会引起严重事故,而重载大模数($m_n \geqslant 20$)齿轮即使磨去 1 ~ 2 mm 还照常可以工作。

磨损失效是机械设备和零部件的三种主要失效形式(磨损、腐蚀和断裂)之一,其危害是十分严重的。磨损不仅会造成巨大的经济损失,还会导致零件断裂或其他事故,甚至造成重大的人身伤亡事故。美国曾有统计,每年因磨损造成的经济损失占其国民生产总值的 4%。

5.2 磨损失效的基本形式

磨损是一个复杂的动态过程,因此,零件表面的磨损就不只是简单的力学过程,而是极为复杂的综合的物理、力学和化学过程。每一起磨损都可能存在性质不同、互不相关的机理,涉及的接触表面、环境介质、相对运动特性、载荷特性等也不相同,从而造成分类上的交叉现象,至今没有形成统一的分类方法。目前,较通用的分类方法是按照磨损的破坏机理来分类,将磨损失效分为磨料磨损、黏着磨损、疲劳磨损、冲蚀磨损、腐蚀磨损以及微动磨损等几种基本类型。

5.2.1 磨料磨损

1. 磨料磨损的定义

由外部进入摩擦面间的硬颗粒或突出物在较软材料的表面上犁刨出很多沟纹,产生材料的迁移而造成的磨损现象称为磨料磨损。磨料磨损也称磨粒磨损或研磨磨损。它是一个表面同其匹配表面上的坚硬微凸体接触,或与相对于一对磨损表面运动的硬粒子接触而造成的材料损失或转移。硬颗粒或凸出物一般为非金属材料,如石英砂、矿石等,也可能是金属(如落入齿轮间的金属屑等)。磨粒或凸出物小至微米级尺寸的粒子,大至矿石,甚至更大的物体。

磨料磨损可以发生于干态,例如,丧失润滑剂的开式齿轮由外界硬粒子侵入导致的磨料磨损。磨料磨损也可以发生于湿态,例如,抽吸含砂粒河水的水泵套筒,其工作表面经一定时期磨料磨损而丧失密封性能,从而导致水泵失效。磨料磨损最显著的特征是接触面上有明显的磨削痕迹，磨料颗粒作用在材料表面，颗粒上所承受的载荷分为切向分力和法向分力。在法向分力作用下，磨粒刺入材料表面；在切向分力的作用下，磨粒沿平面向前滑动，带有锐利棱角和合适攻角的磨粒对材料表面进行切削，如图 5-7(a)(b)所示。如果磨粒棱角不锐利，或者没有合适的攻角，材料便发生犁沟变形，磨粒一边向前推挤材料，一边将材料犁向沟槽两侧，如图 5-7(c)所示。在切削的情况下，材料就像被车刀车削一样从磨粒前方被去除，在磨损表面留下明显的切痕，在磨屑的切削面上也留有切痕，而磨屑的背面则有明显的剪切皱褶，如图 5-7(d)所示。

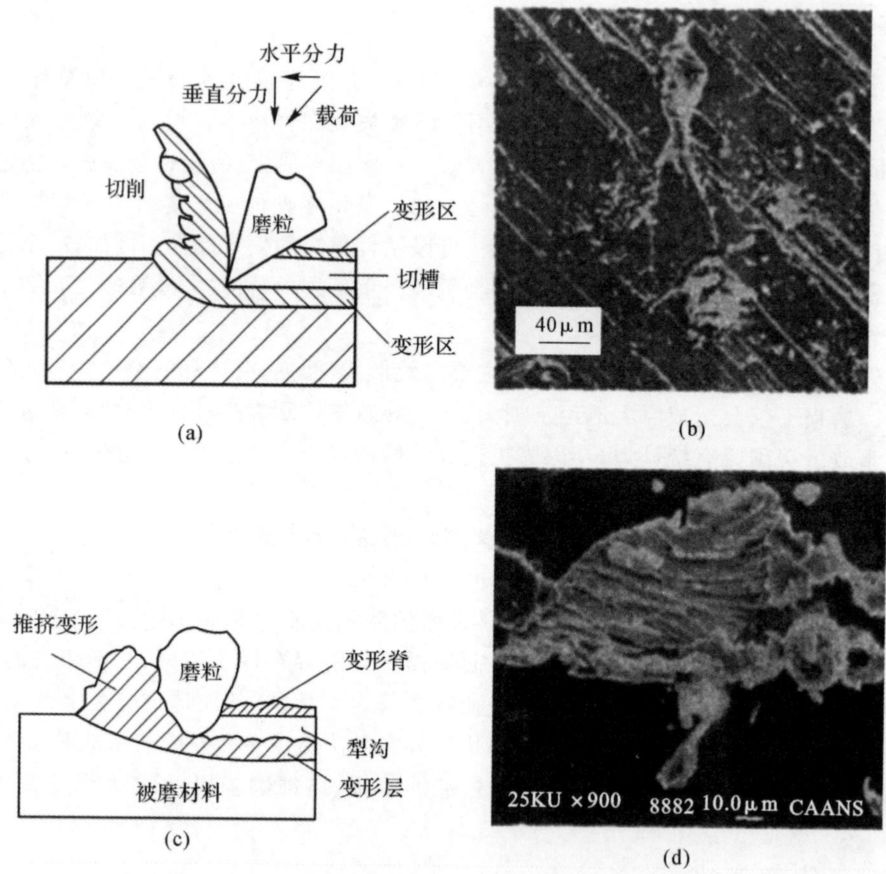

图 5-7 磨料颗粒作用磨损表面示意图和磨损形貌

(a)锐利棱角磨粒的犁削；(b)材料表面切削形貌；(c)棱角不锐利磨粒的切削；(d)磨屑表面形貌

2. 磨料磨损的分类

(1)按力的作用特点分类

按力的作用特点，可将磨料磨损分为划伤式磨损、碾碎式磨损和凿削式磨损三类。

划伤式磨损属于低应力磨损。低应力是指磨料与零件表面之间的作用力小于磨料本身的压溃强度。划伤式磨损只在材料表面产生微小的划痕(擦伤)，既不使磨料破碎，又能使材料不断流失，宏观观察零件表面仍比较光亮，高倍放大镜下观察可见微细的磨沟或微坑一类的损伤。典型零件如农机具的磨损，洗煤设备的磨损，运输过程的溜槽、料仓、漏斗、料车的磨损，等等。

碾碎式磨损是高应力磨损。当磨料与零件表面之间的接触压应力大于磨料的压溃强度时，磨粒被压碎，一般情况下，金属材料表面被拉伤，韧性材料产生塑性变形或疲劳，脆性材料则发生碎裂或剥落。该类磨损的磨粒在压碎之前，几乎没有滚动和切削，对被磨表面的主要作用是由接触处的集中压应力造成的。对塑性材料而言就像打硬度一样，磨料使材料表面发生塑性变形，许许多多"压头"作用于材料表面，使之发生不定向流动，最后由于疲劳而破坏。对于脆硬材料，几乎不发生塑性流动，磨损主要是脆性破裂。典型零件是球磨机的磨球与衬板及滚式破碎机中的辊轮等。碾碎式磨损示意图如图5-8所示。

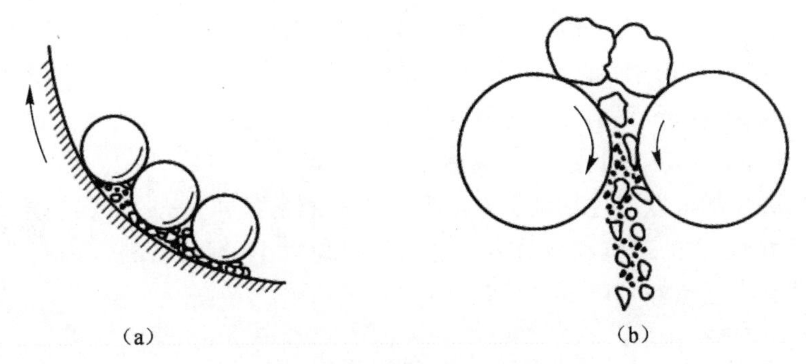

图5-8　碾碎式磨损示意图

(a)球磨和棒磨；(b)辊式破碎

凿削式磨损的产生主要是由于磨料中包含大块磨粒，且具有尖锐棱角，对零件表面进行冲击式的高应力作用，使零件表面撕裂出很大的颗粒或碎块，或表面形成较深的犁沟或深坑。这种磨损常在运输或破碎大块磨料时发生。典型实例如颚式破碎机的齿板、辗辊等。凿削式磨损示意图如图5-9所示。

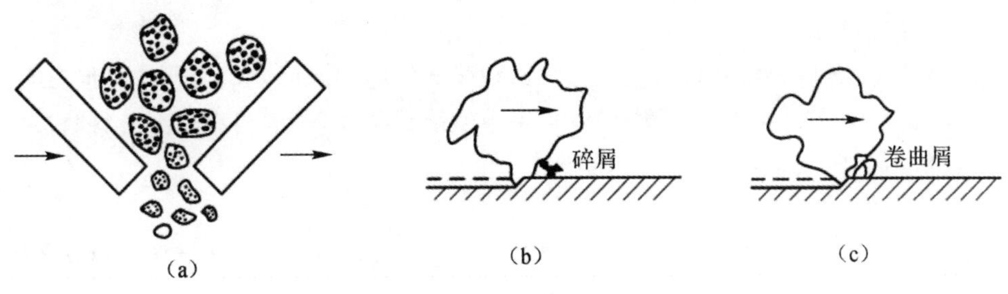

图5-9　凿削式磨损示意图

(a)颗粒；(b)碎屑；(c)卷曲屑

(2)按金属与磨料的相对硬度分类

按金属与磨料的相对硬度，可将磨料磨损分为硬磨料磨损和软磨料磨损。如果金属的硬度 H_m 与磨料的硬度 H_a 之比小于0.8，属硬磨料磨损；如果二者的比值大于0.8，则属软磨料磨损。

(3)按磨损表面数量分类

按磨损表面数量，可将磨料磨损分为三体磨损和二体磨损。当硬颗粒在两摩擦表面之间移动时，称为三体磨损，如矿石在破碎机定、动齿板之间的磨损；当硬颗粒料沿固体表面相对运动，作用于被磨零件表面时称为二体磨损。

(4)按相对运动分类

按相对运动,可将磨料磨损分为固定磨料磨损和自由磨料磨损。砂纸、砂布、砂轮、锉刀及含有硬质点的轴承合金与材料对磨时发生的磨损,均属于固定磨料磨损;砂子、灰尘等散装硬质材料与金属对磨时的磨损则属于自由磨料磨损。

3. 磨料磨损的机理

磨料磨损的机理迄今尚未完全清楚,有一些争论,主要理论如下。

(1)微观切削磨损机理

磨粒在材料表面的作用力可以分解为法向分力和切向分力。法向分力使磨粒刺入材料,切向分力使磨粒沿平行于表面的方向滑动。如果磨粒棱角尖锐,角度合适,就可以对表面切削,形成切削屑,并在表面留下犁沟。这种切削的宽度和深度都很小,切屑也很小,但在显微镜下观察,切屑仍具有机床切屑的特点,所以称为微观切削。

并非所有的磨粒都可以产生切削。有的磨粒无锐利的棱角;有的磨粒棱角的棱边不是对着零件表面运动方向;有的磨粒和被磨表面之间的夹角太小;有的材料表面塑性很高。因此,微观切削类型的磨损虽然经常可见,但切削的分量不多。

(2)多次塑变磨损机理

如果磨粒的棱角不适合切削,只能在被磨金属表面滑行,就会将金属推向磨粒运动的前方或两侧,产生堆积,这些堆积物没有脱离母体,但使表面产生很大的塑性变形,这种不产生切削的犁沟称犁皱。在受随后的磨粒作用时,可能把堆积物重新压平,也可能使已变形的沟底材料再次产生犁皱变形,如此反复塑变,导致产生加工硬化或其他强化作用,最终剥落成为磨屑。当不同硬度的钢遭受磨料磨损后,在表面可以观察到反复塑变和辗压后的层状折痕、台阶、压坑及二次裂纹。有时亚表层有硬化现象,磨屑呈块状或片状,这些现象与多次塑变磨损机理相吻合。

(3)疲劳磨损机理

该观点认为,磨料磨损是材料表层微观组织受磨料施加的反复应力所致。但有实验表明,疲劳极限与耐磨性之间的关系非常复杂,不是单值函数关系,这说明疲劳在磨料磨损中可能起一定作用,但不是唯一的机理。

(4)微观断裂磨损机理

对于脆性材料,在压痕试验中可以观察到材料表面压痕伴有明显的裂纹,裂纹从压痕的四角出发向材料内部伸展,裂纹平面垂直于表面,呈辐射状态,压痕附近还有另一类横向的无出口裂纹,断裂韧性低的材料裂纹较长。根据这一实验现象,微观断裂磨损机理认为,脆性材料在发生磨料磨损时会使横向裂纹互相交叉或扩散到表面,造成材料剥落。

各种机理都可以解释部分磨损特征,但均不能解释所有磨料磨损现象,所以磨料磨损过程可能是这几种机理综合作用的反映,而以某一种机理为主。

4. 影响磨料磨损的因素

影响磨料磨损的因素非常复杂,且各因素之间相互作用。主要因素有材料的硬度和磨料的特性。

(1)磨料磨损与硬度

在多数情况下,材料的硬度越高,耐磨性越好。例如,钢中含碳量及碳化物硬度提高使相对耐磨性明显提高，碳化物生成元素的含量越多，其相对耐磨性越高，如图 5－10 所示。

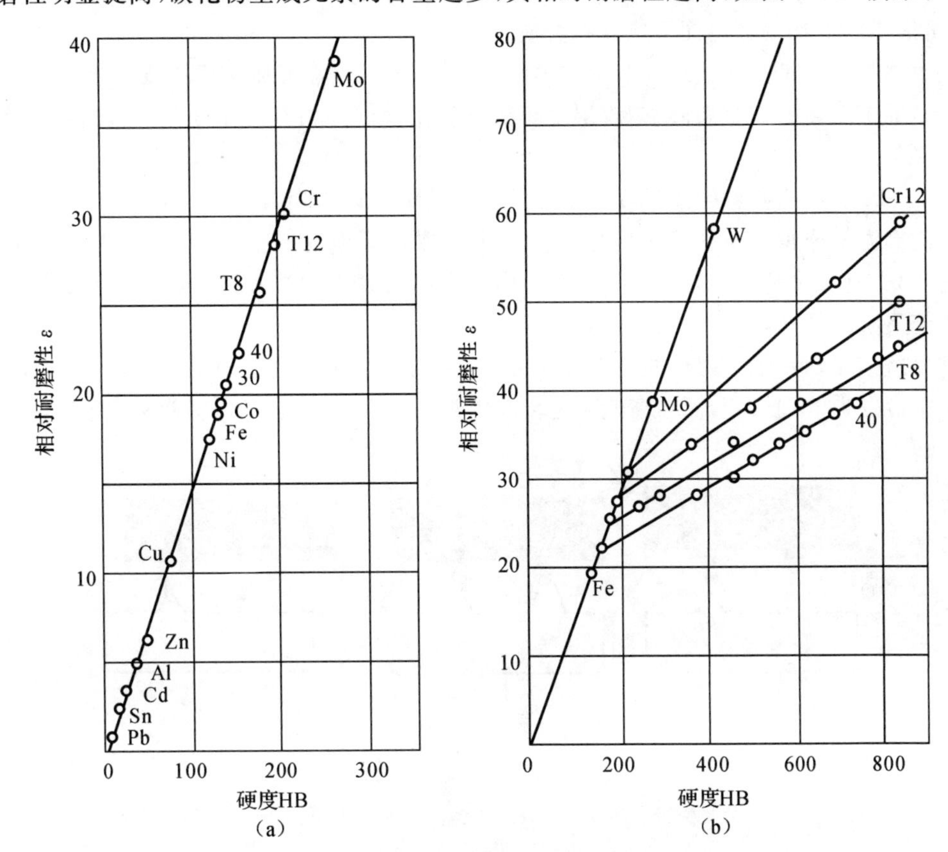

图 5－10　材料硬度与磨料磨损相对耐磨性 ε 的关系

(a)工业纯金属及退火钢；(b)热处理淬灭后退火结构钢与工具钢

此外，磨粒硬度的增大也会使磨损量加大。研究表明，磨料磨损不仅取决于材料的硬度 H_m，更主要是取决于材料的硬度 H_m 与磨粒硬度 H_a 的比值，当 H_m/H_a 超过一定值后，磨损量会迅速降低。

(2)磨粒尺寸与几何形状

一般情况下，磨损量随磨粒平均尺寸的增加而增大。磨粒尺寸存在一个临界值，当磨粒尺寸处于临界值以下时，体积磨损量随磨粒尺寸的增大而按比例增加；当磨粒尺寸超过临界尺寸时，磨损体积增加的幅度明显降低。

磨粒的几何形状对磨损率也有较大的影响，特别是磨粒的角度尖锐时更为明显。

此外，载荷大小、润滑条件、材料的显微组织、滑动速度以及加工硬化等均影响磨损过程。

5.2.2　黏着磨损

1. 黏着磨损的定义

相对运动物体的真实接触面上发生固相黏着，使材料从一个表面转移到另一表面的现象，称为黏着磨损，也称为擦伤、磨伤、胶合、咬住、结疤磨损或摩擦磨损。

两个金属表面的微凸体(Asperities)，在局部高压下产生局部黏结，随后相互滑动而使黏结处撕裂，这就是黏着磨损。被撕下的金属微粒，可能是由较软的表面撕下又黏到某一表面上，也可能是撕下作为磨料而造成磨料磨损。

黏着磨损的特征是磨损表面有细的划痕，沿滑动方向可能形成交替的裂口、凹穴。最显著的特征是摩擦副之间有金属转移，表层金相组织和化学成分均有明显变化。磨损产物多为片状或小颗粒。

图 5-11 所示为黏着磨损过程的示意图。从图中可以看出，黏着磨损的典型特征是接触点局部的高温使摩擦副材料发生相互转移。因此，黏着磨损是一种严重的磨损形式，有时可使摩擦副咬死。比如，某型柱塞泵在一个多月内发生四次摩擦副被咬死，导致发动机供油中断，而造成起飞阶段停车，直接危及飞行安全。

黏着磨损在轴承轴颈部件润滑失效时可发生擦伤甚至咬死等损伤；在低速（$v \leqslant 4$ m/s）重载齿轮中可发生“冷胶合”，而在高速齿轮传动中常易发生“热胶合”，即通常称为胶合。

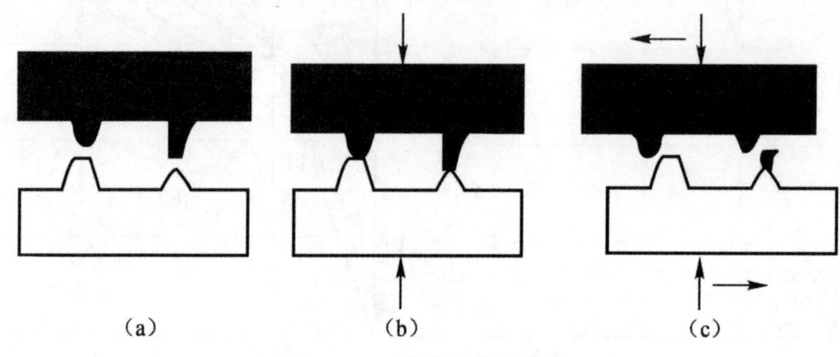

图 5-11　黏着磨损示意图

(a)两滑动表面的微观形貌；(b)局部接触点的冷焊；(c)金属从一个表面转移到另一个表面

2. 黏着磨损的分类

相对运动的接触表面发生黏着以后，如果表面接触处在切应力作用下发生断裂，则只造成极微小的磨损。如果黏合强度很高，切应力不能克服黏合力，则视黏合强度、金属本体强度与切应力三者之间的不同关系，会出现不同的破坏现象，据此可以把黏着磨损分为如下几种类型。

(1)涂抹

剪切破坏发生在离黏着结合面不远的较软金属层内，软金属涂抹在硬金属表面上。其破坏原因在于较软金属的剪切强度小于黏着结合强度，也小于外加的切应力。

(2)擦伤

软金属表面有细而浅的划痕；剪切发生在较软金属的亚表层内；有时硬金属表面也有划伤。其损坏原因在于两基体金属的剪切强度都低于黏着结合强度和切应力，转移到硬面上的黏着物质又擦伤软金属表面。

(3)撕脱

剪切破坏发生在摩擦副一方或两金属较深处，有较深划痕。它与擦伤原因基本相同，黏着结合强度比两基体金属的剪切强度高得多。

(4)咬死

摩擦副之间咬死，不能发生相对运动，原因在于黏着结合强度比两基体金属的剪切强度高很多，而且黏着区域大，切应力低于黏着结合强度。

3. 黏着磨损的机理

已有实验证明，当两块新鲜纯净的金属接触后再分离，可以检测出金属从一个表面转移到另一表面，这是原子间键合作用的结果。在空气中的机械零件之间相对运动，当接触载荷较小时，零件表面的氧化膜可以起到防止纯金属新鲜表面黏着的作用。

宏观上平滑的两个表面接触，在微观上只在高的微凸体上发生接触，实际的接触面积远远小于名义接触面积。如果接触载荷较大，实际接触的微凸体间摩擦温度很高，可以使润滑油烧干，摩擦也可以使氧化膜破裂，显露出新鲜的金属表面。尽管在 10^{-8} s 的时间间隔内，98%以上的新鲜表面就可以吸附氧而重新生成氧化膜，但在运动副中，微凸体表面氧化膜的破裂和金属的塑性流动几乎同时发生，纯金属间接触的机会总是存在，纯金属间的黏着就不可避免。接触微凸体形成黏结后，在随后的滑动中黏结点被破坏，又有一些接触微凸体发生黏着，如此黏着、破坏、再黏着、再破坏的循环过程就构成黏着磨损。

4. 影响黏着磨损的因素

影响黏着磨损的因素有材料的特性和工作环境，包括接触压力与滑动速度、摩擦偶件的表面粗糙度、摩擦表面的温度以及润滑状态等。

(1)材料特性

1)密排六方结构的材料黏着倾向小，面心立方结构的金属黏着倾向大。

2)细晶粒抗黏着性优于粗晶粒；多相金属比单相金属黏着倾向小；混合物合金比固溶体合金黏着倾向小；片状珠光体组织的抗黏着性优于粒状珠光体组织；在同样硬度下，贝氏体的抗黏着性优于马氏体。概括起来，金属组织的连续性和性能的均一性不利于抗黏着磨损。

3)互溶性大的材料(包括相同金属或相同晶格类型的金属及有相近的晶格间距、电子密度、电化学性能的金属)所组成的摩擦副黏着倾向大，例如，铁与周期表中的 A 族元素；互溶性小的材料，如异种金属或晶格结构不相近的金属以及非金属(塑料、石墨等)组成的摩擦副黏着倾向小，例如，铁与 B 族元素，见表 5-4。

表 5-4　纯金属与钢铁摩擦副的黏着磨损性能

金　属	与 Fe 的互溶性/(%)	与钢的抗黏着性	与钢的摩擦因数 f (荷重 2 665 N)	与钢的抗擦伤性
Be	>0.05	差	0.43	差
C	1.7	良	0.45	良
Mg	0.026	可	0.63，0.46 0.35，0.32①	优
Al②	0.03	可	0.82，0.81	良
Si②	(4～5)③	差	0.58	差
Ca	不溶	差	0.67	良
Ti	6.5	差	0.69	可
Cr	100	差	0.33	差

续 表

金 属	与 Fe 的互溶性/(%)	与钢的抗黏着性	与钢的摩擦因数 f (荷重 2 665 N)	与钢的抗擦伤性
Fe	100	差	0.47,0.56	可
Co	100	差	0.46,0.48	差
Ni	100	差	0.56,0.69	差
Cu	4	良或可	0.40	良
Zn②	0.000 9～0.002 8	可	0.30	良
Ge②	化合物	优	0.66	差
Se	化合物	良	0.43	优
Zr	—	差	0.55	良
Nb	12	差	0.55,0.58	可
Mo	34	差	0.46,0.47	差
Rh	100	差	0.54	差
Pd	100	差	0.55	良
Ag②	0.000 4～0.000 6	优	0.31,0.33	优
Cd②	0.000 2～0.000 4	优或良	0.67	良
In②	不溶	优	1.28,1.38	良
Sn②	化合物	优	0.28,1.30	优
Sb②	化合物	优	0.25,0.27	优
Te②	化合物	良	0.31,0.39	优
Ba	不溶	可	0.89	良
Ce	不溶	差	0.50	良
Ta	7	差	0.58	可
W	32.5	可	0.47	差
Iz	37.8	差	0.51	差
Pt	100	差	0.52,0.60	良
Au②	34	差	0.54	优
Tl②	不溶	优	0.68	良
Pb	不溶	优	0.62,0.82 0.50,0.53①	优

注：① 为动摩擦因数，未标明者为静摩擦因数。

② 为周期表中的 B 族元素。

③ 为推定值。

4)硬度的影响比较复杂。理想的抗黏着磨损的材料，表层(Ⅰ)应软些，亚表层(Ⅱ)要硬，下面应有一层平缓过渡区(Ⅲ)，如图5-12所示，即希望最表层有良好的润滑性，亚表层有良好的支撑作用和高的屈服强度，平缓过渡区可防止层状剥落的发生。

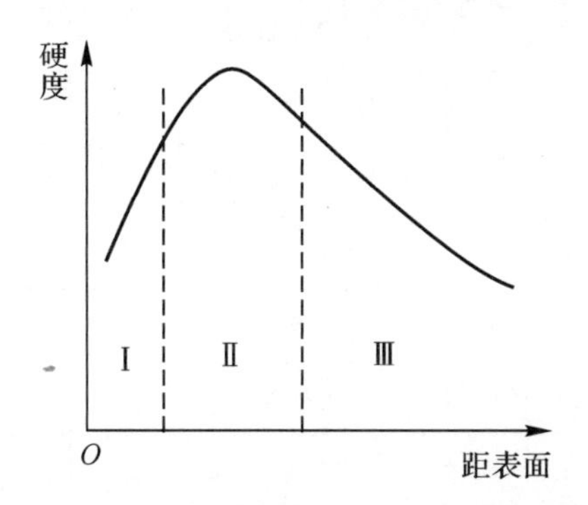

图5-12　理想抗黏着磨损的材料表面硬度

(2)工作环境

相对运动速度一定时，黏着磨损量随法向力的增大而增加，并且当接触应力增大到某一临界值后剧增。例如，对于钢材，当接触压应力超过材料硬度的1/3时，黏着磨损量急增，严重时会发生咬死，如图5-13所示。图中，K 为磨损系数，它与摩擦状态、介质等因素有关，见表5-5，K/HB实际为一定载荷下的磨损量。不同材料产生黏着磨损临界载荷值见表5-6。

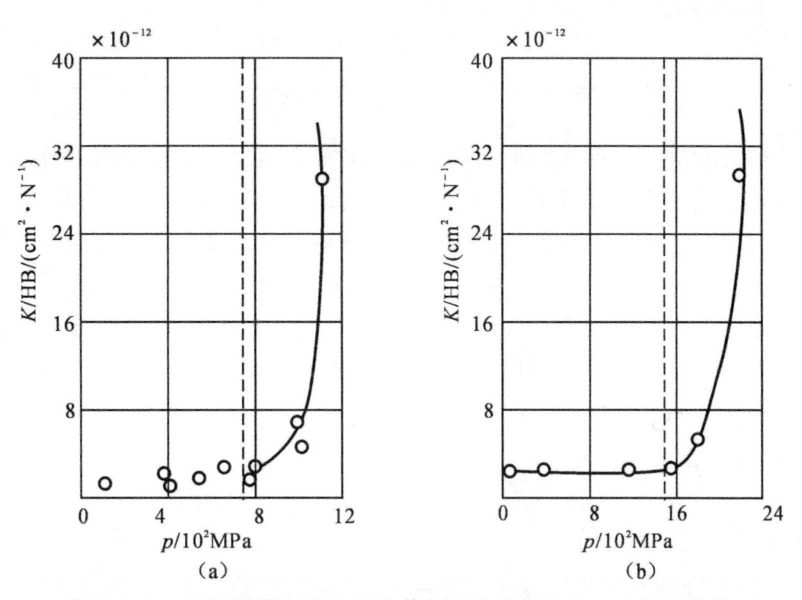

图5-13　不同硬度钢的 K/HB值与平均接触压力 p 之间的关系

(a)软钢HB223；(b)硬钢HB430

表 5-5　介质为空气的磨损系数 K 值

摩擦条件	摩擦副材料	K
室温清洁表面	铜对铜	10^{-2}
	低碳钢对低碳钢	10^{-2}
	不锈钢对不锈钢	10^{-2}
	铜对低碳钢	10^{-3}
清洁表面	所有的金属	$10^{-3} \sim 10^{-4}$
润滑不良表面	所有的金属	$10^{-4} \sim 10^{-5}$
润滑良好表面	所有的金属	$10^{-6} \sim 10^{-7}$
磨粒磨损	钢	10^{-1}
	黄铜	10^{-2}
	各种金属	10^{-2}

表 5-6　不同材料产生黏着磨损的临界载荷值

摩擦副材料	临界载荷/MPa
A3 钢对青铜	170
A3 钢对 GCr15 钢	180
A3 钢对铸铁	467

滑动摩擦速度增加时，实际接触的微凸点会达到很高的温度。这对磨损有两方面的影响：一方面，温度升高会促进氧化膜的形成，从而使黏着倾向减轻；另一方面，温度升高，硬度下降，也可能加速摩擦副之间的原子扩散，导致黏着磨损倾向加剧。两者综合作用的结果是，当滑动速度较小时，真实接触点的温度不高，相对运动速度增加导致的轻微温升，有助于氧化，不会削弱表面强度，在达到某一临界速度前，温度上升有利于抗黏着磨损；超过临界速度后，不利于抗黏着磨损的影响占主导，使黏着磨损增加。另外，随滑动速度的增大，磨损机制可能发生变化，比如，由黏着磨损转变为氧化磨损。

5.2.3　疲劳磨损

1. *疲劳磨损的定义*

两个相互接触的物体发生相对滚动或滑动时，接触区受到循环应力的反复作用，当循环应力超过材料的疲劳强度时，在接触表面或表面下的某处形成疲劳裂纹，并引起裂纹的逐步扩展，造成表面层局部脱落的现象称为疲劳磨损。

磨料磨损是由于磨料与零件表面之间的相互作用而造成金属流失，黏着磨损是摩擦表面之间直接接触而发生金属流失，如果有润滑油将两表面隔开，能起到消除磨料颗粒的作用，则上述两类磨损可大大减少，但疲劳磨损不可避免。因此，疲劳磨损可以作为一种独立的磨损机制，但疲劳磨损又具有相当的普遍性，在其他磨损形式中（如磨料磨损、微动磨损和冲击磨损等）也都不同程度地存在着疲劳过程。只不过有些情况下它是主导机制，有些情况下是次要机制。

齿轮副、凸轮副、摩擦轮副、滚动轴承的滚动体与外座圈以及轮箍与钢轨等可能产生疲劳磨损。

滚动接触疲劳中的有效应力是滚动过程中方向反复变化的最大交变切应力。在纯滚动情况下，这个切应力出现在略低于表面的平面内，它能在材料中的亚表面引起疲劳裂纹。这类裂纹在重复载荷的作用下扩展，到达表面并造成小的点蚀坑。

兼有滚动与滑动时，摩擦所造成的切向力和热梯度能改变接触面中及接触面以下的应力值和分布状态。交变切应力值增大并通过滑动力的作用向更接近表面的方向移动。这样，只要轮齿在其齿节线附近承受很大的滑动作用，就能在表面材料中发现轮齿内产生的接触疲劳裂纹。这些裂纹以相对于表面十分尖锐的角度扩展，并通过二次裂纹同表面连通形成点蚀坑。

2. 疲劳磨损的特征

疲劳磨损最常发生在滚动接触的零件表面，如滚动轴承、齿轮、车轮和轧辊等，其典型特征是零件表面出现深浅不同、大小不一的痘斑状凹坑或较大面积的表面剥落，简称为点蚀及剥落。

点蚀裂纹一般从表面开始出现，向内倾斜扩展（与表面成 $10°\sim30°$角），最后二次裂纹折向表面，裂纹以上的材料折断脱落下来成为点蚀，因此，单个点蚀坑的表面形貌常表现为“扇形”。但点蚀充分发展后，多个点蚀坑叠加在一起，这种形貌特征就难以辨别了。

剥落的裂纹一般起源于亚表层内部较深处（可达几百微米）。研究表明，滚动疲劳磨损经历了两个阶段，即裂纹的萌生阶段和裂纹扩展至剥落阶段。纯滚动接触时，裂纹萌生于亚表层最大切应力处，裂纹扩展速度缓慢，因此，扩展阶段时间比裂纹萌生阶段长，断口颜色光亮。通过扫描电镜对剥落表面进行观察，可以看到剥落坑两端的韧窝断口及坑底部的疲劳条纹特征。滚动加滑动的疲劳磨损因存在切应力和压应力，易在表面产生微裂纹，其萌生阶段往往比扩展阶段时间长，断口较暗。

经过表面强化处理的零件，裂纹往往起源于表面硬化层的交界处，裂纹的发展一般为先平行于表面，待扩展一段时间后再垂直或倾斜向外发展。

3. 疲劳磨损的分类

疲劳磨损可具有各种形态。从损伤机理可分为裂纹起源于表面（点蚀）和裂纹起源于表层（剥落）两种形态，即表面点蚀疲劳与亚表面剥落。

(1)表面点蚀疲劳

裂纹萌生于表面，然后向前、向下并在亚表面内向前平行于表面扩展，最终出现 C 形坑，在 σ_H 高而且在出现点蚀破坏前循环次数 N 相当小（$N<10^7$）时出现，如图 5 - 14(a) 所示。如果 σ_H 较低，无力向水平方向扩展，则裂纹前沿很快返回表面，形成小而边缘尖锐的点蚀坑，常呈 V 形，如图 5 - 14(b) 所示 。

(2)亚表面剥落

裂纹在亚表面内（经常是在夹杂物处即高应力集中处）萌生，然后沿与表面平行方向扩展，最后亚表面主裂纹扩展而造成大面积剥落。对表面硬化的零件，当表面硬化深度不够或心部过软时，往往在表面与心部的分界面处发生开裂而掉下片状剥落片，称为亚表面疲劳或表层压碎(case crushing)。

从损伤发展趋势上讲，上述两种类型均属扩展性表面疲劳磨损。还有一种非扩展性表面疲劳磨损，它常发生于新摩擦表面上，早期点蚀经逐渐磨合、跑合自愈而不再扩展(非扩展性点蚀)，或呈浅层剥落的情况(对于渗碳硬化表面，一般剥落坑深≤0.4 mm 为浅层剥落)。

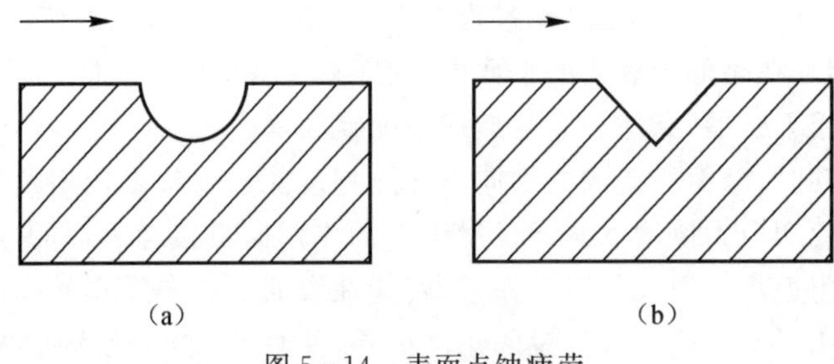

图 5-14　表面点蚀疲劳

(a)C 形坑；(b)V 形坑

4. 疲劳磨损的影响因素

疲劳磨损的影响因素很多，主要来自以下 4 个方面。

(1)材质

材料的纯度越高，寿命越长，钢中的非金属夹杂物，特别是脆性、带有棱角的氧化物、硅酸盐及其他各种复杂成分的点状、球状夹杂物会破坏基体的连续性，对疲劳磨损有严重的不良影响。

金属的组织结构对疲劳磨损影响也很大。有观点认为，增加残余奥氏体会提高耐疲劳磨损，因残余奥氏体可增大接触面积，使接触应力下降，且会发生变形强化和应变诱发马氏体相变，提高表面残余压应力，阻碍疲劳裂纹的萌生扩展。但对残余奥氏体的作用也有相反的观点。

加工硬化对疲劳磨损也有重要影响，硬度越高，裂纹越难形成。适当地进行表面硬化处理，对表面疲劳寿命的提高起着决定性作用。例如，对于渗碳钢，当表面渗层质量有保证，渗碳层深度合理地加厚，心部硬度也适当提高，硬、软过渡区硬度梯度较小，都十分有利于表面疲劳寿命的提高；对轴承钢，硬度以 HRC62 为宜，如图 5-15 所示；对于齿轮副，硬齿面的表面强度远大于软齿面，并且对软齿面大、小齿轮的硬度宜有硬度差 30～50。

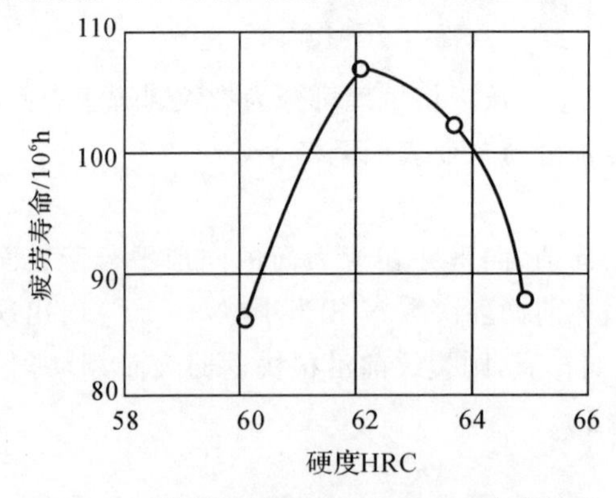

图 5-15　轴承钢材料硬度与疲劳寿命的关系

降低表面粗糙度可改善零件疲劳寿命，有效提高抗疲劳磨损的能力。表 5－7 为表面粗糙度在不同接触应力下与疲劳寿命的关系。

表 5－7　表面粗糙度在不同接触应力下与疲劳寿命的关系

编　号	接触应力/MPa	最终加工方法	平均寿命/h
1	5 140	磨削	0.45×10^7
2	4 160	磨削	0.78×10^7
3	3 700	磨削	1.25×10^7
4	5 140	抛光	0.40×10^7
5	4 160	抛光	2.02×10^7
6	3 700	抛光	5.20×10^7
7	4 160	超精研磨	1.63×10^7
8	3 700	超精研磨	4.18×10^7

一般情况下，表面硬度愈高，表面粗糙度值愈小，其疲劳寿命愈高，但达某一极限值后疲劳寿命提高甚微。例如，某一滚动轴承试验，其表面粗糙度值 Ra（轮廓基本平均偏差）由 0.4 降到 0.2 时，轴承寿命可提高 2～3 倍，由 0.2 降到 0.1 时，相应寿命可提高 1 倍，由 0.1 降到 0.05 时只能提高 0.4 倍，再降低 Ra 值则收效甚微，而相应成本则提高很多，有的甚至造成精加工的困难。

表层内一定深度的残余压应力可提高对接触疲劳磨损的抗力，表面渗碳、淬火、喷丸和滚压等处理都可使表面产生压应力。

(2)载荷

载荷是影响疲劳磨损寿命的主要原因之一。一般认为，球轴承的寿命与载荷的立方成反比，即：

$$NP^3 = \text{常数} \tag{5-7}$$

式中，N—— 球轴承的寿命，即循环次数；

P—— 外加载荷。

(3)润滑油膜厚度

润滑油黏度高且足够厚时，可使表面微凸体不发生接触，从而不容易产生接触疲劳磨损。由于接触表面压力很高，要选择在超高压下黏度高的润滑油。

(4)环境

周围环境，如空气中的水、海水中的盐、润滑油中有腐蚀性的添加剂等，对材料的疲劳磨损有不利的影响。

5.2.4　冲蚀磨损

1. 冲蚀磨损的定义

冲蚀磨损是指含粒子的流体或固体以松散的小颗粒形式按一定的速度和角度对材料表面

进行冲击所造成的磨损。冲蚀磨损颗粒的粒径一般小于 1 000 μm，冲击速度在 550 m/s 以内，超过这个范围出现的破坏通常称为外来物损伤，不属于冲蚀磨损。造成冲蚀的粒子通常都比被冲蚀的材料硬度高，但流动速度高时，软粒子甚至水滴也会造成冲蚀。

2. 冲蚀磨损的分类

(1)按流动介质分类

冲蚀是由多相流动介质冲击材料表面造成的磨损。介质可分为气流和液流两大类。气流和液流携带固体粒子冲击材料表面造成的破坏分别称为喷砂式冲蚀和泥浆冲蚀。流动介质中携带的第二相也可以是液滴或气泡，它们有的直接冲击材料表面，有的(如气泡)则在表面上溃灭，从而对材料表面施加机械力。按流动介质及第二相排列组合，可把冲蚀分为 4 种类型，见表 5 - 8。

表 5 - 8　冲蚀现象的分类及实例

冲蚀类型	介质	第二相	损坏实例
喷砂式冲蚀	气体	固体粒子	烟气轮机、锅炉管道
雨蚀、水滴冲蚀		液滴	高速飞行器、汽轮机叶片
泥浆冲蚀	液体	固体粒子	水轮机叶片、泥浆泵轮
气蚀(空泡腐蚀)		气泡	水轮机叶片、高压阀门密封面

(2)按冲刷流体同受损表面(被冲刷表面)之间的相对运动关系分类

冲刷流体作用于受损表面上的力常是动态的，常受冲刷与受损部件的结构、附带粒子、表面状态、流体状况等参数的影响。其中，冲刷流体同受损表面(被冲刷表面)之间的相对运动关系是很重要的。据此，可把冲刷磨损分为以下两类：

1)研磨冲蚀。流体中所带固体粒子的相对运动方向几乎与被冲刷表面平行的冲蚀称为研磨冲蚀，例如风机带硬粒气流对叶片纵向的冲刷。

2)碰撞冲蚀。流体中固体粒子的相对运动方向与被冲刷表面近于垂直的冲蚀称碰撞冲蚀，例如，带硬粒气流对风机叶片的正端面方向的冲刷。

3. 工程中的常见冲蚀现象

工程中的冲蚀破坏随处可见。例如，对于喷砂式冲蚀，据报道，空气中的尘埃和砂粒如果进入到直升机发动机内，可降低其 90%的寿命。气流输送物料管路中弯头的冲蚀可能超过直管段的 50 倍，即使输送木屑一类的软物料，钢制弯头的寿命也只有 3～4 个月；对于雨滴、水滴冲蚀的典型例子是导弹飞行穿过大气层及雨区发生的雨蚀现象，在导弹的鼻锥、防热罩及飞行器的迎风面上，只要受到高速的单颗液滴冲击便会立刻出现蚀坑，多个蚀坑交织造成材料流失；建筑行业、石油钻探、煤矿开采、冶金矿山选矿场及火力发电站中使用的泥浆泵、杂质泵的过流部件都会受到严重的冲蚀，这些属于泥浆冲蚀的例子；船用螺旋桨常有气蚀发生，一艘新船的推进螺旋桨有时使用两个月后便出现深达 50～70 mm 的气蚀坑；水泵叶轮、输送液体的管线阀门，甚至柴油机汽缸套外壁与冷却水接触部位过窄的流道处经常可见到气蚀破坏。

4. 冲蚀磨损的机理

(1)喷砂冲蚀机理

目前尚未建立完整的冲蚀理论,但已发现塑性材料与脆性材料冲蚀破坏的形式很不相同。当粒子以一定的角度冲蚀时,粒子运动轨迹与被冲蚀材料表面(也称作靶面)的夹角称为攻角或冲击角。根据粒子性质和攻角的不同,靶面上会出现不同的破坏。

对于塑性材料,有研究将单点冲蚀的形貌分成 4 类,图 5 - 16 所示是冲蚀破坏的 4 种基本类型,分别是点坑、犁削、铲削和切片。点坑类似于硬度压头的对称性菱锥体粒子正面冲击造成的蚀坑;犁削类似于犁桦造成的犁沟,凹坑的长度大于宽度,材料则被挤到沟的侧面;铲削在凹坑的出口堆积材料,铲痕两侧几乎不出现变形;切片的凹坑浅,是粒子斜掠造成的痕迹。

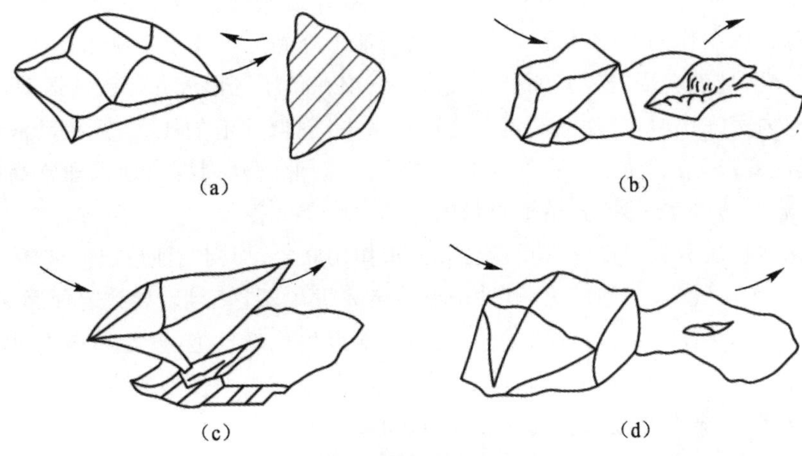

图 5 - 16　冲蚀破坏的 4 种基本类型

(a)点坑;(b)犁削;(c)铲削;(d)切片

此外,还有磨粒嵌入凹坑的情况。从磨屑考虑有 3 种类型:①切削屑,是棱边锋利的粒子在合适的角度和方向对靶面切削造成的,和磨料磨损的切削作用相似;②薄片屑,单次冲击时,靶面受冲点处的材料仅被推到受冲点附近,未发生材料流失,随后连续不断地冲出,揉搓表面层,形成强烈变形的表面层结构,最后表面产生加工硬化,造成脆性断裂,形成薄片屑;③簇团状屑,冲蚀造成极不平整的表面形貌,表面凸起部分受粒子冲击时产生局部高温,凸起部分软化断裂脱离靶面,形成簇团状屑。

脆性材料与塑性材料的冲蚀规律不同。理论上脆性材料不发生塑性变形。当单颗粒冲击脆性靶材时,根据冲击粒子形状的不同,会产生两类不同的裂纹,这些裂纹一般萌生于受冲击部位附近存在缺陷的区域。钝头粒子冲击时,裂纹呈环形,出现在接触圆周稍外侧,反复冲击会使这些环形裂纹与横向裂纹形成交叉,从而引起材料流失;尖角粒子冲击靶面时,会出现垂直于靶面的初生径向裂纹和平行于靶面的横向裂纹,前一种裂纹使靶材强度退化,后一种裂纹则是冲蚀中使材料流失的根源。

此外,还有一些其他的喷砂冲蚀理论,都以实验为依据,也能在一定范围内解释实验现象,但都存在一定的局限性。

(2)泥浆冲蚀机理

泥浆冲蚀往往伴随有材料的腐蚀,使泥浆冲蚀比喷砂冲蚀的机理复杂得多。虽然在泥浆冲蚀和喷砂冲蚀中都有固体粒子冲击表面造成磨损的过程，但材料流失是以不同的方式进行的，这可以从入射粒子速度对材料冲蚀率及攻角影响上得到证实，喷砂式冲蚀发生材料流失的门槛值约为 10 m/s，而泥浆冲蚀中 10 m/s 流速已能造成明显的冲蚀。对某一铝材分别进行气流喷砂冲蚀和煤油浆冲蚀，用不同的攻角，前者最大冲蚀率的攻角接近 20°，而后者最大冲蚀率的攻角为 90°，而且两者的冲蚀率相差 3 个数量级，说明两种冲蚀机理存在明显差别。

在泥浆冲蚀中，除攻角和速度外，固体粒子的性质如硬度、形状、粒度、密度、固体粒子用量(固液比)、流体密度和黏度等对材料冲蚀均有影响，要用一个物理模型或从设想的单元过程来描述泥浆冲蚀还比较困难。

(3)气蚀机理

气蚀是由于材料表面附近的液体产生气泡并破灭造成的。当零件与流体发生相对运动时，如果流速高，在工作面附近某局部的压力就可能下降到等于或小于流体在该温度下的饱和蒸汽压，这样该区域就会因“沸腾”而产生气泡。气泡在低压区形成并随流体运动，当气泡周围压力大于气泡内蒸汽压时，气泡内蒸汽就会迅速水凝，降低气泡的压力，但流动液体的各向压力不均，使气泡变形，最后溃灭。在气泡溃灭瞬间，冷凝液滴及周围介质以非常高的速度冲向材料表面，形成高速的水锤冲击，造成材料的破坏。

流体中腐蚀物质引起的电化学反应会和冲击作用联合，加剧气蚀造成的破坏，其过程大致如下：金属表面生成气泡；气泡破灭，其冲击波使金属发生塑性变形，导致表面膜尽数破裂；裸露的金属表面受到腐蚀，随着再钝化成膜；在同一地点生成新气泡；气泡再破灭，膜再次破裂；裸露的金属进一步腐蚀……这些步骤反复、连续进行，金属表面便形成空穴。试验表明，金属表面一旦形成凹点，该点便成为新气泡形成的核心。

5. 影响冲蚀磨损的因素

(1)冲蚀粒子

冲蚀粒子的粒度对冲蚀磨损有明显影响，一般情况下，当粒子尺寸在 20～200 μm 范围内时，冲蚀磨损率随尺寸增大而上升。当粒子尺寸增加到某一临界值时，材料的磨损率几乎不变或变化缓慢，这一现象称为“尺寸效应”。粒子的形状也对冲蚀磨损有很大影响，在相同条件下，尖角形粒子比圆形粒子的磨损严重很多，甚至低硬度的多角形粒子比较高硬度的圆形粒子产生的磨损还要严重。粒子的硬度和可破碎性对冲蚀率有影响，因为粒子破碎后会产生二次冲蚀。

(2)攻角

材料的冲蚀和粒子的攻角也有密切关系。当粒子攻角在 20°～30°之间时，典型的塑性材料冲蚀率达到最大值，而脆性材料最大冲蚀率则出现在攻角接近 90°处。攻角与冲蚀率的关系几乎不随入射粒子种类、形状及速度而改变。

(3)速度

粒子的速度存在一个门槛值，低于门槛值，粒子与靶面之间只出现弹性碰撞而不发生破坏，即不发生冲蚀。速度门槛值与粒子尺寸和材料有关。

(4)冲蚀时间

冲蚀磨损存在一个较长的潜伏期(孕育期)，磨粒冲击靶面后先使表面粗糙，产生加工硬化，但此时材料未发生流失，经过一段损伤积累后才逐步产生冲蚀磨损。

(5)环境温度

温度对冲蚀磨损的影响比较复杂,有些材料在冲蚀磨损中随温度升高磨损率上升,但也有些材料随温度升高磨损率有所下降,这可能是高温时形成的氧化膜提高了材料的抗冲蚀磨损能力,也可能是温度升高,材料塑性增加,抗冲蚀性能提高。

(6)靶材

靶材对冲蚀磨损的影响更为复杂,除本身的性质以外,还与磨粒的几何形状、尺寸、硬度、攻角、速度和温度等条件相关。就靶材本身性能而言,主要是硬度。第一是金属本身的基本硬度,第二是加工硬化的硬度,而且加工硬度与冲蚀磨损的关系更为突出。此外,材料的组织对冲蚀磨损的影响也不可忽视。

5.2.5　腐蚀磨损

1. 腐蚀磨损的定义

工作中的金属零件同时与周围环境介质发生化学或电化学反应形成腐蚀产物,腐蚀产物在摩擦过程中剥落下来,造成表层金属的损失或迁移,其后新的表面又继续与介质发生反应,这种腐蚀和磨损的反复作用过程称为腐蚀磨损。有时化学反应首先进行,接着腐蚀产物被机械作用(磨削)除去;有时机械作用先于化学反应形成非常小的碎屑,随后再与环境起反应。即使是轻微的化学反应,也可以和机械作用彼此增强。

材料在某种介质中工作时,磨损可能是轻微的,但当温度或介质发生变化时,会加剧材料的流失,这时往往就是腐蚀磨损造成的。

腐蚀磨损的典型零件有汽缸与活塞、船舶外壳、水力发电的水轮机叶片等。

冲蚀磨损与腐蚀磨损的区别是,前者对材料表面的破坏主要是机械力造成的,腐蚀只是第二位的因素;后者则是在腐蚀介质中的磨损,是腐蚀和磨损综合作用的结果。

2. 腐蚀磨损的分类

腐蚀磨损可分为化学腐蚀磨损和电化学腐蚀磨损。

(1)化学腐蚀磨损

化学腐蚀磨损按腐蚀介质的不同可分为氧化磨损和特殊介质腐蚀磨损两种类型。

1)氧化磨损。腐蚀磨损中最常见的是氧化磨损,其实质是金属表面与气体发生氧化反应,生成氧化膜。金属表面与氧化性介质的反应速度很快,形成的氧化膜从表面磨掉后,又很快形成新的氧化膜。在空气中,其磨损速度一般较小。氧化磨损的损坏特征表现为金属的摩擦表面沿滑动方向呈匀细磨痕,磨损产物或为红褐色片状 Fe_2O_3,或为灰黑色丝状 Fe_3O_4。

根据氧化膜的性质,可分为两种氧化磨损模型。

a. 脆性氧化膜的氧化磨损。脆性氧化膜与金属基体的性能差别很大,达到一定厚度时,很容易被摩擦表面的微凸体的机械作用去除,暴露出新的基体表面,并又开始新的氧化过程,使膜的生长与去除反复进行。膜厚随时间变化的关系如图 5-17 所示。

b. 韧性氧化膜的氧化磨损。如果氧化膜是韧性的,且比金属基体还软时,当受到摩擦表面微凸体的机械作用时,可能有部分被去除,部分则保留下来;在继续磨损过程中,氧化仍然在原有氧化膜的基础上发生,这种磨损较脆性氧化膜的磨损轻,其膜厚随时间变化的关系如图 5-18 所示。

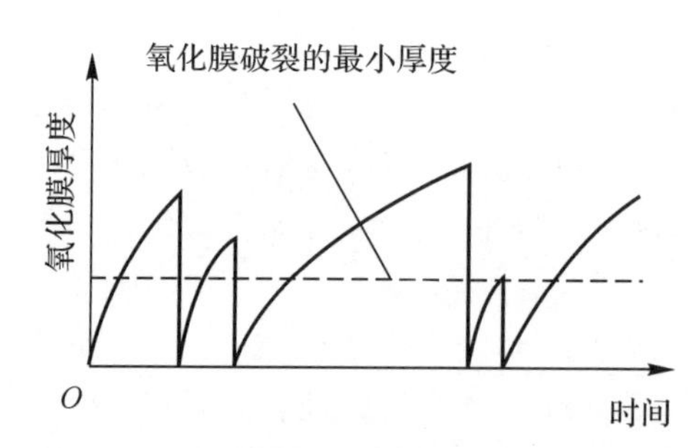

图 5-17　脆性膜氧化磨损膜厚与时间的关系

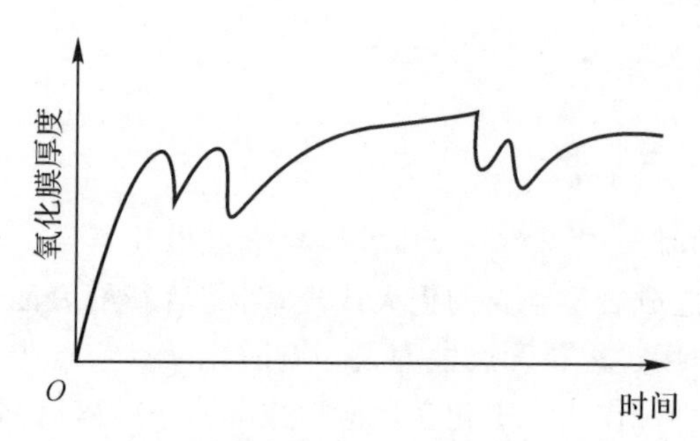

图 5-18　韧性膜氧化磨损膜厚与时间的关系

2)特殊介质腐蚀磨损。特殊介质导致的腐蚀磨损是指摩擦副与酸、碱、盐等特殊介质作用产生的磨损现象,其磨损机理与氧化磨损相似,但磨损速度较大。其损坏特征为摩擦表面遍布点状或丝状磨蚀痕迹,一般比氧化磨损痕迹深,磨损产物为酸、碱、盐的金属化合物。

(2)电化学腐蚀磨损

按腐蚀磨损产物被机械或腐蚀去除的特点,可将电化学腐蚀磨损分为均匀腐蚀磨损和局部腐蚀电池腐蚀磨损两种类型。

1)均匀腐蚀磨损。均匀腐蚀磨损是指在均匀腐蚀条件下产生的腐蚀磨损。在均匀腐蚀磨损过程中,局部腐蚀产物被磨料或硬质点的机械作用去除,使之裸露金属基底,随后又在磨损处形成新的腐蚀产物,经过反复作用,该处的腐蚀速度比其他部分(有腐蚀产物覆盖的)快得多,腐蚀严重得多。

多相材料,尤其是含有碳化物的耐磨材料,由于碳化物与基体之间存在较大的电位差,会形成腐蚀电池,产生相间腐蚀,从而极大削弱碳化物与基体的结合力,在磨料或硬质点的作用下,碳化物很容易从基体脱落或发生断裂,如图 5-19 所示。

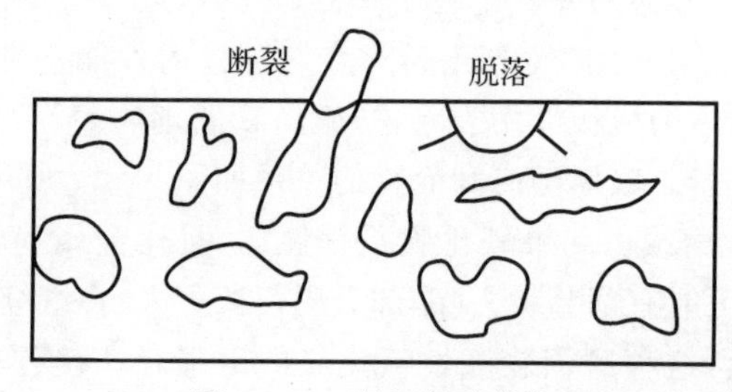

图 5-19　硬相断裂脱落

2)局部腐蚀电池腐蚀磨损。局部腐蚀电池的形成是由局部产生电位差引起的。比如，由于磨料的磨损作用，金属材料表面会产生不均匀的塑性变形，塑性变形强烈的部位成为阳极，首先受到腐蚀破坏，在磨料的继续作用下，腐蚀产物很容易被去除从而形成二次磨损。这一塑性变形就是应变差异腐蚀电池的作用，其模型如图 5－20 所示，它可使腐蚀速度提高两个数量级左右。

具有电活性的磨料与金属材料接触时，会形成磨料与金属材料之间的电偶腐蚀电池，如图 5－21 所示。比如，球磨机在湿磨条件下，磨球表面与大量的矿石接触，会形成众多的电偶腐蚀电池。

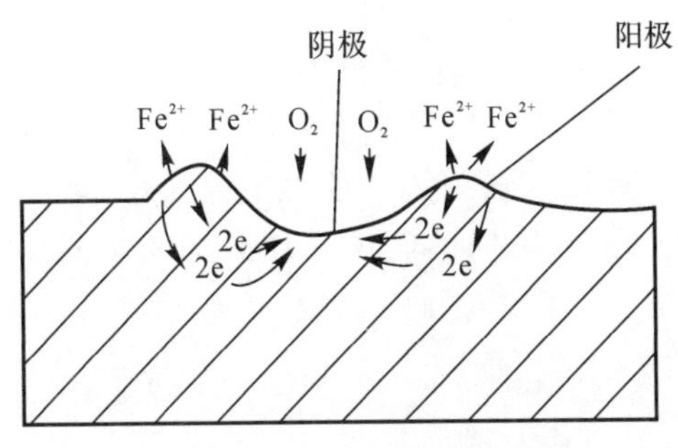

图 5－20　应变差异腐蚀电池模型

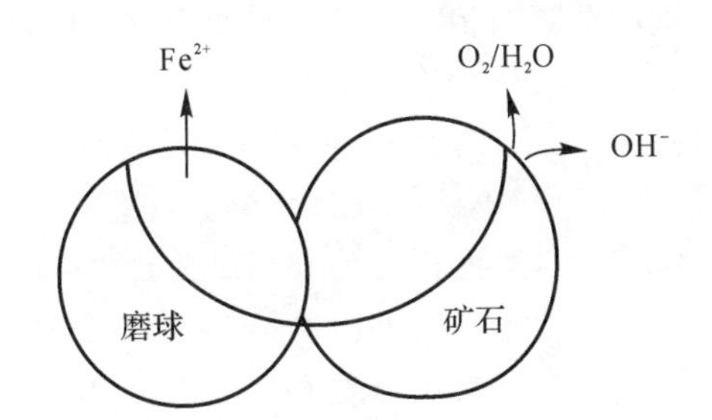

图 5－21　点偶腐蚀电池模型

腐蚀磨损是极为复杂的磨损形式，是受腐蚀和磨损综合作用的磨损过程，对环境、温度、介质、滑动速度、载荷大小及润滑条件等极为敏感。由于介质的性质、介质作用于摩擦表面上的状态以及摩擦材料的性能不同，腐蚀磨损的状态也不相同。

3. 腐蚀磨损的特征

腐蚀磨损都是先发生化学反应，然后由机械磨损作用使化学反应生成物脱离表面，腐蚀的作用很明显。在腐蚀磨损过程中，由于氧化膜(或腐蚀产物)的断裂和剥落，形成了新的磨料，从而使腐蚀磨损兼有腐蚀与磨损的双重作用。但腐蚀磨损又不同于一般的磨料磨损。腐蚀磨损不产生显微切削和表面变形，其主要特征是磨损表面有化学反应膜或小麻点，麻点比较光滑，磨屑多是细粉末状的氧化物，也有薄的碎片。钢摩擦副相互滑动的氧化磨损，沿滑动方向呈现均匀细小的磨痕。磨屑是暗色的片状或丝状物，片状磨屑为红褐色的 Fe_2O_3，而丝状磨屑是灰黑色的 Fe_3O_4。

4. 影响腐蚀磨损的因素

腐蚀磨损对环境介质、温度、滑动速度、载荷大小和润滑条件以及材料的化学成分等极为敏感。

(1)环境介质

不同的环境介质导致不同的腐蚀状况,例如介质的 pH 值。一般来讲,当 pH<7 时,随酸性增加,腐蚀磨损量逐渐增加;在 7<pH<12 范围内,相对运动速度不太高的情况下,随碱性增加,腐蚀磨损量下降。

(2)摩擦表面的滑动速度、载荷大小以及润滑条件

滑动速度和载荷越大,腐蚀产物被磨掉得越快,新的腐蚀表面生成得越快,腐蚀磨损速度加快。摩擦表面润滑性好,则可减缓腐蚀磨损。

(3)温度

在其他条件相同的情况下,腐蚀磨损的速度一般随温度升高而加快。

(4)化学成分

影响材料耐磨性的主要因素是化学成分。在铁碳合金中,加入适量的铬、钒、硼等元素可提高材料耐磨性。需要注意的是,不同的腐蚀介质应加入不同的合金元素,以获得良好的效果。

5.2.6 微动磨损

1. 微动磨损的定义

两个配合表面之间由一微小振幅的相对振动引起的表面损伤,包括材料损失、表面形貌变化、表面或亚表层塑性变形或出现裂纹等,称为微动磨损。

微动磨损是一种表面损伤,常发生在紧配合件和连接件的配合处,如嵌合连接的汽轮机叶片的叶根部分,螺栓连接以及铰(耳环)连接的连接部分。这些连接件在循环载荷作用和振动影响下,其配合面的某些局部区域会发生相对滑动。试验证明,这种非常小的相对微量滑动(大致在微米数量级,为 2~20 μm)就足以产生微动损伤现象,其表现为在零件配合表面损伤区颜色发生改变,有一定深度的磨痕和坑斑,出现许多红褐色(钢制零件表面)或黑色(铝或镁合金制零件表面)的碎屑。在连续微动条件下,这些碎屑起到磨粒的作用,受到高的接触应力,局部表面发生磨损,即微动磨损。

2. 微动磨损的分类

微动磨损可以分为两类:第一类是该零件原设计的两物体接触面是静止的,但由于受到振动或交变应力作用,两个匹配面之间产生微小的相对滑动从而造成磨损;第二类是各种运动副在停止运转时,由于环境振动而产生微振造成磨损。第一类的垂直负荷往往很大,因而滑动振幅较小,微动以受循环应力居多,主要危险是在接触处产生微裂纹,降低疲劳强度,其次才是因材料损失造成配合面松动,而松动又可能加速磨损和疲劳裂纹的扩展。第二类的主要危害是因磨损造成表面粗糙和磨屑聚集,使运动阻力增加或振动加大,严重时可咬死。

例如,滚动轴承有 3 个部位可能发生微动损伤,即轴承、轴承座、轴的紧配合面及滚珠(滚柱)和座圈之间。前两者属第一类微动,后者属第二类微动。汽车从生产厂运至用户处,其主轴轴承由于振动,滚珠和座圈发生微动,在座圈上形成压痕,其损坏程度比汽车自身行驶同样的距离要严重得多。安装在战车上的大炮轴承在行驶过程中也遇到过类似的问题。

3. 微动磨损的判断

判断是否是微动磨损,可以综合考虑以下三个方面:

1)是否存在可引起微动的振动源或交变应力。除机械作用外,电磁作用、噪声、冷热循环及流体运动都可能导致微动。

2)是否存在破坏的表面形貌。主要检查表面粗糙度的变化、方向一致的划痕、塑性变形或硬结斑、硬度或结构变化、表面或亚表层的微裂纹等。

3)磨屑是重要的依据。各种材料的磨屑的组成、颜色、形状可作为判断微动磨损的判据。

4. 微动磨损机理

微动磨损是一个极其复杂的过程,包含黏着、氧化、磨粒和疲劳等的综合作用。

相互接触的两个物体表面,接触压力的作用使微凸体产生塑性变形和黏着,在小振幅振动作用下,黏着点可能被剪切并脱落,剪切表面被氧化。由于表面配合紧密,脱落的磨屑不易排出,从而在两表面间起到磨粒作用,加速微动磨损过程。

关于微动磨损的机理,很多学者提出了不同研究结果,也存在一定的争议,比较典型的是 Feng 模型。微动磨损表面常见到大深坑,对此,Feng 进行了如下解释:

1)载荷引起微凸体的黏着作用,在接触表面滑动时,产生少量碎屑,并落入接触的凸峰之间,如图 5-22(a)所示。

2)随着磨屑逐渐增加,空间逐渐被充满,微动作用由普通磨损变成磨料磨损,在磨料的作用下,一个小区域的许多峰合成一个小平台,如图 5-22(b)所示。

3)随着磨料磨损过程的进行,磨屑逐渐增加,最后开始流进邻近的低洼区,并在边缘溢出,如图 5-22(c)所示。

4)中心区的粒子密实不易溢出,使中心垂直区压力变大,边缘压力则减小,中心的磨料磨损比边缘强烈,坑也迅速加深,溢出的磨屑逐步充满邻近的低洼区形成新坑,最终许多相邻的小坑合并成较大的坑,如图 5-22(d)所示。

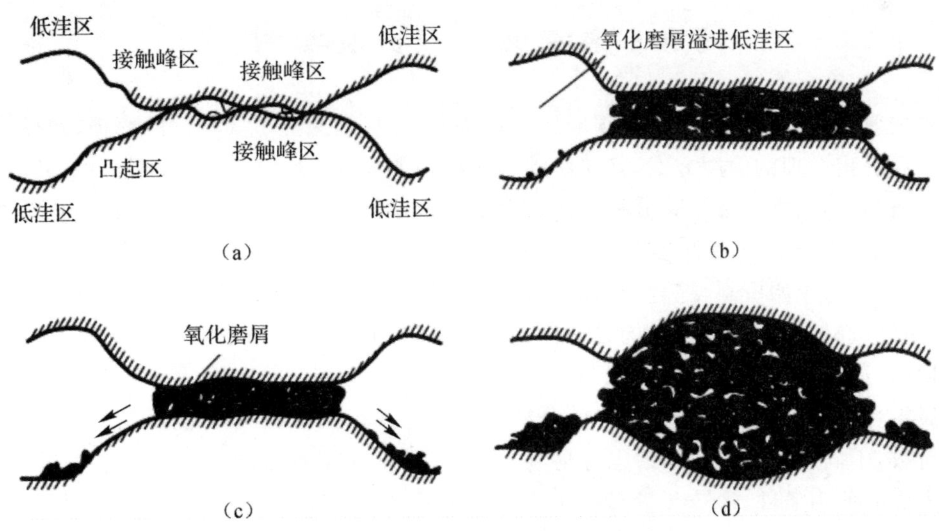

图 5-22　微动磨损中大深坑形成过程

(a)磨屑包陷在接触凸峰之间;(b)几个接触点形成一个小平台;
(c)磨屑溢出到附近低洼区;(d)中心区由于磨料磨损形成曲线形大麻坑

Feng 的模型表明,微动磨损进入稳态阶段后,磨损的性质变成磨料磨损。这一模型曾得到很多学者的认可。但1973年Suh提出脱层理论后,对稳态阶段材料流失的解释作了某些修正。脱层理论的要点是,两个滑动面之间的表面切应力促使材料表面发生塑性变形,在周期性反复应力作用下,塑性变形逐渐积累。由于材料塑性变形而产生位错,在距表面一定距离有位错积累,若这些位错与某些障碍(如夹杂、孪晶、相界)相遇,就聚集成空穴。在连续滑动剪切作用下,上述空穴(也可能是原有的孔洞)成为萌生裂纹的核心,裂纹一旦萌生并和邻近裂纹相连,便形成平行于表面的裂纹,并在表面下某一深度不断扩展。当裂纹达到某一临界长度时,将沿着某些薄弱点向表面剪切,使材料脱离母体,形成长方形的薄片。

脱层理论被认为是磨损机理之一,但对该理论在微动磨损中的适用程度或所占比重有争议。也有研究人员对脱层的过程提出与Suh不完全一致的解释。此外,另有一些研究人员对微动磨损和氧化的关系进行研究,其中,Bill按氧化的情况将微动分为完全无氧化膜的微动、薄的氧化膜形成和刮去、氧化和疲劳相互作用、氧化膜足以支持接触负荷而不破裂等4种类型,每种类型有其对应的磨损模式。

综合以上研究,微动磨损可能是按以下机理进行的。初始阶段,材料流失机制主要是黏着和转移,其次是凸峰点的犁削作用(对于较软材料可出现严重塑性变形,由挤压直接撕裂材料),这个阶段的摩擦因数及磨损率均较高。当产生的磨屑足以覆盖表面后,黏着减弱,逐步进入稳态磨损阶段。这时,摩擦因数及磨损率均明显降低,磨损量和循环数呈线性关系。微动的反复切应力作用,造成亚表面萌生裂纹,形成脱层损伤,材料以薄片形式脱离母体。刚脱离母体的材料主要是金属形态,它们在二次微动中变得越来越细并吸收足够的机械能,以致具有极大的化学活性,在接触空气瞬间被氧化,成为氧化物。氧化磨屑既可作为磨料加速表面损伤,又可分开两表面,减少金属间接触,起到缓冲垫的作用,大部分情况下,后者的作用更显著,即磨屑的主要作用是减轻表面损伤。

5.3 磨损失效分析及实例

磨损失效分析是研究和解决磨损问题的前提和关键,要减轻金属零件的磨损、选择适当的耐磨材料和提出合理的耐磨方案,首先必须分析磨损的原因,摸清材料的磨损机理。磨损失效分析可以概括为:用宏观及微观分析方法对磨损失效零件的表面、剖面及回收到的磨屑进行分析,同时考虑工况条件的各种参数对零件使用过程造成的影响,再考虑零件的设计、加工、装配、工艺和材质等原始资料,综合分析磨损发生、发展的过程,判断零件早期失效或耐磨性差的原因,从而使选材、加工工艺和结构设计更趋合理,以达到提高零件使用寿命及设备的稳定性和可靠性的目的。

金属零件磨损失效分析与常规失效分析的不同之处在于,磨损零件的损坏原因很明显,就是磨损所致,不同磨损类型的零件也容易区分,提高零件使用寿命的方法取决于磨损类型,这往往与零件的使用条件、运转参量有密切关系。在不同工况条件下,零件磨损的过程不完全一样,通过对磨损零件进行失效分析,可深入揭示不同磨损系统中零件的磨损过程,为深入研究磨损机理提供许多有益的信息,为合理选用耐磨材料提供可靠的依据。

5.3.1 磨损失效分析的内容

磨损是一种表面损伤行为。发生相互作用的摩擦副在作用过程中,其表面的形貌、成分、结构和性能等都随时间的延长而发生变化，由于载荷和摩擦热的作用，其组织也会发生变化，同时，不断地摩擦使零件表面磨损增加并产生磨屑。因此，磨损失效分析的内容主要有以下三个方面：

1. 磨损表面分析

磨损表面分析主要包括宏观和微观形貌分析。磨损零件的表面形貌是磨损失效分析中的第一个直接资料。它代表了零件在一定工况条件下，设备运转的状态，也代表了磨损的发生和发展过程。因此，对磨损失效零件表面要严格保护，防止碰撞损坏或长锈。

(1)宏观分析

可以通过放大镜和显微镜观察等，得到磨损表面的宏观特征，初步判定失效的模式。

(2)微观分析

利用扫描电子显微镜对磨损表面形貌进行微观分析，可以观察到许多宏观分析所不能观察到的细节，对确定磨损发生过程和磨屑形成过程十分重要。

2. 磨损亚表层分析

磨损表面下相当厚的一层金属，在磨损过程中会发生重要变化，这就为判断磨损发生过程提供了重要依据。

在磨损过程中，磨损零件亚表层发生的变化主要有下列三方面：

1)产生冷加工变形硬化，且硬化程度比常规的冷作硬化要强烈得多。

2)产生磨损热效应，由于摩擦热、变形热等的影响，亚表层可观察到金属组织的回火、回复、再结晶、相变和非晶态层等。

3)可以观察到裂纹的形成部位，裂纹的增殖、扩展情况及磨损碎片的产生和剥落过程。这是由于先受到磨损的组织发生相变，裂纹的形成和扩展、元素的转移等，为磨损理论研究提供了重要的实验依据。

3. 磨屑分析

磨屑分析指磨屑的形貌及结构分析。磨屑是磨损过程的产物，它最能代表摩擦副相互作用过程中的瞬时状态，比如，形貌和磨屑的内部组织结构变化能表明磨损机理，内部结构变化能代表对摩擦副相互作用的严重程度。磨屑一般可分为两类：一类是从磨损失效件的服役系统中回收的和残留在磨损件表面上的磨屑。这对判断磨损过程和预告设备检修是非常有价值的信息。另一类磨屑是在与磨损零件服役工况条件类似的模拟试验机上进行磨损试验回收的、具有原始形貌的磨屑，这比直接从磨损系统中回收磨屑来分析磨损过程要差一些。当第一类磨屑不易取得时，就用第二类磨屑研究磨损的发生过程。

5.3.2　磨损失效模式的判断

各种不同的磨损过程都是由其特殊机制所决定的，并表现为相应的磨损失效模式。因此，进行磨损失效分析，找出基本影响因素，进而提出对策的关键就在于确定具体分析对象的失效模式。

磨损失效模式的判断，主要根据磨损部位的形貌特征，按照此形貌的形成机制及具体条件来进行。

下面着重讨论六种主要磨损失效的特征及判断问题。

1. 磨料磨损的特征及判断

磨料磨损的主要形貌特征是，表面存在与滑动方向或硬质点运动方向相一致的沟槽及划痕。

在磨料硬而尖锐的条件下，如果材料的韧性较好，此时磨损表面的沟槽清晰、规则，沟边产生毛刺；如果材料的韧性较差，则磨损产生的沟槽比较光滑。

材料的韧性较好，如果磨料不够锐利，则不能有效地切削金属，只能将金属推挤向磨料运动方向的两侧或前方，使表面形成沟槽，沟槽前方材料隆起，变形严重。

材料的韧性很差或材料的硬质点与基体的结合力较弱，在发生磨料磨损时，则会造成脆性相断裂或硬质点脱落，在材料表面形成坑或孔洞。

在有些工况条件下，硬磨粒被多次压入金属表面，使材料发生多次塑性变形。如此反复作用，材料亚表层或表面层出现裂纹，裂纹扩展形成碎片，在表面留下坑或断口。

2. 黏着磨损的特征及判断

两个配合表面，只有在真实接触面上才发生接触，局部应力很高，使之发生严重的塑性变形，并产生牢固的黏合或焊合，从而发生黏着。

当摩擦副表面发生黏合后，如果黏合处的结合强度大于基体的强度，剪切撕脱将发生在相对强度较低的金属亚表层，使软金属黏着在相对较硬的金属表面，形成细长条状、不均匀、不连续的条痕；而在较软金属表面则形成凹坑或凹槽。

黏着程度不同，磨损严重程度也不同。黏合处强度进一步增加，使剪切断裂面深入到金属内表面，并且由于磨损加剧及局部温度升高，在以后的滑动过程中拉削较软金属表面形成犁沟痕迹，严重时犁沟宽且深，称为拉伤损伤。

当黏着区域较大，外加切应力低于黏着结合强度时，摩擦副还会产生“咬死”而不能相对运动。比如，不锈钢螺栓与不锈钢螺母在拧紧过程中就常常发生这种现象。

当外加压应力增加，润滑膜严重破坏时，表面温度升高，产生表面焊合，此时的剪切破坏深入金属内部，形成较深的坑，磨损表面有严重的烧伤痕迹。

3. 疲劳磨损的特征及判断

疲劳磨损引起表面金属小片状脱落，在金属表面形成一个个麻坑，麻坑的深度多在几微米到几十微米之间。当麻坑比较小时，在以后的多次应力循环时，可以被磨平，但当尺寸较大时，麻坑呈下凹的舌状，或呈椭圆形。麻坑附近有明显的塑性变形痕迹，塑性变形中金属流动的方向与摩擦力的方向一致。在麻坑的前沿和坑的根部，还有多处没有明显发展的表面疲劳裂纹和二次裂纹。

4. 冲蚀磨损特征及判断

冲蚀磨损兼有磨料磨损、腐蚀磨损和疲劳磨损等多种磨损形式及脆性剥落的形貌特征。

粒子的冲刷形成短程沟槽，是磨料切削和金属变形的结果。磨损宏观表面粗糙，当有粒子压嵌在金属表面时，其形貌呈“浮雕”状。有时粒子会冲击出许多小坑，金属有一定的变形层，变形层有裂纹产生甚至出现局部熔化。

5. 腐蚀磨损特征及判断

腐蚀磨损的主要特征是在表面形成一层松脆的化合物，当配合表面发生接触运动时，化合物层破碎、剥落或者被磨损掉，重新裸露出新鲜表面，露出的表层又很快产生腐蚀磨损，如此反复，腐蚀加速磨损，磨损促进腐蚀，在钢材表面生成一层红褐色氧化物（Fe_2O_3）或黑色氧化物（Fe_3O_4）。

当摩擦表面在酸性介质中工作时，材料中的某些元素易与酸发生反应，在摩擦表面形成海绵状空洞，并在与摩擦面发生相对运动时，使表面金属剥落。

6. 微动磨损特征及判断

微动磨损表面通常黏附一层红棕色粉末，这是磨损脱落下来的金属氧化物颗粒。当将其除去后，可出现许多小麻坑。

微动初期常可看到因形成冷焊点和材料转移而产生的不规则凸起。如果微动磨损引起表面硬度变化，则表面可产生硬结斑痕，其厚度可达 100 μm。

在微动区域中可发现大量表面裂纹，它们大都垂直于滑动方向，而且常起源于滑动与未滑动的交界处，裂纹有时被表面磨屑或塑性变形层掩盖，须经抛光方可发现。

5.3.3　磨损失效分析的步骤

1）现场调查及宏观分析。收集原始资料，了解失效件的设计依据、选材原则、制造工艺、使用条件、运转参量、环境条件、操作情况、服役历史以及经济消耗等基本情况，特别要详细了解和掌握零件的服役条件和使用工况条件，收集并保管好损坏的样品。收集和积累正确的原始资料是对机械零件进行磨损失效分析的基础。

2）收集具有新鲜磨损表面的零件残骸，确定分析部位并提取分析样品，分析样品应包括摩擦副、磨屑、润滑剂及沉积物等。对磨损表面进行宏观分析，记录表面的划伤、沟槽、结疤、蚀坑、剥落、锈蚀及裂纹等形貌特征，并初步判断磨损失效的模式。这一步骤是进行磨损失效分析工作的关键环节，它是判断零件磨损类型和失效原因的主要依据。

3）测量磨损失效情况，确定磨损表面的磨损曲线。这可与该表面的原始状态比较而定。通过分析磨损前、后表面几何形状的变化，不仅可以发现磨损表面各处的磨损变化规律，还可以查明最大磨损量及其所处部位，确定磨损速率，分析磨损情况是否正常，是否处于允许的范围。

4）检查润滑情况及润滑剂的质量。检查润滑剂的类型（油、脂及添加剂的种类、含量等）、使用效果以及是否变质等情况。检查润滑方式是否合理、过滤装置是否有效等。

5）为了搞清磨损发生过程及分析表面材料所承受的应力状态，需对零件亚表层进行分析，测定变形层的厚度和变形硬化程度、裂纹形成的部位及裂纹扩展的特征。

6）判断零件磨损类型。仔细观察磨损件的表面损伤类型（划伤、沟槽、黏着、点蚀坑、剥落、压碎、腐蚀和裂纹等），并初步确定磨损失效模式。

7）测定磨损件材质的各种指标，如力学性能、组织状态、化学成分及材料中气体、夹杂物含量等。注意摩擦副工作前、后的变化情况，表层及附近金属有无裂纹、异物嵌入、二次裂纹、塑性变形以及剥落等情况。

8）从零件的磨损系统中回收磨屑。对磨屑的形貌和组织结构变化情况进行分析，为得出磨损失效的原因提供更可靠的依据。在许多工况条件下，不可能回收磨屑，应争取在模拟试验中获得。

9）开展必要的实验室内的模拟试验。在对磨损失效零件具有模拟性的实验室装置上，进行选材的模拟试验，并分析磨损表面、亚表面及磨屑的组织结构、形貌特征，一方面，与上述分析结果对照，另一方面，可改变磨损参量，观察材料耐磨性与磨损参量的相关关系，筛选出最佳材料，作为提出改进措施的依据之一。

10)综合分析，确定磨损机制，分析失效原因，提出提高零件耐磨性的改进措施。磨损机制及失效原因往往不是单一的，而是多重复合作用的，应确定它们之间的主次关系，并按照主要机制提出提高零件耐磨性的措施。当然，这需在实际生产条件下进行验证。

5.3.4 磨损失效的预防措施

影响磨损的环境条件和材料因素很多，只有分清磨损的具体形式，并得出导致失效的具体原因，才能有针对性地采取预防和改进措施。下面是减少磨损的一般规则。

1. 改善使用保养条件

使用不当往往是磨损的重要原因，因此首先应从使用保养上采取措施。在使用润滑剂的情况下，如果润滑冷却条件不好，就很容易造成磨损，其原因主要有油路堵塞、漏油以及润滑剂变质等。此外，使用过程中如果出现超速、超载、超温和振动过大等情况，均会加剧磨损。例如，正常情况下轴在滑动轴承中运转，是一种流体润滑情况，轴颈和轴承间被一楔形油膜隔开，这时其摩擦和磨损是很小的。但当机器启动或停车、换向以及载荷运转不稳定时，或者润滑条件不好时，轴和轴承之间就不可避免地发生局部的直接接触，处于边界摩擦或干摩擦的工作状态，这时轴承易发生黏着磨损。

新产品在正式投产前应经过试用跑合。新加工金属表面的凸凹不平现象易造成快速磨损，磨损脱落下来的磨屑易造成磨料磨损或堵塞油路。因此，在跑合后应清洗油路，更换润滑剂，有时需要反复数次方可投入正常使用。

采用动态监控，是预防由于磨损而造成恶性失效的有力措施，它可以在磨损达到一定损坏程度以前，采取自动报警或自动保护措施，比如轴承脉冲测振装置和轴承温度报警装置，据统计，该报警装置在平均监控的300万根火车轮轴的轴承中，只有7次报警失误。再比如，利用专利的直读光谱仪，可以快速监测润滑油中的金属屑种类和含量，以推测机器零件的磨损部位和程度，是有效的动态监控方法。

2. 改进维修质量

由于零件的磨耗和损坏，对机器进行维修是必不可少的，但是如果维修不当，也可能引入某些加速零件磨损的因素。如轴心不正，间隙不当，尤其是装配时不清洁，在摩擦副中引入外来磨料粒子，或者导致一些精密轴件发生变形等。维修不当需要通过提高维修质量来解决，包括建立必要的技术文件、规范、标准及检验制度；拥有良好的维修环境、适用的工夹具、合格的零备件和材料以及训练有素的维修人员；建立高效的质量保证体系；等等。

3. 改进结构设计及制造工艺

正确的摩擦副结构设计是减少磨损和提高耐磨性的重要条件。因此，结构要有利于摩擦副间表面保持膜的形成和恢复、压力的均匀分布、摩擦热的散失和磨屑的排出，以及防止外界磨料、灰尘的进入等。例如，风扇磨煤机的打击板，在观察其磨损表面时，发现板的磨损不均匀，各板磨损严重的部位都相同，而其他部位磨损都比较轻微，如图5-23所示。

分析认为，进料口挡板角度不合适，导致煤进入设备时，一面多一面少。在挡板上加焊一块钢板后，煤能均匀进入，从而提高了打击板的耐磨性。

制造工艺直接影响产品的质量，某些经过实践考验的老产品出现成批报废的现象，这往往属于生产工艺控制不严造成的质量事故，比如，加工制造导致的尺寸偏差、表面粗糙度不符合要求、热处理组织不当、残余应力过大及装配质量差等。

内燃机中的活塞环和缸套衬这一运动的摩擦副，如不考虑燃气介质的腐蚀性，主要表现为黏着磨损。通常情况下，摩擦表面只有轻微的擦伤，当缸套衬内孔的镗孔精度和表面粗糙度增加时，会加剧黏合的产生。

图 5-23　风扇磨煤机打击板的磨损表面

4. 材料工艺措施

材料工艺措施可以分为冶炼铸造和热处理两个方面。冶炼的成分控制、夹杂物和气体含量都会影响材料的性能，如韧性、强度。这些性能在某些工况条件下，与零件的耐磨性有密切关系。热处理工艺决定了零件的最终组织，而多种多样的工况条件要求具有不同的组织。因此，各种零件要提高耐磨性，就要选择最合适的热处理工艺。

5. 材料选择

正确选择摩擦副材料是提高机器零件耐磨性的关键。材料的磨损特性与材料的强度等力学性能不同，它是一个与磨损工况条件密切相关的系统特性。所以，耐磨材料必须结合其实际使用条件来选择。世界上没有一种万能的处处皆适用的耐磨材料，而只有最适合某种工况条件和具有最佳效果的耐磨材料。这种准确的判断和选择来自于对磨损零件的失效分析、正确的思路以及丰富的材料科学知识，应该根据零件失效的不同模式选择适合该工况条件的最佳材料。

(1)磨料磨损选材

一般来说，提高材料强度可以增加其耐磨性。若在重载条件下，则首先要考虑材料的韧性，再考虑材料的硬度，以防折断。退火状态的工业纯金属和退火钢的相对耐磨性随硬度的增加而增加；经过热处理的钢，其耐磨性随硬度的增加而增加。材料的显微组织对于材料的耐磨性具有非常重要的影响。成分相同的钢，如果基体组织不同，性能将千差万别，其耐磨性按铁素体、珠光体、贝氏体和马氏体顺序递增。钢中碳化物是最重要的第二相，高硬度的碳化物可以起到阻止磨料磨损的作用。例如，目前我国煤矸石发电厂破碎煤矸石使用的锤式破碎机锤头大都采用 45 钢，而此类钢的硬度、耐磨性均较差，很难适应高冲击条件下的强磨粒磨损作用，磨损速度快。

采用 EDTCrWV-00 型耐磨堆焊焊条对锤头进行表面堆焊，堆焊层基体组织为马氏体和少量残余奥氏体，由于EDTCrWV-00型堆焊焊条药皮中含有较多的合金元素和适量的碳，因此堆焊层碳化物含量较多。堆焊层与母材结合处呈互溶扩散状态，使堆焊层与母材牢固地结合在一起。

堆焊合金的宏观硬度平均值为HRC 63，基体显微硬度平均值为HV 839。碳化物的显微硬度平均值为HV 1 293。

经高合金耐磨堆焊的锤头，由于堆焊层较厚，高硬度的碳化物在堆焊层组织中形成骨架，可以有效抵抗磨粒的切削作用。同时，堆焊层与45钢之间冶金结合，牢固不易剥落，从而提高了锤头的抗磨粒磨损能力。

此外，还要考虑工作环境、磨料数量、速度、运动状态及材料的耐磨料磨损特性等因素。

(2)黏着磨损选材

为减少黏着磨损，合理选择摩擦副材料非常重要。当摩擦副是由容易产生黏着的材料组成时，则磨损量大。试验证明，两种互溶性大的材料(相同金属或晶格类型、晶格间距、电子密度以及电化学性质相近的金属)所组成的摩擦副，黏着倾向大，容易发生黏着磨损；脆性材料比塑性材料的抗黏着能力强；熔点高、再结晶温度高的金属抗黏着性好；当从结构上看，多相合金比单相合金黏着性小；生成的金属化合物为脆性化合物时，黏着界面易发生剪断分离，从而使磨损减轻；当金属与某些聚合物材料配对时具有较好的抗黏着能力。

(3)疲劳磨损选材

疲劳磨损是循环切应力使表面或表层内裂纹萌生和扩展的过程。

材料的弹性模量增加，磨损程度也要增加，脆性材料则随弹性模量增加而减少磨损。材料的抗断裂强度越大，则分离磨损微粒所需要的疲劳循环次数也越多，可以提高材料的耐磨性，硬度与抗疲劳磨损大体成正比。因此，提高表面硬度，一般有利于疲劳磨损，但硬度过高、过脆，则抗疲劳磨损能力下降。比如，轴承钢硬度为HRC 62时抗疲劳磨损能力最好。

(4)冲蚀磨损选材

金属、陶瓷或高分子聚合物都有可能选作抗冲刷材料，但只有根据实际工作条件，才能选择合适的材料。

当材料硬度大于磨料硬度时，质量磨损率一般很低。要提高金属及合金的耐磨性，通常采用合金强化和热处理强化。热处理强化得到的硬度对材料耐冲刷能力的影响随攻角的改变而改变，在低攻角时，采用热处理工艺可以提高硬度，从而提高材料的相对耐磨性；当攻角为90°时，热处理工艺在提高硬度的同时，使材料变脆，从而降低了材料的耐磨性。

(5)腐蚀磨损选材

应该选用耐蚀性好的材料，尤其是在其表面形成的氧化膜能与基体牢固结合，氧化膜韧性好而且致密的材料，具有优越的抗腐蚀磨损能力，通常用含Ni和含Cr的材料。而含W和Mo的材料能在500 ℃以上的高温条件下生成保护膜，并降低摩擦因数，因此，可以作为高温耐腐蚀磨损材料。WC和TiC等硬质合金有很好的耐腐蚀磨损能力。

(6)微动磨损选材

微动磨损是一种复合磨损形式，目前其规避措施还不完善，但一般来说，适合抗黏着磨损的材料也适合抗微动磨损。实际上，能在微动磨损整个过程中的任何环节起抑制作用的材料都是可取的。

6. 表面处理

提高材料耐磨性的表面处理方法大致上可以分为以下三类：

(1)机械强化及表面淬火

机械强化是在常温下通过滚压工具(如球、滚子、金刚石滚锥等)对工件表面施加一定压力或冲击力，把一些易发生黏着的较高微凸体压平，使表面变得平整光滑，从而增加真实的接触面积，减小摩擦因数。强化过程使表面层发生塑性变形，可产生加工硬化效果，形成具有较高硬度的冷作硬化层，并产生对疲劳磨损和磨料磨损有利的残余压应力，从而提高耐磨性。

表面淬火是通过快速加热使零件表面迅速奥氏体化，然后快速冷却获得马氏体组织，使零件表面获得高硬度及良好耐磨性，而心部仍为韧性较高的原始组织的工艺。

(2)化学热处理

化学热处理是将工件放在某种活性介质中，加热到预定的温度，保温预定的时间，使一种或几种元素渗入工件表面，通过改变工件表面的化学成分和组织，从而提高工件表面的硬度、耐磨和耐腐蚀等性能，而心部仍保持原有的成分的工艺。这样可以使同一材料制作的零件，表面和心部具有不同的组织和性能。

目前比较常用的化学热处理方法有渗碳、渗氮、碳氮共渗、渗硼、渗金属和多元共渗等。

(3)表面镀覆及表面冶金强化

表面镀覆是将具有一定物理、化学和力学性能的材料转移到价格便宜的材料上，制作零件表面的表面处理技术。普遍应用的表面镀覆技术有：电镀、化学镀、复合镀、电刷镀、化学气相沉积、物理气相沉积、离子注入等。

表面冶金强化是利用熔化与随后的凝固过程，使工件表面得到强化的工艺。目前应用较多的方法是使用电弧、火焰、等离子弧、激光束和电子束等热源加热，使工件表面或合金材料迅速熔化，冷却后使工件表面获得具有特殊性能的合金组织，例如，热喷涂、喷焊以及堆焊等技术。

5.3.5　磨损失效分析实例

某型从动齿轮材质为42CrMo，最终热处理工艺为感应淬火。装车运行约1年后(列车总运行里程约100 000 km)进行检修，检修时工作人员发现齿面存在异常，遂将其发往生产单位进行原因分析。

1. 现场调查及宏观分析

从动齿轮实物照片如图5-24所示。齿轮端面形貌显示倒棱处变形痕迹明显，表现为翻边特征；所有齿条两侧齿面啮合区域均存在严重的磨损变形，但靠近齿顶和齿根两处区域(未啮合区)表面形貌保留较为完整。因此，可判定送检从动齿轮不存在偏载等缺陷，服役时齿面啮合良好，缺陷可能源于超载、润滑不良或齿面热处理质量较差，但根据行车记录可排除超载现象。

2. 测试分析

(1)低倍形貌检查

在齿宽中部切片进行低倍形貌检查，如图5-25所示。感应淬火层分布较为均匀，靠近齿根处层深最大。

(2)硬度梯度测试

结合宏观分析,鉴于齿根附近齿面保存较为完好,故对该处进行硬度梯度检查,结果如图5-26所示,硬化层深度约为3.8 mm,符合技术要求(2～4 mm)。此外,感应区表面硬度为HRC 56(由表面下方100 μm处规范HV1转换),满足技术规范(HRC 52～60)。

图5-24　从动齿轮实物照片

图5-25　齿宽中部切片低倍形貌

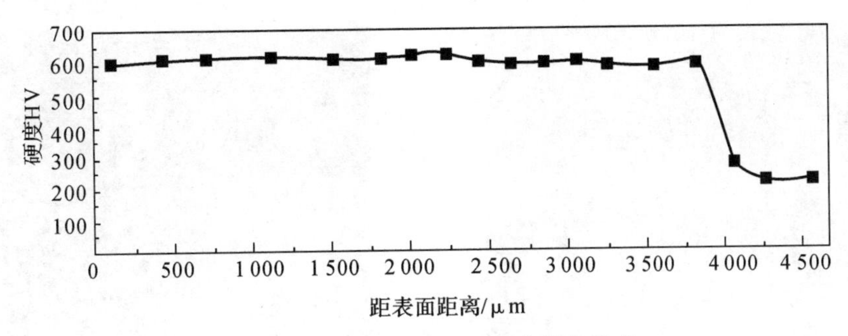

图5-26 节圆-齿根过渡部位硬度梯度

(3)微观形貌分析

对齿面缺陷处进行微观形貌观察,结果如图5-27所示,可见齿面具有磨痕和碾压变形特征。

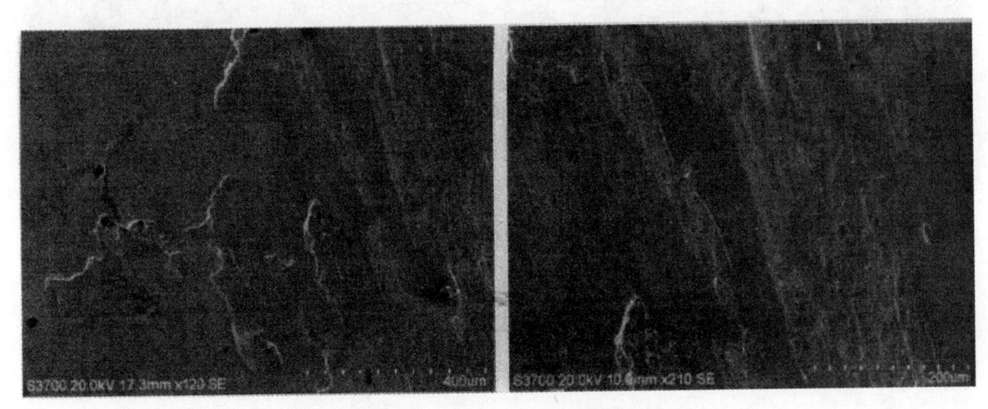

图5-27 齿面缺陷处微观形貌

(4)显微组织分析

在从动齿轮的齿顶、节圆和齿根等不同部位取样,进行金相组织检查,如图5-28和图5-29所示。从图5-28可看出,靠近节圆-齿顶过渡处组织为细针状回火马氏体和极少量残留奥氏体,组织存在变形。从图5-29可看出节圆-齿根过渡处组织同上,但未见变形等异常现象发生,这与宏观判断相符。此外,节圆处抛光态形貌显示缺陷处表面已萌生裂纹,且裂纹沿一定角度(约45°)斜插入基体,如图5-30所示,这与滑动摩擦工作条件下的裂纹形态相似。随着裂纹的进一步扩展,其上部将呈悬臂梁结构,直至剥落。对节圆部位腐蚀后进行组织分析,如图5-31所示,由图可看出,该处组织显示表面存在深约50 μm的异常区域。值得注意的是,该异常区域整体表现为多层结构:最表层为白亮组织,次表层为具有形变特征的极细针状回火马氏体,再次表层则表现为回火特征。以上现象表明,从动齿轮齿面啮合处曾承受多道磨损,且局部已萌生疲劳裂纹。

上述异常区域下方组织为细针状回火马氏体和极少量残留奥氏体,同齿根和齿顶表面组织,且该处硬度及硬化层深度满足技术要求,说明从动齿轮热处理工艺正常,缺陷应与使用过程中存在异常磨损有关。

图 5-28　节圆-齿顶过渡处组织(500×)

图 5-29　节圆-齿根过渡处组织(500×)

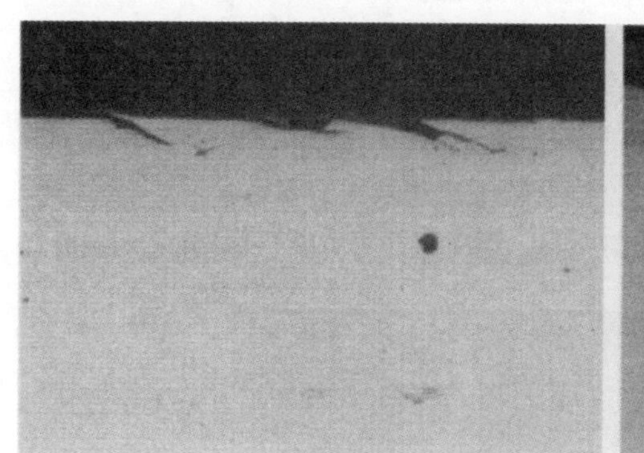

图 5-30　节圆两侧抛光态形貌(100×)

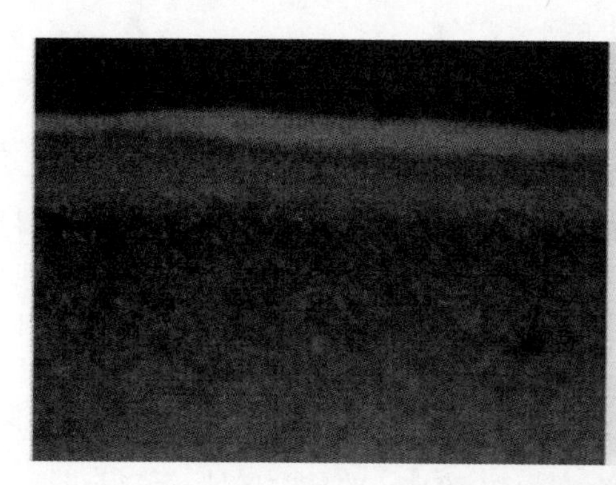

图 5-31　节圆两侧组织(500×)

3. 磨损类型判断

根据上述检查测试结果可知,硬度和金相分析显示齿轮热处理工艺正常,感应淬火层分布均匀。宏观形貌显示从动齿轮所有齿面啮合区域均存在磨损特征,啮合区域表现为多次磨损特征。结合齿轮的工作状态,可判断为疲劳磨损。

4. 失效原因及改进措施

对于啮合类产品，散热途径主要包括以下三方面：①摩擦副的导热能力；②辐射及润滑剂的冷却作用；③对摩擦面以及次表层组织产生影响而耗散。一般，只有当前两者不足以耗散摩擦产生的热量时才会导致第三种现象的发生。案例中从动齿轮为成熟产品，其导热能力完全满足设计要求。只有当热量来不及辐射或润滑不良时，摩擦热产生的高温才会引起齿轮齿面及次表层材料发生组织、性能的改变(相变)。因此，可判定从动齿轮在服役过程中存在润滑不良的现象，在后续的服役过程中应采取合适的润滑措施。

第6章 腐蚀失效分析

金属材料是现代社会最重要的工程材料,但金属材料制品在使用过程中会受到不同程度的直接和间接损伤,腐蚀、磨损与断裂是金属损伤的最重要形式。金属服役期的的腐蚀和磨损是一个长期渐进的过程,两者之间通常发生相互作用,导致金属零部件的早期失效;同时,腐蚀可为金属零部件的断裂提供条件,甚至直接导致断裂的发生。现代工程结构中,特别在高温、高压、高质流作用下,金属腐蚀造成的危害尤其严重。腐蚀失效使生产停顿、物质流失、耗损资源和能源、降低产品质量、造成环境污染,给国民经济造成巨大的损失,甚至危及人身安全。因此,金属腐蚀引起人们极大的关注,已成为当今材料科学与工程不可忽视的研究内容,在研究金属材料的任何性能时,都必须考虑腐蚀的作用。

金属腐蚀学科是在金属学、金属物理、物理化学、电化学和力学等学科基础上发展起来的一门综合性学科。金属的腐蚀过程实质上就是在一定的环境介质中,金属表面或界面上进行的化学或电化学多相反应,结果使金属转入氧化或离子状态的过程,这些多相反应就是金属腐蚀学研究的对象。深入开展金属腐蚀学研究对发展国民经济有着极为重要的意义,一方面,要研究腐蚀机理和腐蚀发生的原因,另一方面,要认真研究防止腐蚀发生的措施,延长设备的使用寿命,尽可能将金属腐蚀控制在最低程度。

6.1 腐蚀学基本知识

6.1.1 基本概念

1. 腐蚀的定义

腐蚀定义为:金属与周围环境介质发生化学或电化学反应而引起的变质或损坏。例如,碳钢在大气中生锈、钢质船壳在海水中的锈蚀、钢质地下输油管线在土壤中的穿孔、热力发电站中的锅炉损坏、轧钢过程中氧化铁皮的生成以及金属装置与强腐蚀性介质(如酸碱盐溶液)接触而导致损坏等都是常见的腐蚀现象。显而易见,金属要发生腐蚀,需外部环境在金属表面或界面上发生化学或电化学反应,使金属转化为氧化(离子)状态。

2. 腐蚀介质

人们通常并不把所有的介质都称为腐蚀介质。例如,空气、淡水、油脂等虽然对金属材料有一定的腐蚀作用,但并不称为腐蚀介质。一般仅把腐蚀性较强的酸、碱、盐的溶液称为腐蚀介质。

3. 耐蚀金属

习惯上把普通的碳钢、铸铁及低合金钢视为不耐蚀材料，而把高合金钢、高合金铸铁、铜合金、铝合金及钛合金等称为耐蚀材料。但绝对不耐蚀和完全不受腐蚀的材料是不存在的。

通常，工程上把金属材料的腐蚀率分成若干个等级。例如，将腐蚀率(可用年腐蚀深度表示，单位为 $mm \cdot a^{-1}$)小于 $0.1\ mm \cdot a^{-1}$ 的金属称为耐腐蚀金属；将腐蚀率 $0.1 \sim 1.0\ mm \cdot a^{-1}$ 的金属称为尚耐腐蚀的金属；而将腐蚀率大于 $1.0\ mm \cdot a^{-1}$ 的金属称为不耐腐蚀的金属。

4. 腐蚀系统

某种材料是否发生腐蚀取决于“材料-环境”体系的特征。也就是说，同一种材料在不同的环境中，其耐蚀性能是不同的。例如，18－8型不锈钢在稀硝酸中有很好的耐蚀性，但在盐酸中却很不耐腐蚀，有时还不如碳素钢的耐局部腐蚀性能好。再如，普通铸铁通常被认为是不耐腐蚀的，但在常温的浓硫酸中却具有较好的耐蚀性，甚至比某些不锈钢还好。

5. 腐蚀破坏

金属腐蚀失效的形式是多种多样的，但不管是何种腐蚀，都必须有一个化学或电化学反应过程。因此，在零件表面或断口上会留下腐蚀产物。腐蚀是从表面开始(全面或局部腐蚀)向内部不断扩展的，金属受腐蚀后会造成质量损失，使金属有效截面积或金属强度大大降低。

6.1.2 腐蚀的分类

金属腐蚀的类型很多，有多种分类方法。

1. 按腐蚀的机理分类

按照腐蚀的机理，可分为化学腐蚀和电化学腐蚀两类。

(1)化学腐蚀

化学腐蚀是金属与环境介质发生纯化学反应引起的损伤现象。化学腐蚀过程的特点是金属表面的原子与非电解质中的氧化剂直接发生氧化还原反应而形成腐蚀产物，在腐蚀过程中，电子直接在金属与氧化剂之间传递，不发生电子移动，腐蚀时没有电流产生。

化学腐蚀通常在一些干燥气体及非电解质溶液中进行，因此化学腐蚀又分为气体腐蚀和非电解质液中的腐蚀。

气体腐蚀是指金属在干燥的气体中发生的腐蚀。金属在干燥空气中发生的氧化反应以及金属在高温氧化性气氛中发生的氧化是气体腐蚀的常见形式。比如，在高温下工作的火箭发动机的燃烧室、尾喷管以及活塞发动机的排气管、活塞等零部件的热腐蚀等。

非电解液中的腐蚀是指金属在不导电的溶液中发生的腐蚀。例如：金属在有机液体(乙醇、汽油等)中发生的腐蚀，铁在盐酸中发生的腐蚀以及铜在硝酸中发生的腐蚀，均属于化学腐蚀。

(2)电化学腐蚀

电化学腐蚀是指金属与环境介质(电解质溶液)间发生电化学反应而带有微电池作用的损伤现象。与化学腐蚀的不同之处在于，电化学腐蚀过程伴有电流的产生。电化学腐蚀反应至少有一个阳极反应和阴极反应，流过金属内部的电子流和介质中的离子流构成回路。阳极反应是氧化过程，金属失去电子成为离子状态进入溶液；阴极反应是还原反应，金属内的剩余电子在金属表面/溶液界面被氧化剂吸收。

电化学腐蚀是最普遍、最常见的腐蚀形式。金属在大气、海水、土壤及酸碱盐溶液等介质中发生的腐蚀都属于电化学腐蚀。

电化学腐蚀的基本条件是金属在电解质溶液中存在电位差。不同的金属在电解质溶液中相互接触时，由于各自电位不同，会产生电位差。由于各种原因，比如，局部化学成分上的差异、残余应力的影响(应力高的部位为阳极)、腐蚀介质浓度的不均匀性(与低离子浓度区介质相接触的部位为阳极)以及温度差异(温度高的部位为阳极)等，同一金属材料可以出现不同的电极电位。在上述情况下，金属表面如吸附有水膜，必将不可避免地溶解少量的电解质(如金属盐等)以及工业大气中的 SO_3、SO_2 和 CO_2 等气体，这就构成了电化学腐蚀的充分条件。因此，金属材料的电化学腐蚀现象是普遍存在的，潮湿的环境条件将促使并加速电化学腐蚀过程的进行。

电化学反应也可以和机械、力学、生物作用共同导致金属的破坏。当金属同时受到拉应力和电化学作用时，将会发生应力腐蚀断裂；在交变应力和电化学共同作用下，将会发生疲劳腐蚀断裂；若金属同时受到机械磨损和电化学作用，则可发生磨损腐蚀；微生物的新陈代谢(如海水)能为电化学反应创造必要的条件，加快金属的腐蚀，称为微生物腐蚀。

金属的腐蚀与金属的热力学稳定性有关，可近似地用金属的标准电位值来评定，见表 6-1。金属的电极电位可以衡量这种金属溶入溶液的能力。如果某金属的电极电位为负，则溶入溶液的倾向性就大，也就是说越易被腐蚀。当两种金属在电解质中相互接触时，电极电位为负的金属加速腐蚀，电极电位为正的金属则会减缓腐蚀。

表 6-1　几种金属的标准电极电位

金属	标准平衡电极电位/V	金属	标准平衡电极电位/V
Mg	−2.34	Co	−0.23
Ti	−1.75	Ni	−0.25
Al	−1.67	Pb	−0.12
Mn	−1.04	Sn	−0.13
Zn	−0.76	Cu	+0.34
Cr	−0.40	Pt	+0.80
Fe	−0.48	Ag	+1.20
Cd	−0.40	Au	+1.68

2. 按腐蚀的分布形式分类

按照腐蚀的分布形式，可分为均匀腐蚀和局部腐蚀两大类。

(1)均匀腐蚀

均匀腐蚀又称全面腐蚀，是指腐蚀均匀地分布于整个金属表面上。碳钢在强酸碱溶液中发生的腐蚀就属于均匀腐蚀。

均匀腐蚀是机械设备腐蚀失效的基本形式,耐均匀腐蚀是金属材料的基本性质。

(2)局部腐蚀

局部腐蚀是指腐蚀发生在金属表面的某一区域内,其他部分则几乎未被破坏。

局部腐蚀比均匀腐蚀的危害性大得多。金属的局部腐蚀有很多类型,主要包括点腐蚀、缝隙腐蚀、电偶腐蚀、晶间腐蚀、穿晶腐蚀、应力腐蚀和腐蚀疲劳等。

3. 按腐蚀破坏的位置分类

按照腐蚀破坏的位置,可将腐蚀分为表面腐蚀、次表面腐蚀、沿晶腐蚀、穿晶腐蚀和接触表面腐蚀(又称为缝隙腐蚀)等。

4. 按腐蚀的环境分类

按照腐蚀环境,可将腐蚀分为干腐蚀和湿腐蚀两类。

干腐蚀是指金属在干的环境中的腐蚀。例如,金属在干燥气体中的腐蚀。

湿腐蚀是指金属在湿的环境中的腐蚀。湿腐蚀又可分为自然环境中的腐蚀(如大气腐蚀、土壤腐蚀、海水腐蚀和微生物腐蚀等)和工业环境中的腐蚀(如酸、碱、盐介质中的腐蚀和工业水中的腐蚀)两类。

6.1.3 腐蚀失效与危害

1. 腐蚀失效

腐蚀是较普遍存在的金属损伤现象。如果在规定的使用期限内,某金属零件因腐蚀已丧失了其规定的功能,则认为该零件已腐蚀失效。反之,如果金属零件虽然存在腐蚀损伤,但并未丧失其规定的功能,则该零件仍属正常表面腐蚀损伤而未失效。应该注意,零件超过了其容许的腐蚀速率,则预示其寿命将严重缩短,但并不一定表示已经失效。另外,失效也不能以腐蚀面积的大小为依据,而应以是否丧失规定功能为判据。例如,一条输气管道受到腐蚀损伤的表面虽然有一大片,但不影响输气,就认为是正常的;但管壁上若有很小一处因腐蚀而形成小孔穿透管壁,导致管道漏气而丧失其规定的输气功能,即为腐蚀失效。

2. 腐蚀失效的表现形式

腐蚀造成的失效形式是多种多样的,主要有以下五种:

1)腐蚀造成受载零件截面积的减小而引起过载失效(断裂)。例如,阀门的阀体因腐蚀而使壁厚减薄,导致强度不足而失效。

2)腐蚀引起密封元件的损伤而造成密封失效。例如,阀门的密封元件因腐蚀造成的泄漏,泵的机械密封件因腐蚀造成介质外漏等。

3)腐蚀使材料性质变坏而引起失效。如氢腐蚀及应力腐蚀使材料脆化而失效。

4)腐蚀使高速旋转的零件失去动平衡而失效。例如,离心机转鼓因腐蚀不均匀,不能保持动平衡而引起振动、噪声加大,甚至断裂。

5)腐蚀使设备使用功能下降而失效。例如,水泵叶轮因腐蚀而降低效率,加大能耗,以致不得不提前报废。

3. 腐蚀失效的危害

腐蚀失效的危害是非常严重的。许多工业水平发达的国家对腐蚀造成的直接经济损失进行了专门调查，据统计，全球工业设备因腐蚀失效而造成的经济损失大约为7 000亿美元，占全球生产总值的2%～4%，这一损失超过地震、水灾、风灾和火灾的总和。世界上每年因腐蚀报废的钢材约为全年钢产量的1/3，其中约有1/10的钢材无法回收。我国于1995年统计，因腐蚀造成的经济损失高达1 500亿元人民币，约占国民生产总值的4%。专家估计，如能采取正确的腐蚀防护措施，这一损失至少可以降低25%～30%。

需要注意的是，因腐蚀失效所造成的间接经济损失比直接经济损失要大得多。腐蚀不仅损耗了地球资源，而且因腐蚀失效而造成的生产停顿、产品质量下降、安全事故损失和环境污染代价等更是无法估量。

6.1.4 金属腐蚀程度的表示方法

金属腐蚀损坏或失效后，其质量、尺寸、力学及加工性能、组织结构及电极过程等都会发生变化。根据腐蚀破坏形式的不同，金属腐蚀程度的大小有不同的评定方法。在全面腐蚀情况下通常采用质量指标、深度指标和电流指标，并以平均腐蚀速度表示。

1. 失重法与增重法

该方法是把金属腐蚀后的质量变化换算成单位表面积与单位时间内的质量变化，可根据金属腐蚀前、后质量大小的情况来选取失重法或增重法表示腐蚀程度的大小。

失重法适用于全面腐蚀，如果金属是全面腐蚀并能较容易清除表面腐蚀产物时，表达式为

$$v^{-}=(g_0-g_1)/(S\cdot t) \tag{6-1}$$

式中，v^{-} —— 失重时的腐蚀速度$[\mathrm{g}\cdot(\mathrm{m}^2\cdot\mathrm{h})^{-1}]$；

g_0 —— 金属的初始质量(g)；

g_1 —— 金属腐蚀后的质量(g)；

S —— 金属的表面积(m^2)；

t —— 腐蚀时间(h)。

若腐蚀产物牢固地附在金属表面或质量增加时，可根据增重法来计算，其表达式为

$$v^{+}=(g_2-g_0)/(S\cdot t) \tag{6-2}$$

式中，v^{+} —— 增重时的腐蚀速度$[\mathrm{g}\cdot(\mathrm{m}^2\cdot\mathrm{h})^{-1}]$；

g_0 —— 金属的初始质量(g)；

g_2 —— 金属腐蚀后的质量(g)。

2. 腐蚀深度法

将金属零部件因腐蚀而减薄的量以腐蚀深度来表示。在工程实际中，金属零件减薄的程度（或腐蚀深度量）将直接影响其使用寿命，因此腐蚀深度法更具有工程意义。

将失重损失换算为腐蚀深度的公式，即

$$v_L=v^{-}\times 24\times 365/(1\,000\times\rho)=v^{-}\times 8.76/\rho \tag{6-3}$$

式中，v_L —— 以腐蚀深度表示的腐蚀速度($\mathrm{mm}\cdot\mathrm{a}^{-1}$)；

ρ —— 金属密度($\mathrm{g}\cdot\mathrm{cm}^{-3}$)。

失重、增重法和深度法对于均匀的电化学腐蚀和化学腐蚀均可采用。

根据金属抗全面腐蚀的耐蚀性，可将金属材料分类为十级标准和三级标准来进行腐蚀性

评价,见表 6-2 和表 6-3。

表 6-2　均匀腐蚀的十级标准

耐蚀性评定	耐蚀等级	腐蚀深度/($mm \cdot a^{-1}$)	耐蚀性评定	耐蚀等级	腐蚀深度/($mm \cdot a^{-1}$)
1 完全耐蚀	1	<0.001	4 尚耐蚀	6	0.1～0.5
2 很耐蚀	2	0.001～0.005		7	0.5～1.0
	3	0.005～0.01	5 欠耐蚀	8	1.0～5.0
3 耐蚀	4	0.01～0.05		9	5.0～10.0
	5	0.05～0.1	6 不耐蚀	10	>10.0

表 6-3　均匀腐蚀的三级标准

耐蚀性评定	耐蚀性等级	腐蚀深度/($mm \cdot a^{-1}$)
1 耐蚀	1	<0.1
2 尚耐蚀	2	0.1～1.0
3 不耐蚀	3	>1.0

3. *电流密度法*

电流密度法是以电化学腐蚀过程的阳极电流密度($A \cdot cm^{-2}$)的大小来衡量金属腐蚀速度。1 mol 物质发生电化学反应时需要的电量为 1 个法拉第(Faraday),即 96 500($C \cdot mol^{-1}$)。如电流强度为 I,通电时间为 t,则通过的电量为 It。从而可得出金属阳极溶解的质量 ΔW 为

$$\Delta W = AIt/Fn \tag{6-4}$$

式中,A—— 金属的相对原子质量;

n—— 价数;

F—— 法拉第常数($1F = 96\ 500\ C \cdot mol^{-1} = 26.8\ Ah$)。

对全面腐蚀而言,金属表面积可看作是阳极面积 S,从而得出腐蚀电流密度为

$$i_{corr} = I/S(A \cdot cm^{-2}) \tag{6-5}$$

所以腐蚀速度 v^- 与电流密度 i_{corr} 之间存在如下关系:

$$v^- = \Delta W/St = Ai_{corr}/nF \tag{6-6}$$

如果 i_{corr} 的单位取 $\mu A \cdot cm^{-2}$,金属密度 ρ 的单位取 $g \cdot cm^{-3}$,则

$$v^- = 3.73 \times 10^{-4} \times Ai_{corr}/n \quad [g \cdot (m^{-2}h^{-1})] \tag{6-7}$$

或

$$i_{corr} = v^- n \times 26.8 \times 10^{-4}/A \quad (A \cdot cm^{-2}) \tag{6-8}$$

因此,可用腐蚀电流密度 i_{corr} 表示金属的电化学腐蚀速度。可见,腐蚀速度与腐蚀电流密度成正比关系。

同理可以得出,腐蚀深度与腐蚀电流密度的关系为

$$v_L = \Delta W/\rho St = Ai_{corr}/nF\rho \tag{6-9}$$

若 i_{corr} 单位取 $\mu A \cdot cm^{-2}$，ρ 的单位取 $g \cdot cm^{-3}$，则

$$v_L = 3.27 \times 10^{-3} \times Ai_{corr}/n\rho \tag{6-10}$$

需要说明的是，腐蚀速度一般随时间的变化而变化。因此，实验时应首先确定腐蚀速度与时间的关系，尽可能选择腐蚀速度比较稳定的时间段进行测量。另外，以上腐蚀速度的计算式只适用于金属全面腐蚀的情况，通常不能用上述方法计算局部腐蚀速度。局部腐蚀速度的计算比较复杂，一般应根据情况用腐蚀形成的裂纹扩展速率或材料性能降低程度来表示，具体方法可参阅有关文献著作。

6.2 腐蚀的化学和电化学过程

金属材料基本上都是由自然界的矿石冶炼出来的。从热力学角度看，这些材料都是不稳定的，倾向于和环境介质作用，转变成稳定的物质。在这一过程中，金属失去电子变成金属离子或金属化合物，而环境介质获得电子。这是一种自发的、自动进行的过程。根据金属与介质作用的方式分类，可以把这些过程的反应分为化学反应和电化学反应。某些时候，化学反应和电化学反应可以使金属材料的性能得到改善，但在更多情况下，化学反应或电化学反应会使金属材料的性能受到破坏，即使材料受到腐蚀。金属材料由于化学反应和电化学反应发生的失效分别称为化学腐蚀失效和电化学腐蚀失效。

6.2.1 金属腐蚀的化学反应

化学腐蚀的方式是环境介质中的某些组分在与金属表面接触时取得金属原子的价电子而被还原，与失去价电子的被氧化的金属形成腐蚀产物，一般情况下，这种腐蚀产物覆盖于金属表面上。常见的化学腐蚀有两种，一种是干燥气体介质的腐蚀，如氧化、硫化、卤化和氢蚀等；另一种是液体介质的腐蚀，如非电解质溶液的腐蚀、液态金属的腐蚀、低熔点氧化物的腐蚀等。常见的金属零件化学腐蚀是金属在高温气体中的氧化。下面以金属在干燥气体中的氧化为例，简述化学腐蚀的基本过程和规律。

1. 氧化反应过程

例如，铁和空气中的氧反应，产生氧化腐蚀。

$$4Fe + 3O_2 \rightarrow 2Fe_2O_3 \tag{6-11}$$

$$3Fe + 2O_2 \rightarrow Fe_3O_4 \tag{6-12}$$

其产物（Fe_2O_3 或 Fe_3O_4）一般都形成一层覆盖于金属表面上的膜。金属在某种介质中耐化学腐蚀的能力，就取决于其在该种介质中所产生的膜的结构和性质。如果形成的膜稳定性好、致密（强度高、内应力小）并与基体结合牢固，即形成“钝化膜”，其阻止金属或介质原子通过或扩散的能力愈强，即耐化学腐蚀能力愈强。

2. 氧化发生的条件

以二价金属为例，氧化反应可以表示为

$$2M + O_2 \rightarrow 2MO \tag{6-13}$$

式(6－13)反应达到平衡时体系中氧的分压称为金属氧化物的分解压，用 p_{MO} 表示。p_{MO} 是在含氧环境中稳定性的参量，比较 p_{MO} 和金属所处环境氧的分压 p_{O_2} 的相对大小，可以判断金属是否具有氧化倾向。

当 $p_{O_2} = p_{MO}$ 时，金属与其氧化物处于平衡状态；

当 $p_{O_2} > p_{MO}$ 时，金属不稳定，具有氧化倾向，生成金属氧化物；

当 $p_{O_2} < p_{MO}$ 时，金属稳定，金属氧化物具有还原倾向，分解成金属。

常温下大气环境中氧的分压为 0.022 MPa，所以在常温下如果某一金属的氧化物分解压小于 0.022 MPa，该金属就可能氧化。金属的氧化物分解压是温度的函数，一般随温度的上升而增加。

3. 氧化膜的保护性

金属在常温大气环境下生成的自然氧化膜厚度大致相当于数个分子，对金属的光泽没有影响，肉眼感觉不出。随着温度的升高，氧化膜增厚，会呈现出不同的色彩，肉眼可以观察到氧化膜的存在。氧化膜的存在或多或少地阻隔了金属与介质之间的物质传递，不同程度地减缓了金属继续氧化的速度。氧化膜的保护性能与膜的结构关系密切，只有致密、完整的氧化膜才能把金属表面完全遮盖，从而提供良好的保护作用。

金属氧化膜完整的必要条件是金属氧化物的体积(V_{MO}) 大于生成此氧化物所消耗掉的金属体积(V_M)，也就是满足如下关系式：

$$V_{MO}/V_M > 1 \tag{6-14}$$

此比值不宜过大，比值过大形成氧化膜后内应力太大，膜容易破坏。一般认为，当 $2.5 > V_{MO}/V_M > 1$ 时，更利于生成完整的氧化膜。部分金属的氧化膜与金属体积比见表 6－3。

表 6－3　部分金属的氧化膜与金属体积比

金属	氧化物	V_{MO}/V_M	金属	氧化物	V_{MO}/V_M
K	K_2O	0.45	Ti	Ti_2O_3	1.48
Na	Na_2O	0.55	Zn	ZnO	1.55
Ca	CaO	0.64	Cu	Cu_2O	1.64
Ba	BaO	0.67	Ni	NiO	1.65
Mg	MgO	0.81	Cr	Cr_2O_3	2.07
Al	Al_2O_3	1.28	Fe	Fe_2O_3	2.14
Pb	PbO	1.31	Si	SiO_2	1.88
Sn	SnO_2	1.32	W	W_2O_3	3.35

由表 6－3 可以看出，Al、Cu、Fe 等金属材料 V_{MO} 与 V_M 的比值适中，有可能形成完整的氧化膜。

除致密和完整以外，氧化膜还应满足以下条件才能具有良好的保护作用。金属氧化物本身稳定、难熔、不挥发，不易与介质发生作用而被破坏；氧化膜与基体结合良好、有相近的热胀系数，不会自行或受外界作用而剥离脱落；氧化膜有足够的强度和塑性，足以经受一定的应力、应变作用。

4. 氧化膜的生长规律

不同的金属，其氧化膜生长呈现不同的规律，常见的有以下几种规律：

(1)直线规律

如果氧化膜对基体金属完全没有保护作用，氧化速度将直接由形成氧化物的化学反应速度决定，在温度恒定的条件下，反应速度也恒定。若以氧化时间作为自变量，得到氧化膜质量或厚度的函数，将会得到一条直线。

$$y = Kt + C \tag{6-15}$$

式中，y—— 氧化膜质量或厚度；

K—— 与温度有关的常数；

C—— 常数；

t—— 氧化时间。

反应温度不同，直线斜率不同，温度越高，斜率越大。Mg、K、Na、Ca、W、Mo、V、Ta、Nb 以及这些元素含量较高的合金的氧化都遵循直线规律。

(2)抛物线规律

当氧化膜对基体金属具有一定保护作用时，继续氧化的速度将与膜的质量或厚度成反比，呈抛物线关系：

$$y^2 = Kt + C \tag{6-16}$$

在一定温度下，很多金属和合金，如 Fe、Co、Ni、Cu 等金属的氧化物都呈现这种抛物线规律，而在氧化开始阶段，膜的生长遵循直线规律。

(3)对数规律

某些金属的氧化膜在生长过程中因体积效应内应力增大，膜的外层变得更加紧密，使氧离子或金属离子的扩散更加困难，进一步氧化的速度比抛物线规律更慢，膜的质量或厚度与时间的关系服从对数规律：

$$y = \ln(Kt) + C \tag{6-17}$$

Cr 和 Zn 在 25～225℃范围内，Ni 在 650℃以下，Fe 在 375℃以下，膜的生长都遵循对数规律。

上述三种规律是最常见的。此外，还有立方规律、反对数规律等，它们可以看成是抛物线规律和对数规律的引申。

在进行氧化速度测定时需要注意的是，由于氧化物的体积大于其所消耗掉的金属的体积，随着膜的生长，膜内产生的内应力也增大，以致氧化膜可能破裂，导致金属氧化加速。

环境温度对金属氧化曲线有两方面的影响。一方面，温度影响金属的氧化速度，大多数金属氧化速度随温度升高而急剧增大；另一方面，温度可能改变氧化反应的规律。

6.2.2 金属腐蚀的电化学反应

1. 电化学反应过程

当环境介质含离子导体时，金属与介质的作用将以另一种方式进行。这时金属失去电子

(广义也称为氧化)和介质获得电子这两个过程在金属表面的不同部位同时进行,并且得失电子的数量相等。金属被氧化后成为正价离子(包括络合离子)进入介质或成为难溶化合物(一般是金属的氧化物或含水氧化物或金属盐)留在金属表面。金属失去的电子通过金属材料本身流向金属表面的另一部位,在那里由介质中被还原的物质所接受。按这种途径进行的反应称为电化学反应,或称为电化学腐蚀。金属在酸、碱、盐溶液中,在土壤、潮湿的大气等多种环境中发生的腐蚀都是电化学腐蚀。电化学腐蚀是最普遍的腐蚀现象。

2. 腐蚀电池

金属在电解质溶液中的腐蚀是电化学腐蚀的过程,是一个有电子得失的氧化还原反应,可以用热力学的方法研究其平衡状态,也可用热力学的方法判断它的变化倾向。工业用金属一般都含有杂质,当其浸在电解质溶液中时,发生电化学腐蚀的实质就是在金属表面形成了许多以金属为阳极,以杂质为阴极的腐蚀电池。绝大多数情况下,这种电池是短路的原电池。

如图 6-1 所示,将锌片和铜片浸入稀硫酸溶液中,稳定一段时间后,再用导线把它们连接起来,构成一个工作状态下的电池。由于锌电极的电位较低,铜电极的电位较高,它们各自在电极/溶液界面建立起的电极过程的平衡状态受到破坏,并在两个电极上分别发生如下电极反应:

锌电极上发生氧化反应:$Zn \rightarrow Zn^{2+} + 2e^-$。

铜电极上发生还原反应:$2H^+ + 2e^- \rightarrow H_2$。

电池反应:$Zn + 2H^{2+} \rightarrow Zn^{2+} + H_2 \uparrow$。

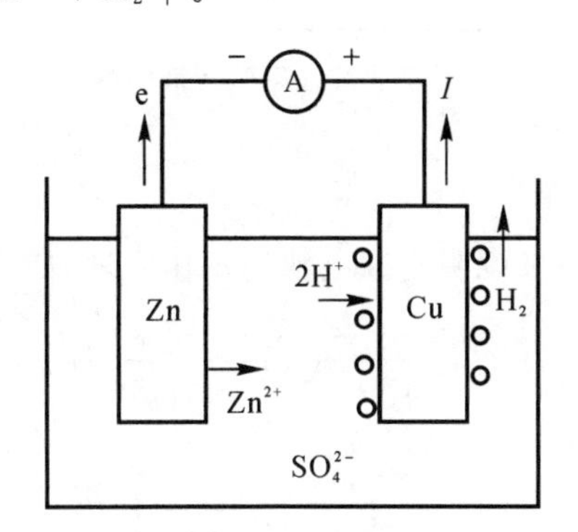

图 6-1　锌与铜在稀硫酸溶液中构成的腐蚀电池

可见,铜-锌电池接通以后,由于锌片的溶解,电子沿导线流向铜片,而电流的方向则是由铜片指向锌片。

如果使铜板和锌板直接接触,并浸入稀硫酸溶液中,锌块表面也会逐渐溶解,同时,在铜块表面有大量的氢气析出。类似这样的电池称为腐蚀原电池或腐蚀电池,它只能导致金属材料发生破坏而不能对外做有用电功,是短路的原电池,如图 6-2 所示。

由于工业用金属中杂质的电位一般都比其基体金属的电位高,因此,当将其浸在电解质溶液中时,表面会形成许多微小的短路原电池(或腐蚀微电池),图 6-3 所示为工业用锌在硫酸溶液中的溶解。除杂质外,金属表面加工程度的不均匀、金相组织或受力情况的差异及晶界、位错等缺陷的存在,甚至金属原子的不同能量状态都有可能产生电化学不均匀性,从而产生微阳极区和微阴极区而构成腐蚀微电池。

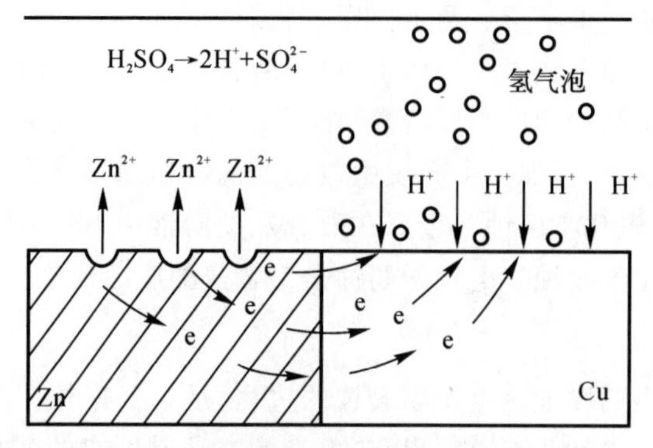

图 6-2 与铜接触的锌在稀硫酸溶液中溶解

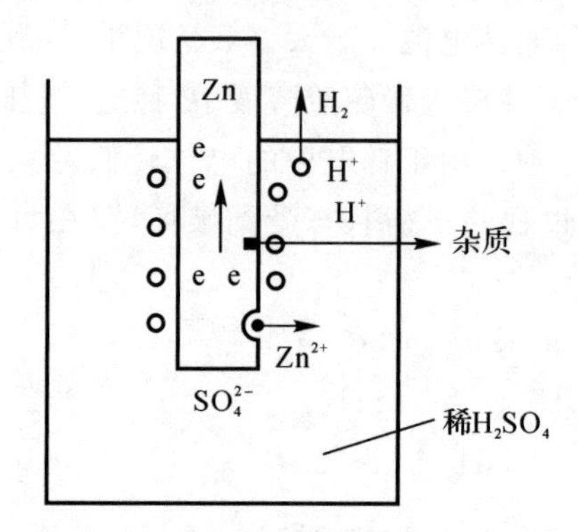

图 6-3 工业锌在硫酸溶液中的溶解

3. 腐蚀电池的工作原理

下面以铁-铜腐蚀电池为例来说明腐蚀电池的工作原理，如图 6-4 所示。

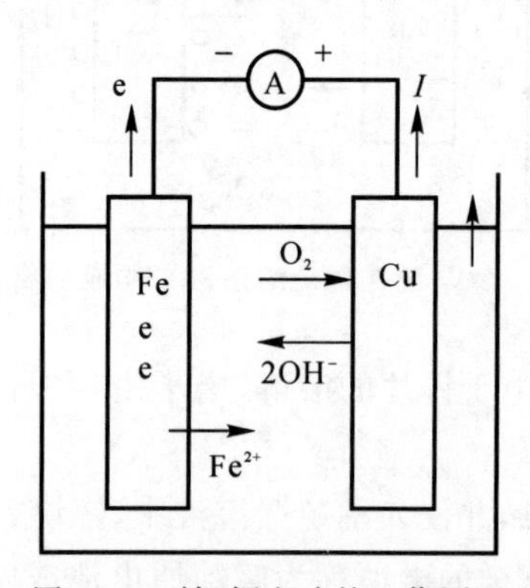

图 6-4 铁-铜电池的工作原理

25 ℃时，铁与铜在中性的 W_{NaCl} 为 3%的溶液中组成电池，它们的电极电位分别为−0.5 V 和+0.05 V，因为此时氧的平衡电极电位为+0.815 V，所以就形成了如下的电池反应：

铁为阳极，发生氧化反应：$Fe \rightarrow Fe^{2+} + 2e^-$。

铜为阴极，发生还原反应：$\frac{1}{2}O_2 + H_2O + 2e^- \rightarrow 2\ OH^-$。

电池反应：$Fe+\frac{1}{2}O_2+H_2O \rightarrow Fe^{2+}+2OH^-$。

只要溶液中的氧不断地到达阴极并发生还原反应，铁的溶解就可以一直进行下去。

由此可见，一个腐蚀电池必须包括阳极、阴极、电解质溶液和外电路，这4个部分缺一不可。由这4个部分构成腐蚀电池工作的3个必需环节，即阳极过程、阴极过程和电流流动过程。

(1)阳极过程

金属发生阳极溶解，以金属离子或水化离子的形式进入溶液，同时，将等量电子留在金属表面。

(2)阴极过程

通过外电路流过来的电子被来自电解质溶液且吸附于阴极表面能够接受电子的氧化性物质所吸收。在金属腐蚀中，将溶液中的电子接受体称为阴极去极化剂。

(3)电流流动

在金属中，电流流动是依靠电子从阳极经导线流向阴极，在电解质溶液中则是依靠离子的迁移。

腐蚀电池工作的3个环节既相互独立又彼此紧密联系、相互依存，只要其中一个环节受阻停止工作，整个腐蚀过程也就停止。

此外，阳极过程和阴极过程中的产物还会因扩散作用，使其在相遇处发生腐蚀次生反应，形成难溶性产物。图6-4所示的腐蚀电池就会生成氢氧化铁的沉淀物：

$Fe^{2+}+2OH^- \rightarrow Fe(OH)_2$（当$pH>5$时）。

一般情况下，腐蚀产物在从阳极区扩散来的金属离子和从阴极区迁移来的氢氧根离子相遇的部位形成。这种腐蚀二次产物的沉积膜在一定程度上可阻止腐蚀过程的进行，一般情况下，由于沉积膜比较疏松，因此其保护性要比金属与氧直接发生化学反应所生成的氧化膜差得多。

3. 腐蚀电池的类型

根据组成腐蚀电池的电极大小、形成腐蚀电池的主要影响因素及金属腐蚀的表现形式，可以将腐蚀电池分为两大类：宏观腐蚀电池和微观腐蚀电池。

(1)宏观腐蚀电池

宏观腐蚀电池通常由肉眼可见的电极构成，一般会引起金属整体或局部的宏观浸蚀破坏。宏观腐蚀电池有以下几种构成方式：

1)异种金属接触电池。当两种不同的金属或合金相互接触（或用导线连接起来）并处于电解质溶液中时，电极电位较负的金属将不断受到腐蚀作用而溶解，而电极电位较正的金属却得到了保护。这种腐蚀称为接触腐蚀或电偶腐蚀。两种金属的电极电位相差愈大，电偶腐蚀也愈严重。另外，电池中阴、阳极的面积比和电解质的电导率等因素也对电偶腐蚀有一定的影响。

2)浓差电池。浓差电池是同一种金属的不同部位所接触的介质的浓度不同构成的。最常见的浓差电池有两种，具体如下。

a. 溶液浓差电池。金属的不同部位接触到的电解质溶液的浓度不同(溶液存在浓度差)而构成的浓差电池。例如,长铜棒的一端与稀的硫酸铜溶液接触,另一端与浓的硫酸铜溶液接触,即构成溶液浓差电池。电池反应是 Cu^{2+} 的浓差迁移过程,铜棒处于稀溶液中的部分是阳极,被腐蚀溶解。

b. 氧浓差电池。金属与含氧量不同的溶液接触构成的浓差电池。由于溶液含氧量的大小与空气流通状况有关,因而又称为充气不匀电池。

例如,铁桩插入土壤中,下部容易腐蚀。这是因为土壤上部含氧量高,下部含氧量低,形成了一个氧浓差电池。含氧量高的上部电极电位高,是阴极;含氧量低的下部电极电位低,是阳极,此处金属易被腐蚀。另外,铁生锈形成的缝隙以及结构破坏造成的金属缝隙往往也会形成氧浓差电池,使金属遭受腐蚀破坏。

c. 温差电池。温差电池是金属处于电解质溶液中的温度不同而构成的浓差电池。高温区是阳极,低温区是阴极。温差电池腐蚀常发生在换热器、浸式加热器及其他类似设备中。

(2)微观腐蚀电池

处在电解质溶液中的金属表面存在许多极微小的电极形成的电池称为微观电池,简称"微电池"。微电池是金属表面的电化学不均匀性而引起的。不均匀性的原因主要有如下几种:

1)金属化学成分的不均匀性。工业用金属一般都含有许多杂质,当金属与电解质溶液接触时,这些杂质以微电极的形式与基体金属构成众多的短路的微电池体系。如果杂质是微阴极,就将加速基体金属的腐蚀;反之,基体金属会受到某种程度的保护而减缓腐蚀。碳钢和铸铁是制造设备最常用的材料,由于它们都含有 Fe_3C 和石墨、硫等杂质,在与电解质溶液接触时,这些杂质的电极电位比铁高,构成无数个微阴极,从而加速了基体金属(铁)的腐蚀。

2)组织结构的不均匀性。同一金属或合金内部一般都存在着不同的结构区域,因而有不同的电极电位值。例如,晶界是金属中原子排列较为疏松而紊乱的区域,容易富集杂质原子,产生晶界吸附和晶界沉淀。这种组织结构的不均匀性一般会使晶界比晶粒内更活泼,具有更负的电极电位值。实验表明,工业纯铝晶粒内的电位为+0.585 V,晶界处为+0.494 V。因此晶界成为微电池的阳极,腐蚀首先从晶界开始发生。

3)物理状态的不均匀性。机械加工过程常会使金属某些部位的变形量和应力状态不均匀。一般情况下,变形较大和应力集中的部位成为阳极,腐蚀首先从这些部位开始发生。如机械弯曲的弯管区易发生腐蚀破坏就是物理状态的不均匀性导致的。

4)金属表面膜的不完整性。表面膜是指初生膜。如果这种膜不完整(即不致密),相对于完整表面来说,有孔隙或破损处的金属具有较负的电极电位,成为微电池的阳极而被腐蚀。

在生产实践中,要想使整个金属表面上各点的电位完全相等是不可能的。这种由各种因素使金属表面的物理和化学性质存在的差异统称为电化学不均匀性,是构成腐蚀电池的基本原因。

综上所述,腐蚀电池的工作原理与一般原电池并无本质区别。但腐蚀电池又有自己的特征,即一般情况下,它是短路电池;它也产生电流,但其电能不能被利用,而是以热的形式散失掉。

6.3　腐蚀失效形式

腐蚀失效形式有很多种，并且有不同的分类方法。据腐蚀失效案例统计，电化学腐蚀要多于化学腐蚀，局部腐蚀则不仅远多于全面腐蚀，其危害性也大得多，并且预测和监控都比较困难，因此其破坏性也更为严重。本节第一部分主要介绍金属的主要腐蚀形式，包括均匀腐蚀、点腐蚀、缝隙腐蚀、晶间腐蚀和接触腐蚀等相关内容。由于应力腐蚀、疲劳腐蚀及磨损腐蚀的内容与断裂失效和磨损失效内容有交叉，在本书相关章节中已做论述，因此本节不再赘述；第二部分简要介绍金属在自然界中的腐蚀现象，包括大气腐蚀、土壤腐蚀和海水腐蚀。此外，即使对同一种形式的腐蚀，不同文献中的名称也可能会有差异，这点读者需注意。

6.3.1　金属的主要腐蚀形式

6.3.1.1　均匀腐蚀

1. 腐蚀过程及特征

均匀腐蚀是指从宏观上观察，腐蚀破坏均匀分布于整个金属表面，其结果是使零件截面尺寸减小，直至零件完全破坏。

均匀腐蚀的特征表现为腐蚀的均匀性。被腐蚀金属的表面具有均匀的化学成分和显微组织，同时腐蚀环境介质均匀而且不受限制地包围金属表面。因此，均匀腐蚀可在大气、液体以及土壤里发生，且常在正常条件下发生。

均匀腐蚀可以是化学反应的产物，也包括相距很近的微阳极和微阴极区域之间的电化学作用，即均匀腐蚀可认为是在整个金属表面发生的无数微小的局部电化学腐蚀。

均匀腐蚀的金属表面通常呈现略显缓和的高低起伏形态，如图 6 - 5 所示。表面可能色泽微暗，但仍较光滑（如银在空气中被腐蚀），也可能被耗蚀一大片金属而使表面稍微变粗（如钢的锈蚀）。其中，银表面变暗是因为产生了一层薄而致密的附着于表面的保护膜，而钢在大气环境中反应产生的是疏松附着的、多孔的腐蚀产物层。

图 6 - 5　均匀腐蚀

由于材质及环境不可能绝对均匀，金属零件实际上不可能被绝对均匀地腐蚀，即从微观上观察，腐蚀是不均匀的。因此，一般把金属零件相对比较均匀的腐蚀也算作均匀腐蚀。用平均腐蚀速率表示腐蚀进行的快慢。工程上常以单位时间内腐蚀的深度表示金属的平均腐蚀速率，即金属零件的厚度在单位时间内的减薄量。

均匀腐蚀就腐蚀总量而言，质量损失极大，但由于腐蚀速率恒定，材料的使用寿命可以预先估计，而且可以通过采用加大设计尺寸的方式延长零件的使用寿命。同时，由于材料表面均匀耗损，不易造成应力集中，因此，均匀腐蚀后果反而不太严重。

2. 发生的条件

均匀腐蚀发生的条件为环境介质的物理、化学和电化学条件及金属的表面状态、化学成分、组织结构都是均匀的，不构成局部腐蚀电池，而是构成无数的微电池。腐蚀分布于整个金属表面，使零件截面尺寸减小，直至完全破坏。纯金属以及组织成分均匀的合金在均匀的介质环境中表现出这类腐蚀形态，比如，钢铁在普通的大气和水溶液中所发生的腐蚀、锌在稀硫酸中的溶解以及碳钢在强的酸碱溶液中发生的腐蚀都属于均匀腐蚀。

3. 影响因素

对于金属的均匀腐蚀，人们主要关注的是腐蚀速率。影响腐蚀速率的因素主要是金属所处环境介质中腐蚀剂的浓度与温度。

(1)腐蚀剂浓度

腐蚀剂浓度的高低明显影响金属的腐蚀速率，但不存在简单的函数增减关系金属在不同腐蚀剂中腐蚀速率的规律不同，即使在同一腐蚀剂中，在浓度不同时，腐蚀速率也有相反的规律。如图 6-6(a)所示，铁在盐酸中的腐蚀速率随盐酸浓度的增大而加剧，盐酸浓度增大 40%时为一极限值。铁在稀的无机酸中腐蚀的主要反应：

阴极

$$2H^+ + 2e^- \rightarrow H_2\uparrow \tag{6-18}$$

阳极

$$M \rightarrow M^{+n} + ne^- \tag{6-19}$$

式中，M——金属；

n——离子或电子数目。

如图 6-6(b)、(c)所示，铁在硫酸和硝酸中的腐蚀速率，由于达某一极限值(硫酸浓度达55%；硝酸浓度达 35%)时，金属表面形成一层钝化膜(钝性氧化膜)，因此，腐蚀速率随酸浓度的增加而降低。但是，这种钝化膜的存在状态不是十分稳定的。并且，随着酸浓度增加到浓酸线(硫酸浓度达 100%；硝酸浓度达 70%)，腐蚀速率降低到最低，但还是达 0.025 $mm \cdot a^{-1}$以上。

(2)腐蚀剂的温度

温度升高，金属的腐蚀率增大，这里的温度应区分为两种情况：腐蚀剂的整体温度与金属和腐蚀剂界面处的温度。界面温度通常比整体温度高得多，因此，界面腐蚀速率也会大得多，这种现象称为热壁效应。例如，加热器蛇形管在溶液中以及界面处的腐蚀速率可能相差几倍。

温度升高，腐蚀速率约成指数规律增大，其中一个重要原因就是金属表面附着的某种防护膜在室温或某一温度区域内是稳定的，而在高温时可能突然发生破坏使腐蚀速率迅速增加。

需要注意的是，溶液温度升高而腐蚀速率反而降低的情况也是有的。例如，水溶液温度的升高，特别是达到沸点时，由于水中含氧量减少，随着温度的升高，钢在水中的腐蚀速率有所降低。另外,适当升高温度,使金属表面形成一薄层保护膜,或使表面钝化,从而可降低腐蚀速率。

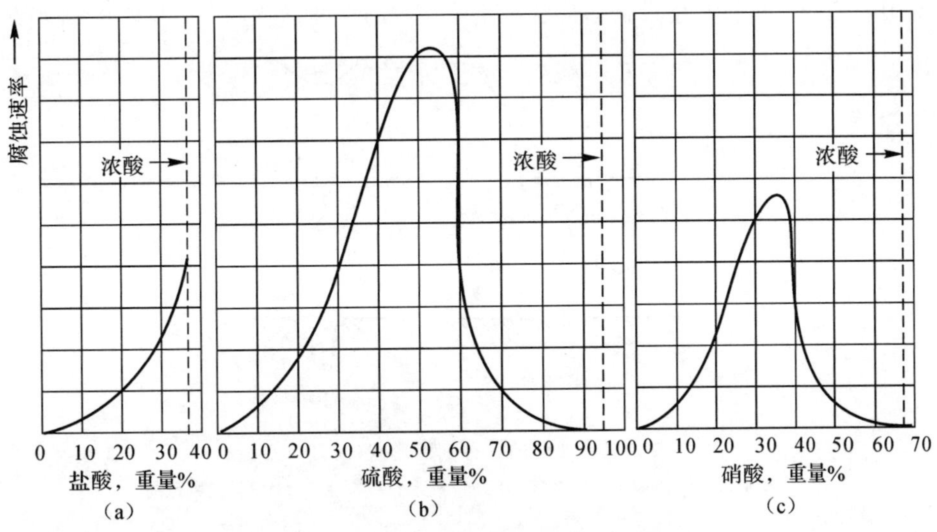

图6-6　室温下酸浓度对铁腐蚀速率的影响

(a)铁在盐酸中;(b)铁在硫酸中;(c)铁在硝酸中

注:图中纵坐标(腐蚀速率)的标度对(a)、(b)、(c)三者并不一样

6.3.1.2　点腐蚀

1. 腐蚀过程及特征

点腐蚀又称孔蚀、小孔腐蚀,是电化学腐蚀的一种形式。其形成过程是,介质中的活性阴离子被吸附在金属表层的氧化膜上,并对氧化膜产生破坏作用。被破坏的部位(阳极)和未被破坏的部位(阴极)则构成钝化-活化电池。由于阳极面积相对很小,电流密度很大,很快形成腐蚀小坑。同时电流流向周围的大阴极,使此处的金属发生阴极保护而继续处于钝化状态。溶液中的阴离子在小孔内与金属正离子组成盐溶液,小孔底部的酸度增加,使腐蚀过程进一步进行。

点腐蚀的破坏主要集中于某些活性点上,腐蚀较集中于局部,呈尖锐小孔,进而向金属内部深处不断延伸发展,形成孔穴甚至穿透(孔蚀)。点腐蚀是一种隐蔽性强、危险性很大的局部腐蚀,其危害性仅次于应力腐蚀,必须引起高度重视。由于阳极面积与阴极面积相比很小,而阳极电流密度大,虽然宏观腐蚀量极小,但活性溶解继续深入,造成应力集中,加速了零部件的破坏。同时,点腐蚀与其他类型的局部腐蚀,如缝隙腐蚀、应力腐蚀和腐蚀疲劳等都具有密切关系。

点腐蚀的危险性主要在于点腐蚀发展过程不易被检测与发现。一种情况是点腐蚀与均匀腐蚀或全面腐蚀共存时,微小点腐蚀坑易被全面腐蚀的腐蚀产物遮掩而被忽视;另一种情况是点腐蚀坑即使已造成穿孔破坏,但其在表面仍很微小,或因其使金属只产生很小的重量损失而被忽略掉。

大多数的点腐蚀,外观形貌有如下几种特征:

1)大部分金属表面的点腐蚀极其轻微,有的甚至光亮如初,仅在局部出现腐蚀小坑。

2)有的点蚀凹坑仍有金属光泽,若将凹坑表皮去掉,则可见严重的腐蚀坑。

3)蚀坑表面有时被一层腐蚀产物所覆盖。去除腐蚀产物后，可见严重的腐蚀坑。

4)在某种特定的环境下，腐蚀坑呈现宝塔状的特殊形貌。

一些国家已对点腐蚀程度及剖面形状制定了相应的标准，如图 6-7 及表 6-4 所示。

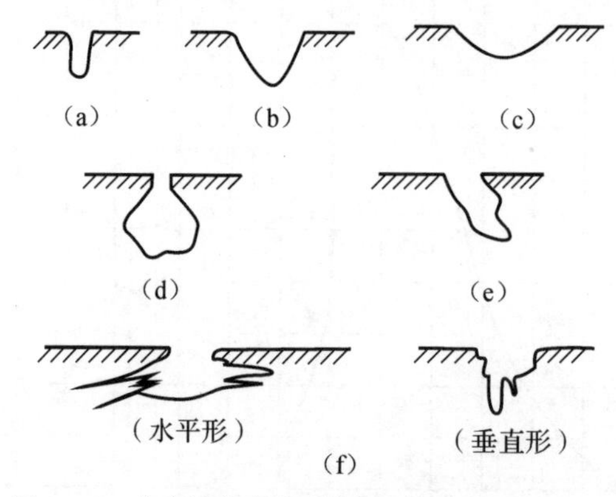

图 6-7　点腐蚀坑的各种剖面形状(ASTM G46)

(a)楔形；(b)椭圆形；(c)盘碟形；(d)皮下囊形；(e)掏蚀形；(f)显微结构取向

表 6-4　点腐蚀的评级标准(ASTM G46)

评级	蚀坑密度/m^{-2}	蚀坑尺寸/mm^2	蚀坑深度/mm
1	2.5×10^3	0.5	0.4
2	1×10^4	2.0	0.8
3	5×10^4	8.0	1.6
4	1×10^5	12.5	3.2
5	5×10^5	24.5	6.4

2. 发生的条件

点腐蚀通常发生于潮湿环境(化工设备，地下输气、液管道等)或者大气中表面局部凝聚水膜的金属表面。

金属表面的不均匀性，如表面缺陷、夹杂和划痕等容易导致点腐蚀发生，当介质中的卤族元素和氧化剂同时存在时，有利于点腐蚀的形成和发展，点腐蚀易在介质滞留的区域发生。在金属表面局部缺陷——伤痕、露头、位错、内部夹杂及晶界异相沉积处形成点蚀源，并在化学腐蚀和电化学腐蚀的共同作用下，孔蚀沿重力方向或横向发展，严重时可穿透金属。

金属材料一般只有在特定的介质中才能发生点腐蚀。例如，采用不锈钢或其他具有钝化-活化转变的金属材料制造的机械设备，只有当介质中的氯离子和氧化剂(如溶解氧)同时存在时才容易发生点腐蚀。大部分设备发生的点腐蚀失效都是由氯化物和氯离子引起的，特别是次氯酸盐，其点腐蚀倾向很大。如果在氯化物溶液中含有铜、铁及汞等金属离子，其危害更大。

一般认为，只有当特定介质中的离子浓度达到一定值后才会发生点腐蚀，这个浓度与材料成分和使用状态等因素有关，一般将发生点腐蚀的最小氯离子浓度作为评定点腐蚀趋势的一个参量。

3. 影响因素

点腐蚀的影响因素有点腐蚀电位、金属材料的组织结构和其中的合金元素、介质特性、金属与环境介质的组合以及金属的表面状态等。

(1)点腐蚀电位

点腐蚀电位越低,越易发生点腐蚀。金属在介质中的点腐蚀电位又随介质中 Cl^- 浓度、pH 值和温度的增高而降低。对于不锈钢,其临界电位在介质溶液 NaCl 中加入其他盐类(如 Na_2SO_4、$NaNO_3$、$NaClO_4$)时有所提高,而当所加入的其他盐类的浓度增加到某一临界值时,其临界(点腐蚀)电位高于其腐蚀电位,点腐蚀就不会发生。各种钢材的临界电位可由其在不同介质中的阳极极化曲线而定。

(2)金属中的合金元素

钢材的化学成分对钢的点腐蚀抗力有很大影响。对于不锈钢在氯化物溶液中的点腐蚀性能来说,镍、铬、钒、硅、钼、银、氮等元素具有有利的影响;硫、锰、钛、硒、镉等具有有害的影响;钴、钨、铅、磷等基本无影响。提高不锈钢耐点蚀性的合金元素首先是铬。

(3)材料的组织结构

金属材料的组织结构对点腐蚀性能具有重要影响。许多异相质点,如硫化物夹杂、α 相、α′相、δ-铁素体、敏化晶界及焊缝等缺陷组织都可能成为点腐蚀的敏感区域。

对于组织状态复杂的铸造不锈钢来说,组织不均匀性造成的选择性点腐蚀现象更加明显。含 Al_2O_3 的复合硫化锰杂质是点腐蚀最敏感的部位。因此,在冶炼不锈钢时,应避免采用铝脱氧剂。

(4)介质特性

金属材料在静止的介质中易发生点腐蚀,而在流动的介质中不易发生点腐蚀。例如,泵及离心机叶片等,在其运行过程中是不易发生点腐蚀的,而在停运期间浸泡在介质中则易发生点腐蚀;含氯离子的溶液最易造成点腐蚀。材料的抗点腐蚀性能(点腐蚀电位)与氯化物的浓度有很大关系。通常,随氯化物浓度的增加,材料的点腐蚀电位降低,即点腐蚀倾向性加大。介质中如存在有氧化性的阴离子,则对点腐蚀的发生往往有不同程度的抑制作用;升高介质温度通常使材料的点腐蚀电位降低,即加大点腐蚀倾向性。

(5)金属与环境介质的组合

点腐蚀与金属和环境介质的组合有关。金属材料只有在特定介质中且离子浓度达到一定值后才会发生点腐蚀。碳钢和低合金钢在活化性不大的腐蚀剂中反应,其腐蚀速率较低,但对于耐蚀合金(如不锈钢),如接触介质为含有卤、氯离子的潮湿空气,则不仅会使腐蚀速率加快,而且会使腐蚀向深部发展。

(6)金属的表面状态

粗糙的表面会增加水分及腐蚀物质的吸附量,从而加速材料的腐蚀。一般来说,金属表面越光洁、越均匀,其耐腐蚀性能越好。零件在装配或运输过程中造成的机械损伤,会增加材料对点腐蚀等局部腐蚀的敏感性。对于一个给定的材料/环境体系,决定材料点腐蚀电位的主要因素是材料的表面状态。

6.3.1.3　缝隙腐蚀

1. 腐蚀过程及特征

缝隙腐蚀是在电解质中(特别是含卤素离子的介质中),在金属与金属或金属与非金属表面之间狭窄的缝隙内发生的一种局部腐蚀。在狭缝内，溶液的移动受到阻滞，溶液中的氧逐渐被消耗，缝隙内的氧浓度低于周围溶液中的氧浓度，使缝隙内的金属为小阳极，而周围的金属为大阴极。电解质溶液中的氯离子从缝隙外不断向缝隙内迁移，同时，金属氯化物的水解自催化酸化过程，导致钝化膜被破坏，从而形成了电化学腐蚀的微电池条件，造成沿缝隙深度方向的局部腐蚀。

缝隙腐蚀的机理是"浓差电池"的电化学反应。在金属表面的缝隙内，介质处于静滞状态，缝隙内的氧逐渐被耗尽，使缝隙与周围金属氧浓度不同而形成浓差电池，引起缝隙腐蚀。

阴极反应

$$\frac{1}{2}O_2+H_2O+2e^-\rightarrow 2\,(OH)^- \tag{6-20}$$

如图 6-8 所示，在缝隙内，水中所溶解的氧由于需要扩散而进行得很慢，而在缝隙外却有充分的氧，致使阴极反应得以持续进行。因此，缝隙区就成为阳极，并发生阳极反应：$Fe\rightarrow Fe^{2+}+2e^-$，在缝隙与相邻的较突出的部位之间形成了氧浓差电池。如果水溶液中含有 Cl^-（例如海水），则缝隙中的 Fe^{2+} 将通过静电作用而吸引缝隙外面的 Cl^-。除碱金属盐之外，大多数金属的氯化物和硫酸盐在水中将发生水解，从而使金属正离子（M^+）转变为不溶解的氢氧化物：

$$M^++Cl^-+H_2O\rightarrow MOH+H^++Cl^- \tag{6-21}$$

铁的氢氧化物即为铁锈。同时，水解反应显然对缝隙区的阳极反应有加速作用，其中，阴离子（Cl^-）对铁锈的生成和腐蚀都有催化作用。

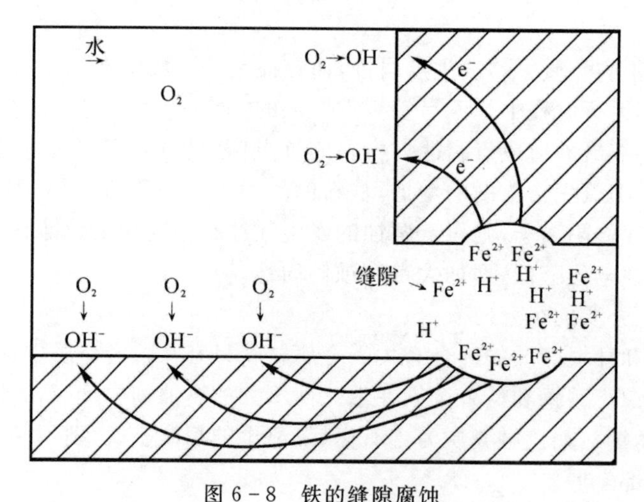

图 6-8　铁的缝隙腐蚀

缝隙腐蚀一般只在设备或部件存在有狭缝的局部地区发生，而不是整个表面，通常呈现出具有一定形状（视缝隙的形状而异）的溃疡般沟槽或类似点腐蚀连成的片状破坏。

金属在腐蚀介质中，其表面铆接、焊接、螺纹连接等非金属连接方式（如螺栓连接处、垫圈、衬板、缠绕和金属重叠处），因表面落有灰尘、砂粒、垢层和浮着沉积物等固体物质时，由于存在电解液溶液而发生缝隙腐蚀。不锈钢、铝合金和钛等对缝隙腐蚀的敏感性最大。

2. 发生的条件

发生缝隙腐蚀的狭缝尺寸及形状应满足腐蚀介质（主要是溶解的氧、氯离子及硫酸根）进入并滞留在其中的几何条件。在机械设备中，金属与金属或者金属与非金属结构形成的缝隙足以使电解质溶液进入缝隙，并且使溶液滞留在缝隙内，从而发生缝隙腐蚀。狭缝的宽度为 0.1～0.12 mm 时最为敏感，大于 0.25 mm 的狭缝，由于腐蚀介质可以进行自由流动，一般情况下不易发生缝隙腐蚀。大多数金属都会发生缝隙腐蚀，易钝化的金属材料对缝隙腐蚀更敏感。通常钝性金属在含氯离子的介质中容易发生缝隙腐蚀。几乎所有腐蚀介质(包括淡水)都能引起缝隙腐蚀，充气的含活性阴离子的中性介质最易发生。在通用机械设备中，法兰的连接处，与铆钉、螺栓、垫片、垫圈(特别是橡胶垫圈)、阀座、松动表面的沉积物以及附着的海洋生物等相接触处，都易发生缝隙腐蚀。

3. 影响因素

(1)金属中的合金元素

钢材的化学成分对缝隙腐蚀有很大的影响。镍、铬、钼对提高钢材的抗缝隙腐蚀能力具有有利的影响。对于含铜的奥氏体不锈钢，硅、铜、氮对提高钢材在海水中的抗缝隙腐蚀能力有利。在已有的研究工作中，发现铑、钯具有不利的影响，钛、镉的影响不明显。

(2)材料的组织结构

金属材料的组织结构对缝隙腐蚀的影响与对点腐蚀的影响相似。许多异相质点，如硫化物夹杂、α 相、α' 相、δ -铁素体，对缝隙腐蚀性能均有不利的影响。对于双相不锈钢来说，奥氏体和铁素体的相界面是缝隙腐蚀的萌生和扩展的敏感区域，使双相不锈钢呈现深度的缝隙腐蚀。

(3)缝隙的几何因素

缝隙的几何因素包括几何形状、缝隙的宽度和深度以及内外面积比。缝隙宽度对缝隙腐蚀的深度及腐蚀率有很大的影响。缝隙宽度变窄时，腐蚀率随之升高，腐蚀深度也随之变化。缝隙腐蚀量与缝隙外部面积呈近似线性关系，即随缝隙外部面积的增大，腐蚀量呈直线增加。

(4)环境介质因素

影响缝隙腐蚀的环境介质因素主要包括溶解氧量、电解质的流速、温度、pH 值、Cl^- 及 SO_4^{2-} 的含量等。对于不锈钢的缝隙腐蚀来说，上述因素的增加均使缝隙腐蚀的腐蚀率增加。

(5)金属表面的固体沉积物

固体沉积物是金属管道和容器壁上的污垢，它也是影响缝隙腐蚀的主要因素之一。污垢沉积于器壁使器壁积垢处成为“浓差电池”的阳极而造成电化学腐蚀。

6.3.1.4　晶间腐蚀

1. 腐蚀过程及特征

一般金属材料都为多晶结构，晶粒之间的边界称为晶界。金属的晶界是取向不同的晶粒间原子紊乱结合的界域。因而，晶界通常是金属中的溶质元素偏析或化合物(如碳化物及 σ 相等)沉淀析出的有利部位。在某些腐蚀介质中，晶粒间的边界可能优先发生腐蚀，而晶粒本身不被腐蚀或腐蚀很轻微，这种局部腐蚀使晶粒间的结合力减弱，由此而引起的局部破坏，称为晶间腐蚀。

晶界原子排列较为混乱、缺陷多，晶界容易吸附 S、P、Si 等元素，同时，晶界容易产生碳化物、硫化物、σ 相等析出物，这就导致晶界与晶粒本体化学成分及组织的差异，在适宜的环境介质中可构成腐蚀原电池，晶界为阳极，晶粒为阴极，因此晶界被优先腐蚀溶解。

晶间腐蚀通常出现于奥氏体、铁素体不锈钢和铝合金的零部件中。铝合金由于常存在晶界析出，是典型的易发生晶间腐蚀的材料。不锈钢的晶间腐蚀，曾是化工机械中的泵、阀及离心机等零部件最严重的腐蚀形态。为防止晶间腐蚀破坏，从钢材的化学成分和热处理工艺等方面做了大量工作，取得了很好的效果，但晶间腐蚀失效现象仍时有发生。例如，不锈钢的晶界，由于碳化物的析出，附近地区的金属贫铬而成为小阳极，而含铬较高的晶粒本体成为大阴极，在存在电解质的情况下，构成了电化学腐蚀的有利条件，从而造成严重的晶间腐蚀现象。

晶间腐蚀首先在晶界上发生，但会沿着晶界向纵深发展，如图 6－9 所示。金属发生晶间腐蚀后，在宏观层面几乎看不到任何变化，几何尺寸及表面金属光泽不变，但其强度及断后伸长率显著降低。在受到冷弯变形、机械碰撞或流体的剧烈冲击后，金属表面出现裂纹，甚至变得酥脆，稍加外力，晶粒便会脱落，同时失去金属声。进行微观金相观察，可以看到晶界或邻近地区发生沿晶界均匀腐蚀的现象，有时还可看到晶粒脱离。在对断口进行扫描电子显微镜观察时，可见冰糖块状的形貌特征。

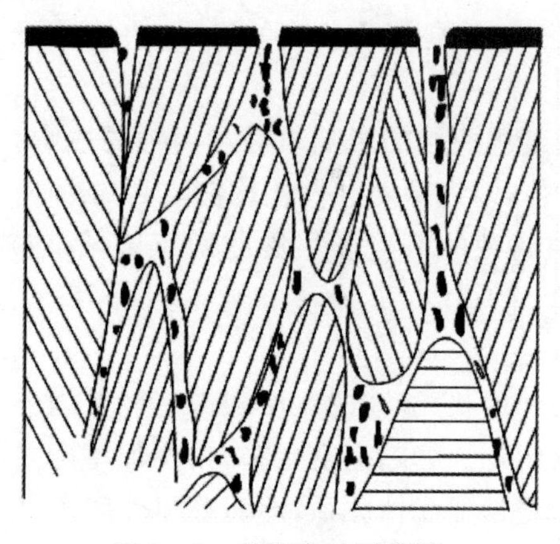

图 6－9　晶间腐蚀示意图

2. 发生的条件

某种材料是否发生晶间腐蚀取决于材料-介质体系的特征。在这种体系中，材料的晶界区域比晶粒本体的溶解速度大，由此而发生的腐蚀即为晶界腐蚀。

对于不锈钢来说，发生晶间腐蚀的条件除了化学成分不均匀外，还有特定的敏化温度范围。镍铬系奥氏体不锈钢的敏化温度一般为 400～900℃（相当于焊接接头的热影响区，即离熔合线 3～5 mm 处）；对于铁素体不锈钢，其敏化温度在 925℃以上（相当于焊接接头的熔合线处）。对于铬锰氮系奥氏体-铁素体双相不锈钢，如果其铁素体呈连续网状分布，则晶界具有腐蚀敏感性。处于敏化状态的不锈钢，也并非在所有的工作环境中都会发生晶间腐蚀，只有在能使不锈钢的晶界呈现活化状态，而晶粒呈现钝化状态的介质环境条件下，才会发生晶间腐蚀。

含稳定化元素 Ti 的不锈钢，如其中的 Ti 与 C 的质量比值偏低（一般应为 4 以上），以及超低碳不锈钢在一定的条件下（如强氧化性的工作介质），均会发生晶间腐蚀。

铝及铝合金晶界存在较多的杂质和金属间化合物（如 $CuAl_2$），在某些介质中也会发生晶间腐蚀。镍钼合金和镍铬钼合金在敏化温度下析出 M_6C 型碳化物、δ 相和 Ni_7Mo_6 相，使邻近晶界部位的钼和铬量下降，将会增加晶间腐蚀的敏感性。

3. 影响因素

金属的晶间腐蚀主要与金属晶界的化学不均匀性有关。一般情况下，只有具有晶间腐蚀倾向的金属材料接触了具有晶间腐蚀性的介质，才有可能发生晶间腐蚀。下面以奥氏体不锈钢为例，简要介绍晶间腐蚀的影响因素。

(1)材料成分影响

奥氏体不锈钢碳含量越高，晶间腐蚀倾向越大，不仅产生晶间腐蚀倾向的加热温度和范围扩大，而且使晶间腐蚀程度加重；铬、钼含量增加，有利于降低晶间腐蚀倾向；钛和铌与碳的亲和力大于铬与碳的亲和力，形成稳定的碳化物 TiC、NbC，可降低晶间腐蚀倾向。

(2)加热温度和时间的影响

奥氏体不锈钢的晶间区域贫铬受原子扩散的影响，而温度与时间对原子扩散有很大作用。温度低时，碳原子没有足够的扩散能量，不会析出碳化物；温度很高时，碳化物析出过程与重新溶入奥氏体过程是平衡的；只有在 450～850℃的敏化温度范围，奥氏体不锈钢才容易发生晶间腐蚀，其中，700～750℃温度区最危险。

在某一温度区停留的时间对扩散也有影响。即使经过敏化区的温度，若停留时间很短，碳来不及扩散至晶界；若停留时间很长，连晶粒的铬也能扩散到晶界，则晶界附近区域也不会贫铬。图 6－10 所示为金属材料在一定的温度区域及一定的保温时间内才会有晶间腐蚀倾向。

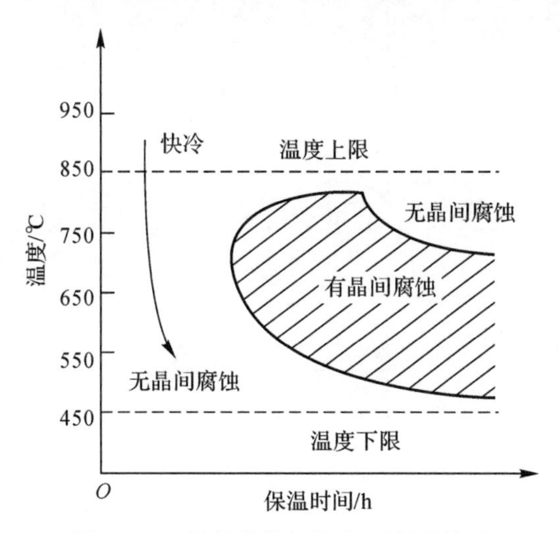

图 6－10　晶间腐蚀与温度、时间的关系

(3)环境介质的影响

并非处于敏化状态的奥氏体不锈钢在所有的环境介质中都会出现晶间腐蚀。一般，能使晶粒表面钝化、同时又使晶间表面活化的介质，或者可使晶界处的析出物相发生严重的阳极溶解腐蚀的介质，才能诱发晶间腐蚀；而那些可使晶粒及晶界都处于钝化状态或活化状态的介质，晶粒与晶界两者间的腐蚀速率无太大的差异，因此不会导致晶间腐蚀发生。

6.3.1.5　接触腐蚀

1. 腐蚀过程及特征

具有不同电位的金属在电解质溶液中相互接触，构成腐蚀原电池，电位较负的金属(阳极)

会受到电化学腐蚀而加速破坏，称为接触腐蚀，又称电偶腐蚀或异金属腐蚀。接触腐蚀是局部腐蚀的一种特殊形态。由于工业中及日常生活中无法避免同时使用数种金属，因此接触腐蚀是一种很常见的腐蚀破坏形式，在实际机械设备，尤其是飞机、轮船等复杂的设备中，接触腐蚀很普遍。在焊缝、结构中的不同金属部件的连接处等部位，也易于发生接触腐蚀。在一些类似导体、半导体的物质中，比如在有一定导电性的煤的环境中与之接触的金属也会发生腐蚀加速。

2. 产生条件

接触腐蚀发生的条件是两种或两种以上具有不同电位的物质在电解质溶液中相接触，从而使电位更负的物质加速腐蚀。

3. 影响因素

(1)接触材料的起始电位差

相接触的金属材料电位差越大，接触腐蚀倾向越大。应在设计时尽可能避免具有不同电位的金属相接触或者尽可能使相接触金属的电位差最小，不同材质零件允许接触的情况见表 6－5。

表 6－5　不同材质零件允许接触的情况

接触材质	1	2	3	4	5	6	7	8	9	10	11	12	13	14	15	16	17
1	+	+	+	+	+	+	−	△	+	+	+	+	+	△	+	+	−
2	+	+	+	+	+	+	−	△	+	+	+	+	+	△	+	+	−
3	+	+	+	+	+	+	−	△	+	+	+	+	+	△	+	+	−
4	+	+	+	+	+	+	−	△	+	+	+	+	+	△	+	+	−
5	+	+	+	+	+	+	−	△	+	+	+	+	+	△	+	+	−
6	+	+	+	+	+	+	−	△	+	+	+	+	+	△	+	+	−
7	−	−	−	−	−	−	+	+	−	−	+	−	−	−	+	+	−
8	△	△	△	△	△	△	+	+	△	△	+	−	−	−	△	+	−
9	+	+	+	+	+	+	−	△	+	+	+	+	+	△	+	+	−
10	+	+	+	+	+	+	−	△	+	+	+	+	+	△	+	+	−
11	+	+	+	+	+	+	+	+	+	+	+	+	+	△	+	+	△
12	+	+	+	+	+	+	−	−	+	+	+	+	+	+	+	+	+
13	+	+	+	+	+	+	−	−	+	+	+	+	+	+	+	+	+
14	△	△	△	△	△	△	−	−	△	△	△	+	+	+	+	+	△
15	+	+	+	+	+	+	+	△	+	+	+	+	+	+	+	+	+
16	+	+	+	+	+	+	+	+	+	+	+	+	+	+	+	+	+
17	−	−	−	−	−	−	−	−	−	−	△	+	+	△	+	+	+

注：1. 表中 1，2，…，17 为材质代号：1—钢镀铬、镀镍、镀铜；2—钢、铜和铜合金的镀铬、镀镍；3—钢、铜和铜合金的镀铬；4—钢、铜和铜合金的镀镍；5—钢的镀镍、镀铜；6—钢、铜和铜合金的镀锡；7—钢和铜合金的镀银；8—铜和铜合金；9—不锈钢；10—渗碳钢；11—渗氮并用清漆涂覆的钢；12—钢镀镉，并经铬酸钝化；13—钢镀锌，并经铬酸钝化；14—钢的磷化，并浸油或润滑油；15—钢的磷化，并浸清漆；16—钢的磷化，并涂磁漆；17—阳极化的铝合金。

2. 表中＋ 表示允许接触；－ 表示不允许接触；△ 表示保证润滑时允许接触。

(2)极化作用

阴极极化率的影响:比如,在海水中不锈钢与铝、铜与铝所组成的接触电偶对,两者电位差是相近的,阴极反应都是氧分子还原。由于不锈钢有良好的钝化膜,阴极反应只能在膜的薄弱处、电子可以穿过的区域发生,阴极极化率高,阴极反应相对难以发生。因此,实际上不锈钢与铝的接触腐蚀倾向较小,而铜表面的氧化物能被阴极还原,阴极反应容易发生,极化率小,使铝与铜接触时的腐蚀速度明显加快。

阳极极化率的影响:如在海水中低合金钢与碳钢的自腐蚀电流是相似的,而低合金钢的自腐蚀电位比碳钢高,阴极反应都是受氧的扩散控制。当这两种金属偶接以后,低合金钢的阳极极化率比碳钢高,因此偶接后碳钢腐蚀速率增大。

(3)接触面之间的状态

对接触表面进行处理、加不吸湿的绝缘衬垫等方法可以增加腐蚀电路的电阻,降低腐蚀速率。

(4)接触时两者的面积

一般情况下,阳极面积减小,阴极面积增大,将导致接触时的阳极金属的腐蚀加剧,即所谓的“小阳极、大阴极”现象,可能导致灾难性的腐蚀事故。不管在什么条件下,发生接触腐蚀时,通过阳极和阴极的电流是相同的,而腐蚀效应与这两者面积的比值成正比。因此,阳极面积越小,其上的电流密度越大,金属的腐蚀速率也就越高。

(5)溶液电阻

阳极金属腐蚀电流的分布通常是不均匀的,距离两金属的接触面越近,电流密度越大,接触腐蚀效应越明显,导致的阳极金属损耗量也就越大。由于电流流动要克服溶液电阻,所以溶液电阻大小影响“有效距离”效应。电阻越大,“有效距离”越小。

6.3.2　金属在自然界中的腐蚀

6.3.2.1　大气腐蚀

1. 腐蚀过程及特征

金属由大气中的氧和水等物质的化学或电化学作用而引起的腐蚀称为大气腐蚀。金属置于大气环境中时,其表面往往形成一层极薄的不易看见的湿气膜(水膜),当这层水膜达到 20～30 个分子厚度时,它就变成电化学腐蚀所需的电解液膜,此时就有可能发生电化学腐蚀。大气腐蚀的耗损几乎占整个金属腐蚀耗损的一半。根据大气中所含水分及其他有利于腐蚀成分(如工业粉尘、海洋盐雾等)的不同情况,大气腐蚀可分为湿(潮)大气腐蚀、干大气腐蚀、工业大气腐蚀、海洋大气腐蚀和农业大气腐蚀等。据统计,工业大气腐蚀及潮湿大气腐蚀最为严重。

当金属与比其温度高的空气接触时,空气中的水气就可能在金属表面凝结成水膜,在金属表面如果有细微的缝隙、氧化物、腐蚀产物或灰尘存在时,由于毛细管的凝聚作用,相对湿度即使低于 100%,也可能优先在这些部位结露。大气腐蚀是电化学腐蚀的一种,它构成“局部电池”,这种腐蚀的必要条件是有电解质溶液存在,后者常常是由大气中的水汽或 SO_2、NO_2、CO_2 及盐类溶解于金属表面的水膜中形成的。大气腐蚀的特点是金属通常并不在大量的电解液中进行反应,而是在金属表面的电解液膜中进行反应。这种电池的电极,通常是很微小的。宏观上往往难以把两极区别开，所以又称之为腐蚀微电池。局部电池的阳极是活性(不稳定)金属，即被腐蚀金属为阳极。以大气中的铁为例，阳极反应为

$$Fe \rightarrow Fe^{2+} + 2e^{-} \tag{6-22}$$

阳极反应是

$$\frac{1}{2}O_2 + H_2O + 2e^{-} \rightarrow 2OH^{-} \tag{6-23}$$

金属表面的液膜很薄，阻力很小，可由空气中不断地供给氧以完成上述反应。

2. 影响因素

大气腐蚀的影响因素主要是大气含介质(灰尘、水分等)的影响。

(1)灰尘

灰尘是工业大气中的主要污染物之一。灰尘具有毛细管的凝聚作用，黏于金属表面，容易结露而构成电化学反应条件，使金属被腐蚀。大气中的含尘率及灰尘种类因不同环境而异。普通城市空气中的含尘率为 2 $mg \cdot m^{-3}$，工业密集区的大气含尘率可高达 1 000 $mg \cdot m^{-3}$ 以上。这些尘埃中一般含有碳和碳化物、金属氧化物和金属盐(主要是硫化物和氯化物)及硫酸微粒，海洋区大气中则含有 NaCl 微粒。这些微粒可溶于金属表面的水膜中而构成电解质溶液，使金属发生电化学腐蚀。

(2)湿度

湿度对金属腐蚀影响很大。当温度一定时，在一定的相对湿度下，金属不易发生大气腐蚀或腐蚀很轻微；而当超过某一湿度时，腐蚀速率就会明显增高，这时的相对湿度称临界湿度。对于铁、钢、铜、镍、锌以及大多数可用于工业大气中的结构件的金属，其临界湿度一般为50%～70%；当低于临界湿度时，认为金属表面无水膜存在，只发生化学腐蚀，腐蚀速率很小；当高于临界湿度时，由于水膜的形成而发生电化学腐蚀，所以腐蚀速度大大增加。因此，只要把大气湿度降低到临界湿度以下，就可以基本上防止大气腐蚀。

(3)有害气体

工业大气中的 SO_2、H_2S、CO_2、NO_2、NH_3 和 Cl_2 等气体的含量较高。在这些气体中，SO_2(油、煤燃烧后的产物)的危害性最大。铁、锌、镉的零件表面因不耐稀硫酸，所以腐蚀更为严重。

6.3.2.2 土壤腐蚀

1. 腐蚀过程及特征

土壤腐蚀是金属在土壤中所发生的腐蚀。土壤是具有毛细管多孔性的特殊固体电解质，金属(如管道、基础设施构件等)埋于地下，受土壤组成、特性以及环境污染的变动性等复杂因素的影响，会发生情况复杂的电化学腐蚀。土壤腐蚀的阴极过程主要是氧去极化作用，氧要透过固体的微孔电解质到达阴极，过程比较复杂，进行得较慢，且土壤的结构和湿度对氧的流动有很大的影响。

地下管道长期受土壤的腐蚀，可造成很大损失。黏土的腐蚀更严重，并且受腐蚀发生穿孔的部位，大部分是在管道的下部，腐蚀速度可达 6 $mm \cdot a^{-1}$。地下管道腐蚀的两种典型失效是管壁点腐蚀穿透和“硬壳型”腐蚀(表层为硬壳铁锈，里层已是“坏肉”，常见于铸铁管道由于石墨腐蚀而失效)。

2. 影响因素

土壤腐蚀的影响因素主要有土壤成分、pH 值、细菌和杂散电流等。

(1)土壤成分

钢铁、锌、铅、铜管道或桩柱，埋于炉渣、煤灰以及含有从腐蚀质衍生出的有机酸的土壤中，都会发生较严重的土壤腐蚀。例如，土壤中的煤灰一般都含有硫化物，由之形成的稀硫酸(作为电解液)与有较大电位差的钢-碳形成局部电池，从而引起金属被腐蚀。

(2)土壤的电阻率

土壤的电阻率越高，腐蚀性越弱，而土壤的电阻率直接受土壤颗粒大小及其分布和土壤中含水量及溶解盐类的影响。粗颗粒由于孔隙大、透水能力强，土壤中不易保持水分(如砂土)，而细颗粒则相反(如黏土)，土壤中含水量大，可溶性盐类溶入形成电解质溶液，所以电阻小。一般说来，土壤电阻率在数 kΩ・cm 以上，对钢铁的腐蚀比较轻微。但在海水渗透的洼地和盐碱地中，土壤电阻率很小，为 100～300 Ω・cm，其腐蚀性很强。

(3)土壤中氧含量的影响

除了酸性很强的土壤外，金属在土壤中的腐蚀受阴极反应($\frac{1}{2}O_2+H_2O+2e\rightarrow 2OH^-$)的影响，故氧在金属的土壤腐蚀中起重要作用。氧主要来源于从地表渗透进来的空气(地下水中溶解的氧很有限)，所以粗颗粒的干燥砂土中含氧多，而细颗粒的潮湿的黏土中含氧少。含氧较多的土壤接触的管段(阴极)与含氧较少的土壤接触的管段(阳极)间组成宏观电池，如图 6-11 所示，管道在电化学作用下发生严重的腐蚀。

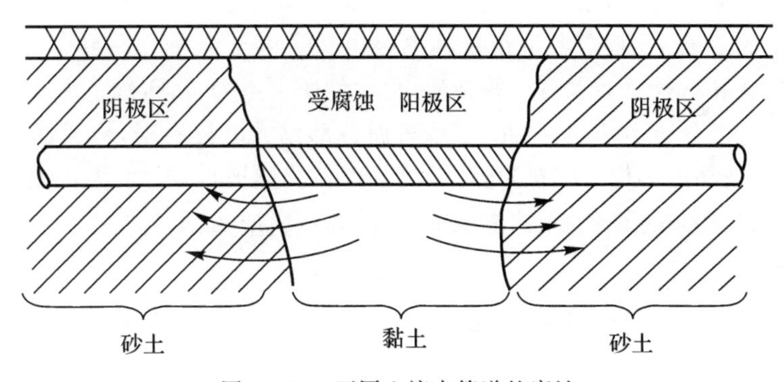

图 6-11　不同土壤中管道的腐蚀

(4)土壤的 pH 值

pH 值为 6～7.5 时为中性土壤，低于该值为酸性土壤。土壤的 pH 值越小，腐蚀性越强。当 pH 值为 4 时，可在阴极上产生 H_2(即“去极化过程”)：

$$2H^+ + 2e^- \longrightarrow H_2\uparrow \tag{6-24}$$

当土壤中含有大量有机酸(如从腐殖质衍生出)时，其 pH 值虽然接近中性，但腐蚀性却很强。因此，应用该土壤的总酸度(酸性物质总含量)来反映该土壤的腐蚀性，而不宜单用 pH 值作为其腐蚀性指标。

(5)土壤内细菌

在缺氧的条件下，土壤内部会存在一种厌氧菌。这种厌氧菌可以使硫酸盐还原而生成硫化物。在腐蚀过程中首先在阴极产生氢原子：

$$SO_4^{-2}+8H \longrightarrow S^{-2}+4H_2O \tag{6-25}$$

随后，由于厌氧菌(硫酸还原菌)的作用，阴极去极化，加速了钢铁金属的腐蚀，最后，S^{-2}和Fe^{+2}生成黑色产物FeS：

$$4Fe+SO_4^{-2}+4H_2O \longrightarrow 3Fe(OH)_2+2(OH)^-+FeS \tag{6-26}$$

厌氧菌常在潮湿土壤、沼泽土壤中被发现，中性土壤最适宜其繁殖，浓盐碱性土壤(pH＞9)能抑止其繁殖。

(6)土壤杂散电流

地下导电体因绝缘不良而漏出的电流称杂散电流。杂散电流从某带电体散失出来，如其中埋有管道或金属结构件，则管道或构件获得杂散电流处构成“阴极”，然后杂散电流又从管道另一处“阳极”流回土壤。这样就构成一处“局部电池”，并使管道阳极处被腐蚀。杂散电流也能导致钢筋水泥结构腐蚀，特别是在水泥内含有氯化物盐类(如NaCl、$CaCl_2$等)的情况下，腐蚀尤为严重。

6.3.2.3 海水腐蚀

1. 腐蚀过程及特征

海水腐蚀是金属构件在海洋环境中发生的腐蚀。海洋环境是一种复杂的腐蚀环境，在这种环境中，海水本身是一种天然的电解质，又是强的腐蚀介质，常用的大多数金属和合金均受其腐蚀。同时，海洋中的波、浪、潮、流又对金属构件产生低频往复应力和冲击，再加上海水中不仅有盐类，而且含有多种海洋微生物、附着生物及它们的代谢产物等腐败的有机物，这些都对腐蚀过程产生直接或间接的加速作用。

浸入海水中的金属，表面会产生稳定的电极电位。由于金属有晶界存在，物理性质不均一，另外，实际的金属材料总会含有一些杂质，化学性质也不均一，再加上海水中溶解氧的浓度和海水的温度等可能分布不均匀，因此，金属表面各部位的电位不同，构成局部的腐蚀电池或微电池(其中电位较高的部位为阴极，电位较低的部位为阳极)。因此，海洋腐蚀主要是局部腐蚀，即从构件表面开始，在很小区域内发生的腐蚀，如点腐蚀、缝隙腐蚀等。

2. 影响因素

因海水中含有盐类、生物、泥砂、气体和腐败的有机物等，所以影响腐蚀的有化学、物理和生物等因素。

(1)海水中盐的类型及浓度影响

海水中的盐类主要是氯化物(占88.7%)，其次是硫酸盐(占10.8%)，一般公海中表层海水中盐度(1 000 g海水中溶解固体物质的总克数)为3.2%～3.75%，盐度直接影响电导率。电导率是决定金属腐蚀速率的重要因素，再加上氯离子破坏金属的钝化，所以金属与海水接触容易受到严重腐蚀。

(2)海水中含氧量的影响

表层海水中含氧量达12 mL/L，但随盐度增加和温度升高，含氧量会降低，从而使腐蚀速率减小。

(3)海水温度的影响

海水温度越高，腐蚀速率越大，如温度上升10℃，金属腐蚀速率增加一倍。

(4)海水流速的影响

海水流速的增加，加快了氧的扩散，因此腐蚀速率增加。

(5)海洋生物的影响

海洋生物附着在金属表面，在其缝隙处构成氧浓差电池，导致阳极腐蚀。

抗海水腐蚀的材料有镍含量 30%～40%、铬含量 20%～30%的合金钢，含 16Cr－16Mo－5Fe－4W 的镍基合金。另外，铜基合金也有较好的抗海水腐蚀性，钛合金是最理想的海洋结构材料。

6.4　腐蚀失效分析及实例

6.4.1　腐蚀失效分析的步骤及内容

1. 详细勘察事故现场

失效分析人员应与有关人员一起到事故现场了解第一手资料，这对于正确地分析事故原因是十分重要的。在事故现场应深入了解以下几方面的情况：

1)损坏设备的基本情况：设备的名称、生产厂家、运行历史、发生事故日期、损坏的部位、现场记录以及有无特殊气味及声响等。

2)损坏部位的宏观情况：腐蚀的宏观形态(数量、尺寸、分布和特点等)，腐蚀部位有无划伤、打磨、焊渣以及加工痕迹，有无铸、锻缺陷等。

3)材料及制造情况：采用何种材料，材料来源、供货状态、使用状态、加工制造流程等。

4)设备的使用环境条件：设备在使用过程中曾接触过何种介质，介质的成分、浓度、温度、压力、流速和 pH 值等。

5)应力条件：应力状态、大小及变化，残余应力及应力集中情况，是否实测过应力大小，计算情况如何。

6)表面处理情况：是否有镀层、涂层、钝化层和堆焊层等表面处理的质量情况。

7)现场拍照及取样：损坏的设备太大或损坏的部位太多，可拍下损坏外观或切取有代表性的部位以作进一步分析。必要时对介质也要取样分析。

8)经济损失的估算：包括直接经济损失估算和因事故引起的间接经济损失估算。

2. 腐蚀形貌的宏观分析

1)分析产物的形貌，如腐蚀产物的颜色、尺寸大小和分布，蚀坑的深浅等。

2)分析断裂面的特征：裂纹起源位置、走向、变形情况、有无贝纹花样以及是否分叉等。

3. 腐蚀产物分析

对产物的成分、含量及相结构进行分析，这对于分析腐蚀失效的原因十分重要。采用 X 射线衍射仪、波谱、俄歇能谱和光电子谱等手段能很好地确定断口表面、晶界面产物的化学成分及价态情况。

4. 腐蚀形貌的微观分析

去除产物后，对断裂部位的微观形貌作进一步分析，确定裂纹的走向、相析出部位、裂纹是否起源于腐蚀坑等。

5. 对材料性能进行复验

对材料的化学成分、力学性能、显微组织及电化学行为等进行分析，以确定选材及热处理是否正确，从而有助于分析事故原因。

6. 失效模式的判断及重现性试验

根据腐蚀产物、材料性质、设备结构的特点及环境条件的综合分析，对腐蚀失效的模式提出初步判断。对于重大事故，必要时对上述分析所得的初步结论进行验证。

7. 综合讨论及总结

得出结论，提出处理方案及预防措施，最后写出总结报告。

6.4.2　预防腐蚀失效的一般原则

导致腐蚀失效的原因很多，不能提出一种适合所有腐蚀失效的预防措施。在失效分析时，只能根据具体的失效情况提出具体的预防措施。这里仅提出几点预防腐蚀失效的一般原则：

1. 正确分析腐蚀失效原因和确定腐蚀失效模式

对于发生腐蚀失效的设备、部件、零件，或需要进行腐蚀防护的设备和装置，通过失效分析，确定腐蚀发生的原因和腐蚀模式，是进行腐蚀防护的前提。一些被证明是行之有效的腐蚀防护措施，在某些情况下并不一定有效，甚至会产生相反的结果。必须注意，腐蚀与防护是一个复杂的系统工程，单独或过分地对材料提出要求是不恰当的。

2. 正确地选择材料和合理设计金属结构

正确地选择金属材料是十分重要的，当前已有一系列的耐腐蚀性钢种及其他材料可供选择。耐腐蚀金属材料通常分为耐蚀铸铁、不锈钢、镍基合金、铜合金、铝合金及钛合金等六大类，可以根据对金属材料的耐蚀要求、使用经验、工艺性能及经济因素等进行选用。

在结构设计方面，减小应力集中及残余应力有助于防止或减轻应力腐蚀、腐蚀疲劳等失效；避免异类金属相互接触或采用绝缘材料将其隔开，有助于减轻或杜绝缝隙腐蚀与接触腐蚀；避免流体停滞和聚集现象可降低多种类型腐蚀的速率；使流体均速流动，避免压力变化过大，将有助于减轻管壁的空泡腐蚀现象。

3.查明外来腐蚀介质的性质并将其去除

常用的方法是向介质中加入缓蚀剂和去除介质中的有害成分。比如，锅炉用水中的氧气导致的高温氧化，可以用水进行去氧处理。可采取在减压下加热及加入联胺等办法除氧。再如，对于锅炉加热管壁向火侧发生的煤灰腐蚀，可以通过减少煤中的有害元素硫予以规避。选用适当的缓蚀剂，可使电化学腐蚀过程减慢。

4. 隔离腐蚀介质

在零件表面涂覆防护层以隔绝介质，是广泛采用的防腐措施。如涂覆油漆、油脂以及电镀、阳极化等防护技术，均是有效的防腐措施。在干燥的环境中储存零件是防止潮湿大气腐蚀的有效办法。

5. 采用电化学保护措施

改变金属与介质间的电极电位，使金属免受腐蚀的方法，称为电化学保护法。电化学保护的实质是通电流进行极化。把金属接到电池的正极上进行极化，称为阳极保护，接到负极上进行极化，称为阴极保护。

阳极保护常用于某些强腐蚀介质(如硫酸、磷酸等)，并且仅用于那些在氧化性介质中能发生钝化的金属防护上。阴极保护常用于地下管道及其他地下设施、水中设备、冷凝器及热交换器等方面。

6.4.3　预防腐蚀失效的基本方法

为了防止腐蚀失效，需要采用既实用又经济的预防和改进措施。普遍采用的方法是物理、化学和电化学方法，其中尤以电化学方法最为广泛。同时，还需根据具体条件进行选择。

1. 采用表面防护技术

在金属表面涂覆油漆、珐琅、防蚀剂等形成物理防护层，以防止金属与腐蚀环境介质相接触。镀一层惰性更强的金属也是较有效的措施。各种覆盖层类型如图6-12所示。常用覆盖层与相配金属的选用，都应考虑其允许接触状况，见表6-5。

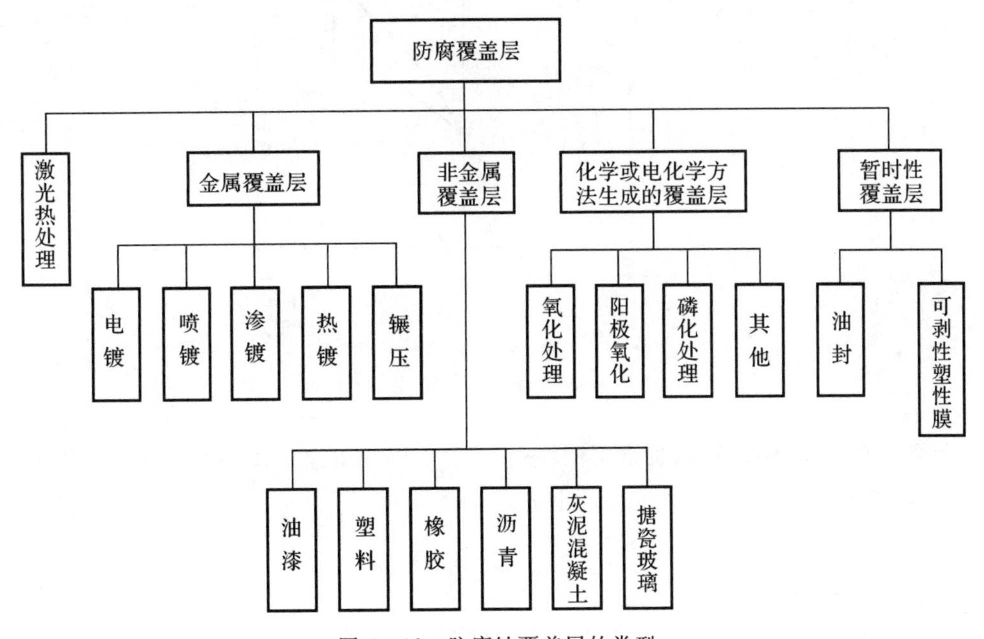

图6-12　防腐蚀覆盖层的类型

上述覆盖层的表面防护效果取决于覆盖层的完整性(即均匀性)。如果表面覆盖层有局部破损，例如，钢材表面镀铬层被打破一小块，露出钢的极小面积(与镀铬层相比)而成为阳极，将会产生很大的腐蚀电流密度，从而使钢迅速腐蚀。这是采用覆盖层防护必须注意的。因此，要求覆盖层具有高耐蚀性、组织致密不透过介质、均匀性以及与金属高的黏合强度。

2. 正确选用金属材料与表面状态

根据腐蚀机理、环境介质以及其他限定条件(如温度、应力等)选用不同的金属材质。对于较重要零部件及对零部件有寿命要求时，必须考虑已有腐蚀类型和腐蚀速率的资料以及腐蚀试验的结果，选择合适的材质。选材时，除必须满足耐腐蚀要求之外，还要符合加工方便、经济、合理等要求。例如，为控制晶间腐蚀，选用奥氏体不锈钢并进行固溶退火处理，即可将其产生晶间腐蚀和应力腐蚀开裂的危险性降到最小。

3. 改变介质的腐蚀性

为消除或降低介质对金属的腐蚀作用，可采用在腐蚀介质中添加缓蚀剂、去除腐蚀介质中的有害成分和调整介质 pH 值等方法。

(1)添加缓蚀剂

将缓蚀剂加入腐蚀介质中，可以使电化学反应的阳极或阴极过程减缓。缓蚀剂常分为阳极缓蚀剂和阴极缓蚀剂，如图 6－13 所示，添加某种缓蚀剂后相应的电极电流值降低了，即起到了缓蚀作用。

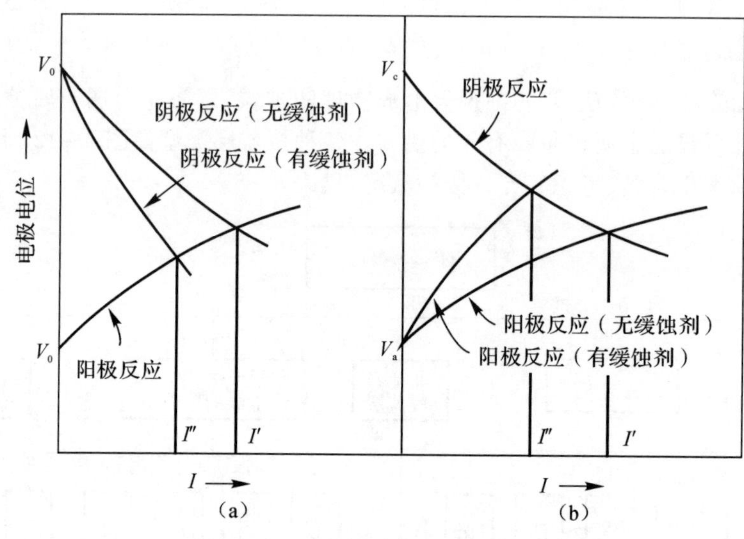

图 6－13　缓蚀剂对腐蚀速率的影响

(a)加入阴极缓蚀剂；(b)加入阳极缓蚀剂

缓蚀剂干扰了氢还原反应，促进了阴极极化，并使腐蚀电流由 I'降低到 I''；在阳极表面上形成吸附层，增加了阳极极化，并使腐蚀电流由 I'降低到 I''。

使用缓蚀剂的装置常是小型、封闭的。

缓蚀剂的类型如下：

1)阳极缓蚀剂。阳极缓蚀剂多为无机强氧化剂，如铬酸盐、钼酸盐、钨酸盐、钒酸盐、亚硝酸盐和硼酸盐等。它们的作用是在金属表面阳极区与金属离子反应，生成氧化物或氢氧化物氧化膜覆盖于阳极表面，抑制金属向水中溶解钝化阳极。阳级缓蚀剂分为氧化型与非氧化型两种。氧化型缓蚀剂即使在溶液中无氧存在时，也能起到缓蚀作用。而一些非氧化型缓蚀剂，如苯甲酸盐、正磷酸盐和硅酸盐等，在溶液中如无氧存在时，就不能起缓蚀作用。使用阳极缓蚀剂时应特别注意其添加量，添加量不足时(除苯酸盐外)可能发生剧烈的局部腐蚀。

2)阴极缓蚀剂。抑制阴极过程而使腐蚀速率减小的缓蚀剂，如锌的碳酸盐、磷酸盐和氢氧化物、钙的碳酸盐和磷酸盐等，常用于中性溶液中，缓蚀效率比阳极缓蚀剂差，但避免了阳极缓蚀剂的危险性。

3)有机缓蚀剂。有机缓蚀剂用于酸性溶液中，如胺类、亚胺类、醛类、杂环化合物以及有机硫化物等。由于有机缓蚀剂对金属与酸的反应有抑制作用，但对金属氧化物或碳酸盐与酸的作用无较大影响，该特点可使有机缓蚀剂在酸洗工艺过程中得到广泛应用。

4)气相缓蚀剂。有些有机缓蚀剂，在常温下有一定的蒸气压力，蒸气能溶于金属表面的水膜中，因此可以抑制金属发生大气腐蚀。常用的气相缓蚀剂有亚硝酸二环乙胺($(C_6H_{11})_2NH_2NO_2$)、碳酸环乙胺(CHC)和亚硝酸二异丙胺等。

选用缓蚀剂应特别注意其类型与浓度。这主要取决于系统的种类、水的组成、水的温度、运动速度、残余应力和外加应力、金属的成分以及表面状态等。缓蚀剂浓度需高于腐蚀剂浓度。

(2)去除介质中的有害成分

介质中的有害成分是指促进腐蚀反应的元素或成分。通过部分或全部地除去某种活化反应物，可以降低反应(腐蚀)速率。例如，锅炉用水的除氧处理，除氧处理包括热法除氧和化学除氧两种：前者是在减压下加热至沸点，后者是加碳酸钠、肼，通过化学反应进行除氧。此外，除去空气中的水分也可以延长水加热系统的寿命。

(3)调整溶液的 pH 值

在某些特定条件下(如饮用水和某些处理用水或水溶液中)不允许添加缓蚀剂，在这种情况下，通过改变水或水溶液的 pH 值，辅以适当的外加电位对降低腐蚀速率很有效。可采用电位- pH 图，即甫尔拜图，通过改变 pH 值以判断腐蚀情况。图 6-14 所示为铁的电位- pH 值，其纵坐标为电极电位，横坐标为溶液的 pH 值。用此图可以判断金属(本图是 Fe)放入某一水溶液中发生腐蚀的条件和规律。由图 6-14 可见，如降低图中(x)状态下铁的电位而达(1)区，反应就不敏感；如提高电位或增大 pH 值，就变为钝态。因此，对某种金属，如果有甫尔拜图，且已知溶液的 pH 值和浸入金属的电极电位，就可以判断腐蚀的可能性。

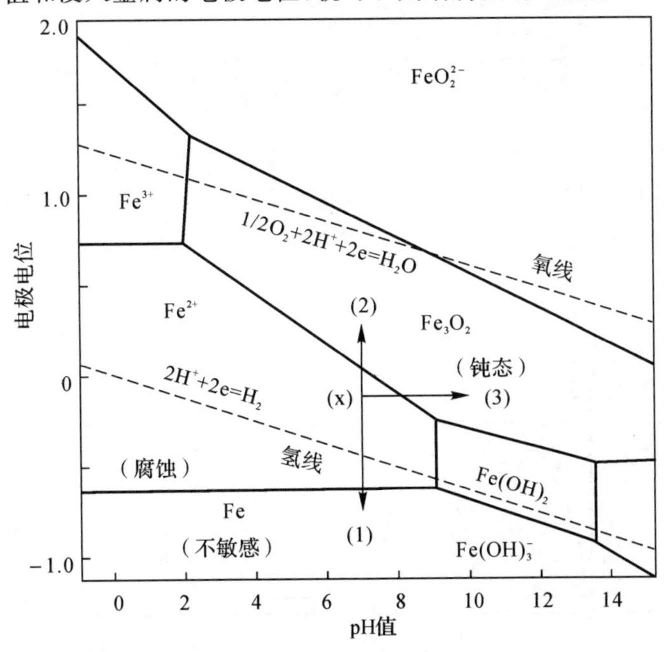

图 6-14　铁的电位(v_H)- pH 值

4. 电化学保护

通过改变金属-介质的电极电位使金属免受腐蚀的方法称为电化学保护。它可以借助于外加电池的电流，也可以使金属-介质构成局部电池而通有电流使金属-介质极化。比如，把金属接到电池正极上通以电流，使其极化，称为阳极保护；把金属接到电池的负极上，通以电流极化，则为阴极保护。两种电化学保护方法的选用特点见表 6-6。

表 6-6　阴极保护与阳极保护的特点

特　点	阴极保护	阳极保护
腐蚀性介质适应性	中等腐蚀介质	强、中、弱介质均可，但不宜含 Cl^- 过多，气相不行，液面波动不行
对被保护金属的要求	一般	只限于在氧化性介质中能发生钝化的金属
构件结构	简单，但随被保护件长度增长而需同样件也越多	较复杂，含恒电位器和参比电极
系统作业成本	较低	较高
控制与保护能力	较低，故当被保护件(如管道)长度大时，需大量的、间距严格的电极	较高，故可用单一辅助阴极，即可保护很大范围
保护工作条件的可确定性	用实验室的极化测量结果即可正确确定	只能用反复试验法来确定
瞬时腐蚀速率监控性	好	不好

(1)阴极保护

阴极保护常用于地下管道及其他地下金属设备、水下设备、冷凝器、冷却器、热交换器等。阴极保护包括两种类型：

1)利用外加直流电，使整个被保护表面变成阴极，一般称为外加电流的阴极保护。

2)牺牲阳极的阴极保护，是在需保护的金属装置上联接一个电位更负的金属或合金(作为阳极-牺牲性阳极)。图 6-15 所示为地下管道的阴极保护示意图。

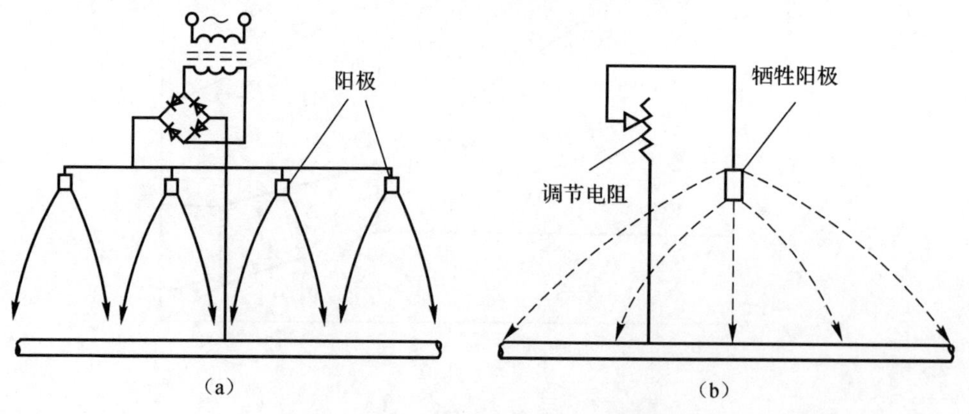

图 6-15　地下管道的阴极保护示意图

(a)外加直流电的阴极保护；(b)牺牲阳极的阴极保护

(2)阳极保护

用外加电位的方法使被保护金属成为阳极，如图 6－16 所示，可防止某些金属在电解液中被腐蚀。阳极保护适用于具有活化—钝化特性的金属和合金，如主要用于普通钢与不锈钢储存器、套管式热交换器等。

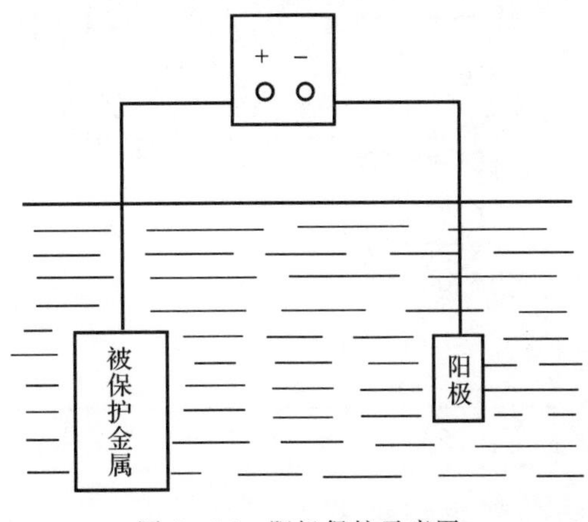

图 6－16　阳极保护示意图

5.合理的防腐蚀结构设计

从防止腐蚀角度来看，很多情况下把结构稍作修改就可取得很明显的效果。例如，在可能的情况下，以焊接结构代替铆接结构以消除铆接部件中正常存在的缝隙，从而可以防止缝隙腐蚀。下面提出几个较常见的防腐蚀结构措施。

1)在有防腐要求的情况下，连接零件应尽量避免电位差大的不同金属相互接触，以防止发生接触腐蚀。必要时，可用不吸湿的绝缘材料予以隔开。为防止连接零件如螺栓连接、铆接零件的正常缝隙导致的缝隙腐蚀，可采用焊接或黏结结构。

2)应注意避免容器中流体停滞、局部集聚、方向与流速突变等不良结构，导致各种局部腐蚀(特别是点腐蚀)、气蚀腐蚀以及冲击腐蚀等复合腐蚀模式。表 6－7 列出了容器出口及底部的三种好坏对比结构。

为防止容器内液体混合物的沉积，可采用简易的搅拌装置以避免沉积物下方容器金属发生点腐蚀。但同时应注意避免不锈钢搅拌器与碳钢容器发生电偶腐蚀(改变材料副为同类材料)。

另外，应注意有机涂层的局部孔隙处发生严重的点腐蚀。例如，在碳钢容器内壁应用防腐涂层，其效果反不如不加涂层(只发生腐蚀速率较低的全面腐蚀)。

表 6－7　容器出口及底部的三种好坏对比结构

容器部位	有利防腐蚀结构	易造成防腐蚀结构
出口管	(a)	液体 (b)

续表

容器部位	有利防腐蚀结构	易造成防腐蚀结构
底部	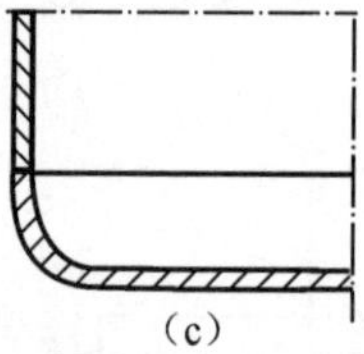 (c)	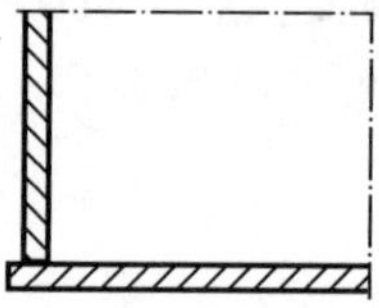 (d)
贮液管下部	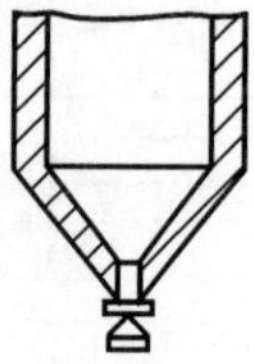 (e)	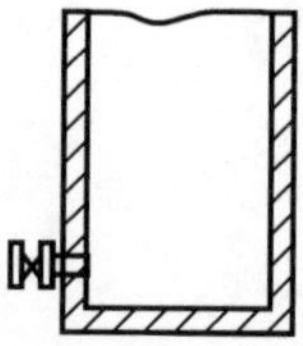 (f)

6.4.4　常见腐蚀失效的预防措施

1. 均匀腐蚀的预防措施

1)选择合适的耐均匀腐蚀材料。

2)应用表面保护覆盖层把零件表面与介质隔离。

3)采用电化学保护方法。

4)改变介质的成分、浓度、pH 值及温度,或添加缓蚀剂改善介质环境。

5)如果零件均匀腐蚀导致的零件表面改性及腐蚀产物生成并不影响设备的正常使用,则可采用预留腐蚀裕量的方法,当腐蚀裕量足够时,则零件能在设计寿命内安全使用。

2. 点腐蚀的预防措施

每一种金属材料对点腐蚀都是敏感的,易钝化的金属在有活性侵蚀离子与氧化剂共存的条件下更容易发生点腐蚀。防止机械设备发生点腐蚀失效,主要从改善设备的环境介质条件及合理选用材料等方面采取措施。

1)降低环境介质的侵蚀性,包括对酸度、温度、氧化剂和卤素离子的控制,其中要特别注意降低介质中的卤素离子的浓度,特别是氯离子的浓度。同时,要特别注意避免卤素离子的局部浓缩。

2)提高介质的流动速度,并经常搅拌介质,使介质中的氧及氧化剂的浓度均匀化。避免溶液停滞不动,防止有害物质附着在零件表面。

3)在设备停运期间要进行清洗,避免设备处于在静止介质中浸泡的状态。

4)在介质溶液中添加缓蚀剂。

5)采用阴极保护方法,使金属的电位低于临界点蚀电位。

6)选用耐点蚀性能优良的金属材料,例如,采用高铬、含钼、含氮的不锈钢,并尽量减少钢中硫及锰等有害元素的含量。

7)对材料进行合理的热处理。例如,对奥氏体不锈钢或奥氏体-铁素体双相不锈钢,采用固溶处理后,可显著提高材料的耐点蚀性能。

8)对零件进行钝化处理,以去除金属表面的夹杂物和污染物。由于硫化锰夹杂物在钝化处理时会形成空洞,为了中和渗入空洞中的残留酸,在钝化处理后,可以用氢氧化钠溶液清洗。

3. 缝隙腐蚀的预防措施

防止机械设备发生缝隙腐蚀失效的措施通常有以下几点:

1)合理的结构设计。避免形成缝隙或使缝隙尽可能地保持敞开。尽量采用焊接代替铆接和螺栓连接。

2)尽可能不用金属和非金属材料的连接件,因为这种连接件往往比金属连接件更易形成发生缝隙腐蚀的条件。

3)在阴极表面涂覆保护层,如涂防腐漆等。

4)在介质中加入缓蚀剂。

5)选用耐缝隙腐蚀性能好的金属材料,如选用钼、镍、铬含量高的不锈钢或合金。减少钢中的夹杂物(特别是硫化物)及第二相质点,如 δ-铁素体、α'及 σ 相和时效析出物等。

6)在缝隙处加填料,塞进具有一定弹性、耐久性的填料,防止介质进入缝隙。

4. 晶间腐蚀的预防措施

金属材料(主要指不锈钢)发生晶间腐蚀失效的原因是,碳化物和氮化物沿晶界析出而引起邻近基体的贫铬。因此,防止晶间腐蚀失效的主要措施基本上与贫铬理论相一致。其具体措施如下:

1)尽可能降低钢中的含碳量,以减少或避免晶界析出碳化物。当钢中的碳含量降至0.02%以下时,不易产生晶间腐蚀。因此,可采用真空脱碳法和氩氧吹炼法以及双联和炉外精炼等方法。在实际应用中,对于易发生晶间腐蚀失效的零部件,可选用超低碳不锈钢,如022Cr19Ni11,022Cr17Ni14Mo2 及 022Cr19Ni13Mo3 等。

2)采用适当的热处理工艺,以避免晶界沉淀相的析出或改变晶界沉淀相的类型。比如,采用固溶处理,并在冷却时快速通过敏化温度范围,可避免敏感材料在晶界上形成连续的网状碳化物,这是防止奥氏体不锈钢发生晶间腐蚀的有效措施。

3)加入强碳化物形成元素铬和钼,或加入微量的晶界吸附元素硼,并采用稳定化处理(840~880℃)使奥氏体不锈钢中的 Cr23C6 分解,从而使碳和钛及铌化合,以 TiC 和 NbC 的形式析出,可有效防止 Cr23C6 化合物析出引起的贫铬现象。

4)选用奥氏体-铁素体双相不锈钢,这类钢因含铬量高的铁素体分布在晶界上及晶粒较细等有利因素,因此具有良好的抗晶界腐蚀性能。

5. 接触腐蚀的预防措施

接触腐蚀的预防措施主要有:

1)在设计时避免具有不同电位的金属接触,即在满足使用性能要求的前提下,使电位相近的金属接触。

2)采用表面处理以增加腐蚀电路电阻,降低腐蚀速率。例如,钢零件镀锌、镀镉后可与进行过氧化的铝合金零件接触。

3)在两个必须接触的金属间加绝缘衬垫,使之不能产生腐蚀电流,从而使电化学腐蚀不能进行。绝缘衬垫的材料可选用纤维纸板、硬橡胶、夹布胶木、胶黏绝缘带等,但不能用毛毡等吸湿性强的材料。

6. 大气腐蚀的预防措施

1)可采用有机的、无机的或金属的覆盖层,使金属制品与大气隔离,以防止大气对金属零件的腐蚀作用。

2)改变大气性质,以降低大气的有害作用。一是将大气的相对湿度降至50%以下,二是应用气相缓蚀剂,如亚硝酸二环乙胺、碳酸环乙胺和亚硝酸二异丙胺等。需要注意的是,无论是降低相对湿度,还是使用气相缓蚀剂,均受有限空间的限制。

3)适当将金属合金化,制成耐大气腐蚀的钢材。如在钢中加入少量Cu、P、Ni和Cr等元素,可有效减轻大气腐蚀。目前已有含Cu钢、Cu-P系、Cu-P-Cr系和Cu-P-Cr-Ni系等耐大气腐蚀钢。

7. 土壤腐蚀的预防措施

1)改善金属材料的耐蚀性能。根据不同的用途,选择不同的材料组成耐蚀合金,或在金属中添加合金元素,提高其耐土壤腐蚀性能。

2)覆盖层保护。在埋设于地下的金属构件表面覆盖焦油沥青、聚乙烯塑料胶带防腐层及泡沫塑料防腐层。

3)采用阴极保护或覆盖层和阴极保护法相结合的防腐措施。比如,地下管道的阴极保护可采用牺牲阳极保护法,也可采用外加电流保护法。

4)杂散电流的防护。比如,在地下管道布线时,选择合理走向,避开杂散电流干扰源。同时增大管地间电阻或增大阴阳极的有效边界电阻,以减少杂散电流腐蚀。

5)设法改善土壤环境,比如,加入石灰石碎块、加强排水以降低水位。

8. 海水腐蚀的预防措施

海水腐蚀的预防措施主要有电化学保护、形成保护层、改善金属性质和改善腐蚀环境等。

1)电化学保护法。电化学保护法可采用外加电流保护法和牺牲阳极保护法,使基体金属得到保护。

2)形成保护层。在金属构件表面喷、镀、涂一层耐蚀性好的金属或非金属物质,以及对被保护表面进行磷化、氧化处理,使被保护表面与海水介质隔离。

3)改善金属性质。合金处理和锻造淬火可以改变金属的成分,有效提高其耐磨和耐腐蚀性能,从而可有效避免海水腐蚀。

4)改善腐蚀环境。通过使用缓蚀剂、减小腐蚀介质的浓度,除去介质中的氧;通过使用微生物抑制剂,起到杀菌抑菌的作用,并除去微生物的代谢物质。这些改善腐蚀环境的方法能有效减慢金属在海水中的腐蚀速率。

6.4.5　腐蚀失效分析实例

某大型石化厂的关键部件乙烯裂解管发生内壁减薄，严重威胁工厂的安全生产。裂解管材质为HK40(ZG4Cr25Ni20)钢，外径为73 mm，壁厚为7.5 mm，管内介质为煤柴油和水蒸气，介质温度为800～900℃，压力为0.17～0.25 MPa，介质中硫含量较高(0.6%～1.0%)。裂解管材料成分、组织正常。

1.现场调查

裂解管因内壁局部高温腐蚀而减薄，减薄量达60%(最薄处壁厚仅为3 mm)，减薄处覆盖较厚的腐蚀产物，如图6-17所示。

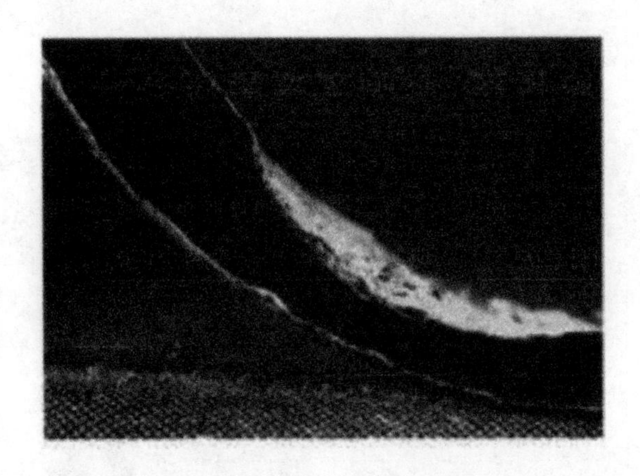

图6-17　裂解管内壁的高温腐蚀减薄

2.检测分析

经X-射线衍射分析，腐蚀产物为铁、铬、镍的氧化物和硫化物。基体附近腐蚀产物中元素分布的电子探针分析结果表明(见图6-18)，腐蚀产物在靠近基体处分层，在腐蚀产物与基体的交界处及枝晶间腐蚀产物中，铬、硫含量很高，特别是在枝晶间腐蚀的前沿，全部是铬的硫化物。枝晶间腐蚀深度约1/3向外，腐蚀产物中开始出现氧。在从交界处向外的整个腐蚀层中，氧含量很高，而硫含量很低。

3. 腐蚀失效类型及机理分析

裂解管减薄是高温下内壁的硫化和氧化腐蚀造成的，硫化腐蚀是减薄的主要原因。

其腐蚀机理是管内壁浓缩的硫穿过被破坏的Cr_2O_3氧化膜进入合金中，并先与铬形成铬的硫化物(铬与硫的结合力比铁、镍强)。硫化物一旦形成，便存在被优先氧化的倾向，氧扩散进入贫铬区。

与硫化物发生置换反应：$2CrXS+3XO=XCr_2O_3+2S$，在合金内部形成Cr_2O_3。由于硫在金属中的扩散速率比氧大，被置换出的硫进一步向内扩散，在合金深处的富铬相(如铬的碳化物)处形成新的硫化物，这种硫化和氧化反应是反复交替进行的。所生成的腐蚀产物与基体之间会形成低熔点共晶体，当共晶体温度低于使用温度时，共晶体便会发生熔融。由于硫和氧通过液体的扩散比通过固体的扩散快，从而使合金的腐蚀加速。采用低硫原料气或耐硫腐蚀裂解管材料可有效防止高温硫化腐蚀破坏。

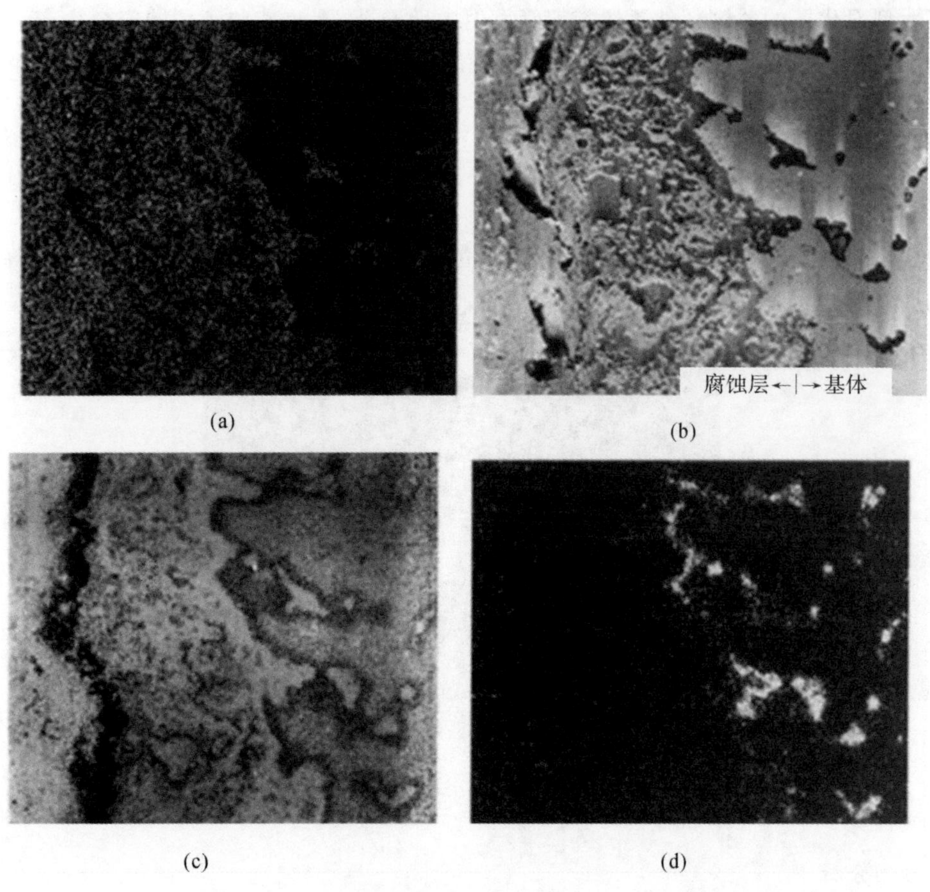

(a) (b) (c) (d)

图 6-18 合金基体附近腐蚀产物中元素的面分布

(a)二次电子像；(b)铬的面分布；(c)硫的面分布；(d)氧的面分布

第7章　机械装备系统失效分析方法

7.1　概　　述

无论一个失效事件属于大事故还是小故障，其原因总是包括操作人员、机械设备、材料、制造工艺、管理和环境六个方面的因素。这就是5M1E[Man(人)、Machine(机械设备)、Material(材料)、Method(工艺制作方法)、Management(管理)、Environment(环境条件)]的失效分析思路。因此，分析失效事件时，应该把人、设备、材料、方法、管理和环境当作一个系统来研究。

通常，对于某一失效事件或故障的本质影响因素较为简单的情况，可以通过对具体失效模式进行分析，由现象到本质、顺藤摸瓜、抓住要害。而对于由大量零部件、分系统组成的较为复杂的机械装备系统的失效问题，则必须按系统工程方法来处理，才能找出失效根源，从而解决问题。

7.1.1　失效分析系统工程方法

系统就是由相互作用和相互依赖的若干组成部分结合成的具有特定功能的有机整体，并且该系统本身又是它所在的一个更大系统的组成部分。系统工程方法就是应用系统的观点、信息的理论、控制论的基础、现代数学的方法和电子计算机的技术，融合渗透而成的一门综合性的管理工程技术。随着现代科学技术的发展，人们的认识水平与手段(如电子计算机、电子显微镜、高速摄影机和热像仪等)也逐步趋向高科技化。这对复杂系统的失效分析提供了物质条件。因此，把复杂的设备和人的因素当作一个系统，运用数学方法和现代工具来研究系统失效的因果之间的各种逻辑关系，并计算出系统失效与其组成部分失效之间定量关系的系统工程学，称为失效分析系统工程，简称“失效系统工程”。

7.1.2　失效分析系统工程方法的类型

失效分析的系统工程方法很多，常分为如下两大类：

1.按分析引起失效(故障)关键因素的方法分类

由于影响失效(故障)的因素及引起系统失效的相关零部件通常较多，所以为了提高分析效率与准确度，有必要对引起失效(故障)的因素进行分类。按分析失效(故障)的关键因素分类，常用的分析方法有：

(1)主次图法(排列图法)

这是一种确定失效因素关键、次要和一般的方法。

(2)特征-因素图法

这是一种发现问题根本原因的分析方法。

2. 按失效(故障)模式的影响分类

失效分析的首要环节是确定失效或故障的模式,以便进行原因和影响分析并制订对策。按失效(故障)模式的影响分类,常用的分析方法有:

(1)故障模式、影响及危害性分析(Failure Model Effect and Criticality Analysis, FMECA)

分析系统所有可能的故障模式及其可能产生的影响,并按每个故障模式产生影响的严重程度和发生的概率分析故障模式对系统的危害性。

(2)故障树分析法(Fault Tree Analysis,FTA)

对可能造成系统失效的各种因素进行分析,画出失效因素之间的逻辑框图(即故障树),从而确定导致系统失效的各种原因及原因的组合,进而计算系统失效的概率。

7.2 主次图法

主次图法又叫作排列图法或 ABC 分类法。因 19 世纪意大利社会学家与经济学家维尔佛雷多·巴雷特用来分析社会财富分布状况而得名。他发现少数人占有大部分财富,而大多数人却只有少量财富,即所谓"关键的少数与次要的多数"这一相当普遍的社会现象。这一社会现象也适合于机械装备系统的失效,即 20%的故障事件对系统的失效产生 80%的影响,即所谓的 80-20 法则。将这一重要法则用在系统失效分析方面,可用于分析查明系统失效的主要模式和主要矛盾,以便缩小分析范围,提高分析效率。1951 年,管理学家戴克首先将 ABC 法则用于库存管理。1951 年至 1956 年,朱兰将 ABC 法则用于质量管理,并创造性地形成了另一种管理方法——排列图法。1963 年,德鲁克将这一方法推广到更为广泛的领域。目前,在机械装备失效分析中,主次图法简洁易懂、图表鲜明,应用相当广泛。

7.2.1 设计思想

社会上任何复杂事物,都存在着"关键的少数和次要的多数"这样一种规律。事物越是复杂,这一规律便越是显著。如果将有限的力量主要(重点)用于解决具有决定性影响的少数事物上,并且将有限力量平均分摊在全部事物上,对两者相比较,当然是前者可以取得较好的成效,而后者成效较差。主次图法便是在这一思想的指导下,通过故障模式统计和分析,将"关键的少数"找出来,并确定与之适应的质量管理和训练指导方法,便形成了应进行重点管理的 A 类事物,能够以"1 倍的努力取得 7~8 倍的效果"。

7.2.2 主次图结构

主次图是一个双纵坐标曲线图,其结构如图 7-1 所示。主次图的横坐标表示所要分析的对象,比如,某一系统中各组成部分的故障类别,某一设备失效的各种模式,或某一部件失效的各种原因等,各部分或因素均占相等的横距 Δx,并按各因素的影响程度大小,从左向右排列;其纵坐标有两个,左纵坐标表示分析对象的量值及其相对频数或者故障次数等,如失效系统中各组成部件的故障小时或故障件故障次数;右纵坐标表示各部分占该系统在某一阶段内的百分数。每个长方形的高度表示该因素影响的大小;曲线上各点的高度表示该因素累计百分数的大小,把该曲线称为巴雷特曲线。各 Δx 应按严重程度由左向右逐渐减轻的顺序排列,以便

以各 Δx 矩形块的右上角作为坐标点,绘制排列主次曲线,即巴雷特曲线。

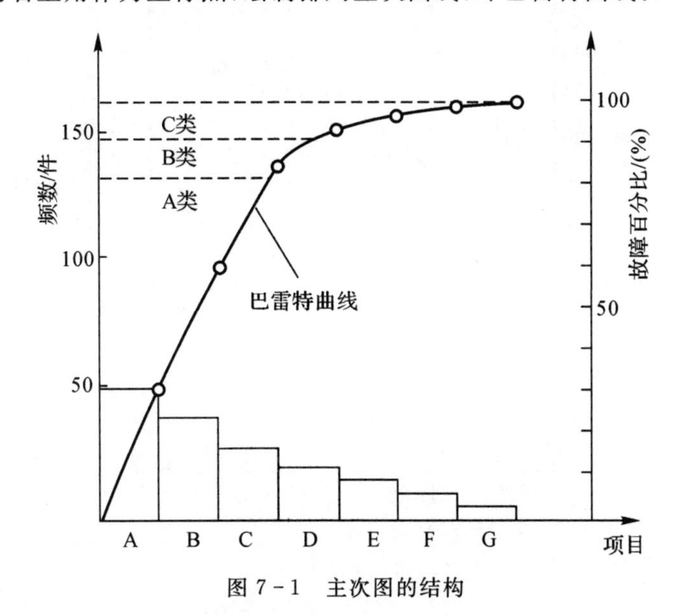

图 7－1　主次图的结构

7.2.3　分析要点

主次图是直方图和折线图的结合。直方图表示各分类的频数,折线图则表示各分类的相对频率。主次图可以帮助管理人员直观地看出主次因素,便于抓住主要问题,有步骤地采取措施,解决问题。

如图 7－1 所示,由巴雷特曲线对应的百分比(右纵坐标),可查出关键因素或部件。通常将累计百分数 0～80%的部分或因素划为 A 类,称为关键部位或关键因素;将 80%～90%的部分划为 B 类,称为次要部位或次要因素;将 90%～100%部分的划为 C 类,称为一般部位或一般因素。主次图法是进行故障分析、寻找故障主要原因的一种简便方法。

例如,对某刹车装置的故障进行调查,发现其故障部位的分布,见表 7－1。根据此表可以画出它的主次图(见图 7－2)。从图 7－2 中可以看出,该刹车装置的故障主要集中在控制器与手刹车装置上,如果我们解决了这两个关键机构的不合理性,就可以大大减少刹车故障,从而提高其维修效率。

表 7－1　某刹车装置故障部位分布

故障部位	控制器	手刹车装置	过滤器	连接锁	导管	其他
故障次数	372	321	102	93	82	30
故障百分比/(%)	37.2	32.1	10.2	9.3	8.2	3.0
累计百分比/(%)	37.2	69.3	79.5	88.8	97.0	100

由图 7－2 可见,用主次图分析系统中的主要矛盾,简单明了、实时统计、便于普及。它不仅可用于以上系统或部件的故障分析,还可用于全面质量管理。

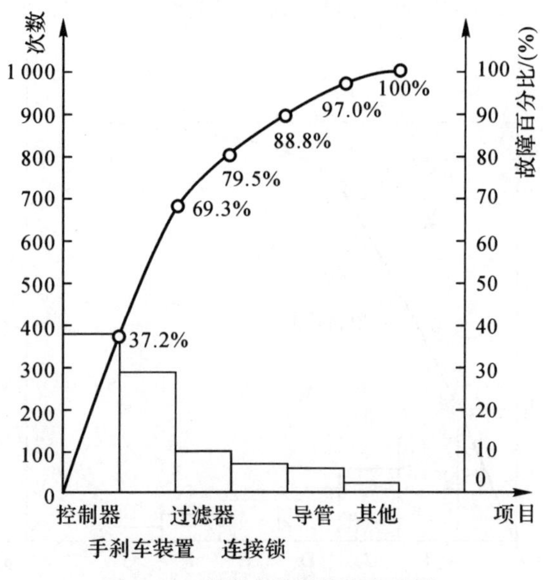

图 7-2　某刹车装置故障主次图

7.3　特征-因素图法

特征-因素图分析法是一种发现问题根本原因的分析方法，因为这种图的形状像鱼的骨骼，所以又称鱼骨图(Fishbone Diagram)。所谓特征-因素图，就是将已表现出来的故障或异常现象(即特征)和引起这些特征的因素用"鱼骨"联系起来，通过分析找出造成这些特征的直接原因。可将其划分为问题型、原因型及对策型鱼骨图等几类，日本质量管理专家石川馨最早使用这种方法，故特征-因素图又称为石川图。

7.3.1　特征-因素图的结构

如图 7-3(a)所示，特征-因素图的基本组成包括两部分：①特征，即所分析的故障对象结果，用方框图圈住，置于图中脊骨粗箭头之右；②因素，即引起故障的不同层次的因素。表示"特征"的水平粗箭头叫做"脊骨"，表示"因素"(原因)的箭头，按从大到小的顺序，分别叫做"大骨""中骨"和"小骨"，以表示"因素"的层次。大、中、小骨均有箭头由小向大层层相连；大骨分布于脊骨两侧，表示引起故障的基本因素，大骨指向脊骨的箭头有时可省略不画，但含义不变。

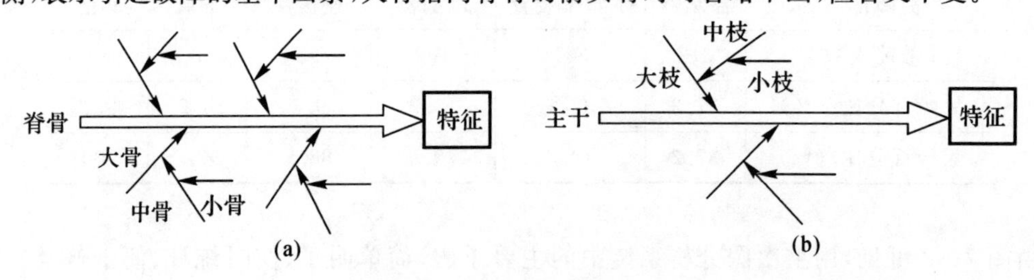

图 7-3　特征-因素图结构

(a)鱼骨结构图；(b)树枝结构图

也可以把特征-因素图看作是树枝结构，因此也可以把它叫作“树枝图”。其中各枝的位置和名称如图 7 - 3(b)所示。

7.3.2　图形绘制

绘制特征-因素图的首要任务是明确“特征”是什么，即所要分析的失效或异常现象是什么，比如传动轴的断裂，压力容器的破裂，设备系统的停动、失速等，即分析的故障对象。然后把确定“特征”作为脊骨，用水平粗箭头画在纸上。再把认为是导致失效的原因从大的方面分成几类，把它们当作大骨，用斜箭头分别画在图上与脊骨相衔接。大骨数目一般以 4～8 个为宜。然后针对每个大骨，把认为可能成为引起失效的原因作为中骨，用箭头画在图上与大骨相衔接。再进一步针对每个中骨，把认为可能成为失效原因的各种因素作为小骨，用箭头画在图上与中骨衔接。这样，特征-因素图就绘成了。一般，在图中绘制两个层次的因素就够了，对影响大的重点因素，应标上记号。

绘图步骤如下：

(1)明确作图目的

确定解决什么问题和特性。

(2)因素分类

失效事件可能是由若干个大小因素造成的，把它们进行分类归纳。

(3)整理分析

把得到的资料、数据或情况，按以上分类从大到小依次用箭头画到图上。

(4)标出重点

将主要的、关键的因素分别用符号标记显示出来，作为采取改进措施的重点项目。

(5)观察因果关系

各大小因素是通过什么途径、何种程度影响结果的；各种因素的量度有无测定的可能，准确度如何，具体因素应实地调查，技术规程有无明确标准；决定是否采取措施。

为了确定各类失效原因，进行失效分析时必须进行深入调查研究，充分掌握设计、材料、加工制造、零件实际运行状态(包括维修、操作等)和环境因素影响等各方面的原始资料，以及分析的实验数据和结果。对这些资料、数据和结果进行充分研究，确定其中哪些因素分别用于大骨、中骨和小骨。

7.3.3　特征-因素图的分析

特征-因素图是一种发现问题根本原因的方法，用鱼骨图试图找出导致问题的因素，并按相互关联性进行整理，以期寻找解决之道。

利用特征-因素图分析时，首先，应实事求是地绘制特征-因素图；其次，做好必要的试验检测；再依据特征-因素图互相分析，消去不存在的因素，最后留下的因素就是基本的或主要的因素。

图 7 - 4 所示为某气瓶破裂失效分析的特征-因素图。图中，先把可能引起气瓶破裂的因素分成设计有误、材料有误、加工有误和使用有误等 4 个方面，然后将这 4 个方面分为 8 个分枝因素，每个分枝又再分为 2～6 个小分枝因素。图形绘制完成后，根据调查记录和测试结果，消去不存在的因素，最后留下来的因素就是气瓶破裂的原因。

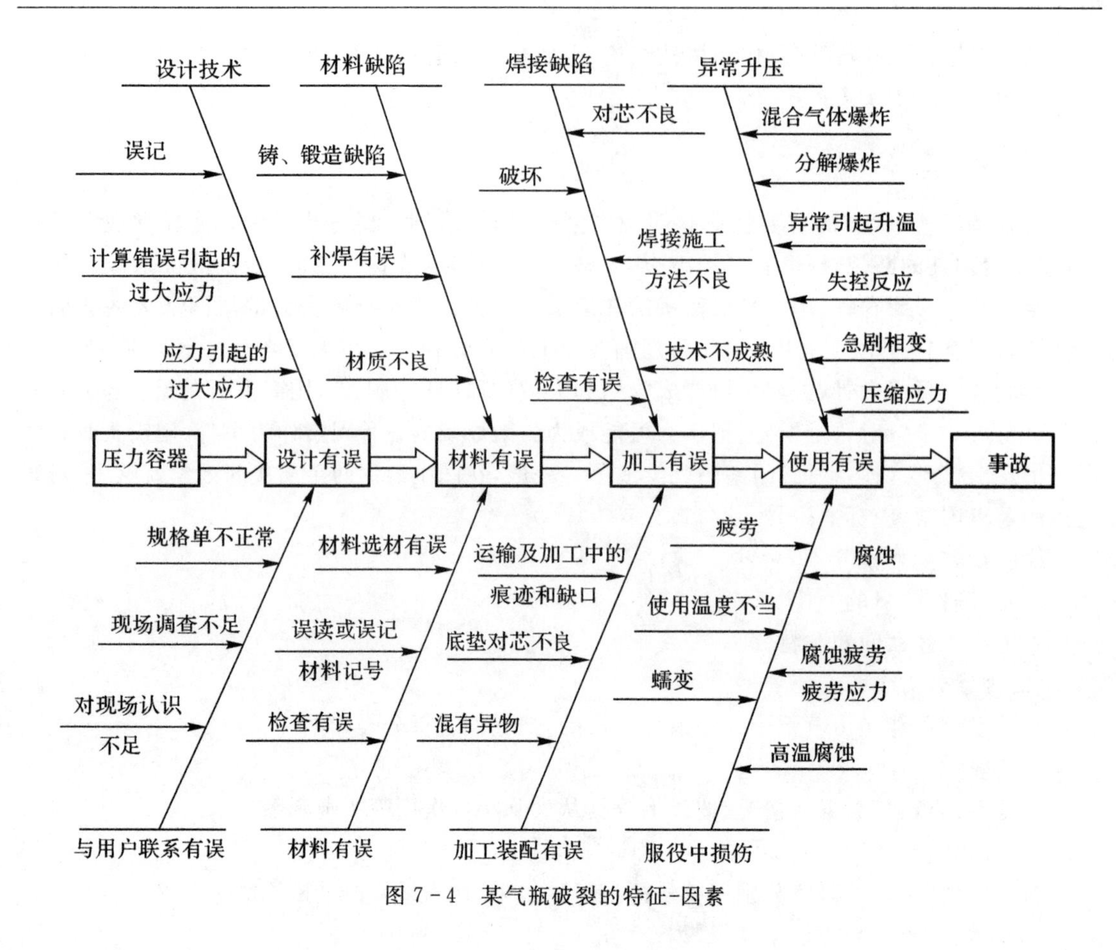

图 7-4　某气瓶破裂的特征-因素

7.4　故障模式、影响及危害性分析(FMECA)

7.4.1　基本概念

故障模式、影响及危害性分析(Failure Model Effect and Criticality Analysis,FMECA)是故障模式分析(Failure Modes Analysis,FMA)、故障影响分析(Failure Effect Analysis,FEA)和故障危害性分析(Failure Criticality Analysis,FCA)三种分析方法组合的总称。

故障模式是指故障的表现形式和表现状态,如灯管不亮、电路短路、机械断裂、磨损等。

故障影响是指某一种故障模式对系统的使用、功能或状态的影响,一般可分为局部影响、高一层次的影响和最终影响。

故障模式与影响分析(Failure Modes and Effect Analysis,FMEA)是分析产品的每个组成部分可能存在的故障模式,并确定各个故障模式对系统其他组成部分和系统要求功能的影响。它是产品可靠性的一种定性分析方法,就是在产品设计过程中,通过对产品各组成单元潜在的各种故障模式及其对产品功能的影响进行分析,并把每一个故障按其严酷度予以分类,最终提出可以采取的预防和改进措施,以提高产品可靠性的一种设计分析方法。

一种故障模式是否值得重视,不仅与它造成的后果有关,而且与它发生的概率有关,对某种故障模式的后果及其出现概率的综合度量称为这种故障模式的危害性。危害性分析(简称“CA”)就是按每一故障模式的严酷度类别、故障模式的发生概率以及所产生的影响对其分类,以便全面地评价各种可能的故障模式的影响。

能引起系统整体故障,零部件所发生的故障和系统之间必然存在一定的因果关系。FMECA 正是从这种关系出发,通过对系统各部件的每一种可能潜在的故障模式的分析,找出引发故障的原因,确定故障发生后对系统功能、使用性能、人员安全及维修等方面的影响,并根据影响的严重程度和故障出现的概率等综合效应,对每种潜在的故障进行分类,找出关键问题所在,提出可以采取的预防和纠正措施(如针对设计、工艺或维修等活动提出相应的改进措施),从而提高系统(或产品)的可靠性。

FMECA 可在产品设计和研制的初期就进行,目的是使设计人员通过一套科学分析的方法,充分了解产品中各个组成部分的功能和可能的故障模式,从而在设计工作中有目的地消除或减少潜在的故障;它也可以用作事后故障分析,分析故障原因并提出对策。作为产品开发和可靠性设计的重要内容之一,FMECA 方法在很多国家已成为设计分析的基本步骤。很重要的一点是,由于 FMECA 是一种定性分析方法,不需要高深的数学理论,初学者易于掌握,它比依赖于基础数据的定量分析方法更接近工程实际情况,因为它不必为了量化处理的需要而将实际问题过分简化,有很大的实际应用价值,受到工程部门的普遍重视,是工程设计人员必须掌握的故障分析技术。

7.4.2　故障模式、影响及危害性分析方法

进行 FMECA 的目的是分析产品所有可能的故障模式及其可能对系统工作所产生的影响,并按每个故障模式产生影响的严重程度及发生概率的大小予以分类,针对产品的薄弱环节,提出设计改进和使用补偿措施。

1. 定义约定层次

在对产品实施 FMECA 时,首先应明确分析对象,即明确约定层次的定义。根据分析的需要,可按产品的相对复杂程度或功能关系划分产品的层次,称为约定层次。

(1)初始约定层次

要进行 FMECA 总的、完整的产品所在的层次称为初始约定层次。它是约定层次中的最高层次,是 FMECA 最终影响的对象。

(2)其他约定层次

相继的约定层次(第二、第三等)称为其他约定层次,这些层次表明了直至较简单的组成部分的有序的排列。

(3)最低约定层次

约定层次中最底层的产品所在的层次称为最低约定层次。它决定了 FMECA 工作深入、细致的程度。

2. 基本分析方法

FMECA 有两种基本方法:硬件法和功能法。采用哪一种方法进行分析,取决于产品设计的复杂程度和可利用信息的多少。对复杂系统进行分析时,可以综合采用功能法和硬件法。

(1)硬件法

硬件法根据产品的功能对每个故障模式进行分析,用表格列出各个产品,并对其可能发生的故障模式及其影响进行分析。各产品的故障影响与分系统及系统功能有关。当产品可按设计图纸及其他工程设计资料明确确定时,一般采用硬件法。这种分析方法适用于从零件级开始分析,再扩展到系统级,即自下而上进行分析。也可以从任一层次开始,向任一方向进行分析。采用硬件法进行 FMECA 是较为严格的。

(2)功能法

功能法认为,每个产品可以完成若干功能,而功能可以按输出分类。使用这种方法时,将输出逐一列出,并对它们的故障模式进行分析。当产品构成不能明确确定时(如在产品研制初期,各个部件的设计尚未完成,得不到详细的部件清单、产品原理图及产品装配图),或当产品的复杂程度要求从初始约定层次开始向下分析,即自上而下分析时,一般采用功能法。当然也可以在产品的任一层次开始向任一方向进行分析。这种方法比硬件法简单,故有可能忽略某些故障模式。

3.进行 FMECA 掌握的资料

进行 FMECA 必须熟悉整个要分析的系统的情况,包括系统结构组成方面的、系统使用维护方面的以及系统所处环境等方面的资料。具体来说,应获得并熟悉以下信息:

(1)技术规范与研制方案

技术规范与研制方案通常阐明了各种系统故障的判据,并规定了系统的任务剖面以及对系统使用、可靠性和维修性方面的设计和试验要求。此外,技术规范与研制方案中的详细信息通常还包括系统工作原理图和功能方框图,它们表明了系统正常工作所需执行的全部功能。那些说明系统功能顺序所用的时间方框图和图表有助于确定应力-时间关系及各种故障检测方法和改进措施应用的可行性。技术规范与研制方案中给出的功能-时间关系,可以用来确定环境条件的应力-时间关系。

(2)设计方案论证报告

设计方案论证报告通常说明了对各种设计方案的比较及相应的工作限制,它们有助于确定可能的故障模式及原因。

(3)设计数据和图纸

设计数据和图纸通常确定了执行各种系统功能的每个产品及其结构,通常从系统级开始,直至系统的最低层级的产品对系统内部和接口功能进行了详细描述。

(4)可靠性数据

为了确定可能的故障模式及其发生的概率,需要对系统及产品的可靠性数据进行分析。一般来说,最好利用可靠性试验所得到的数据。当没有这种数据时,也可利用类似产品在相似使用条件下所进行的试验和由使用经验获得的可靠性数据。

7.4.3 故障模式、影响及危害性分析过程

本节主要介绍 FMECA 的硬件法的分析过程。

FMECA 由故障模式及影响分析(FMEA)和危害性分析(Criticality Analysis,CA)两部分组成,CA 是 FMEA 的补充和扩展,只有在进行了 FMEA 的基础上,才能进行 CA。

FMECA 方法步骤如图 7-5 所示。FMECA 工作就是按照图 7-5 中的工作流程逐项开展分析工作,并填写 FMEA 和 FMECA 表格。

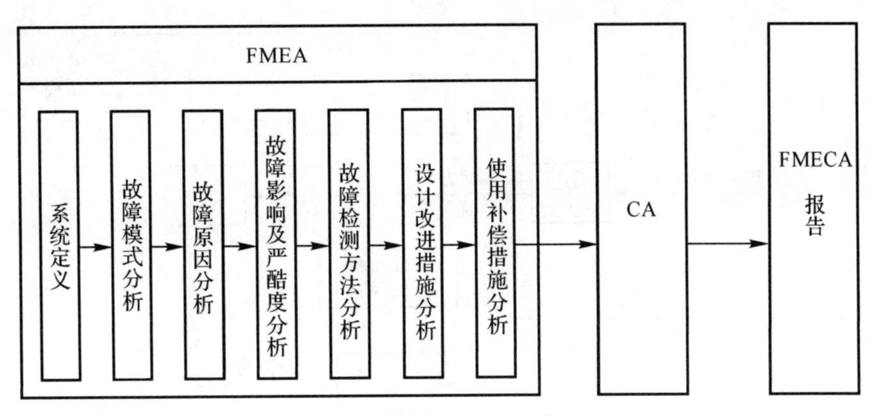

图7-5　FMECA方法步骤

7.4.3.1　FMEA

1. 系统定义

(1)系统定义的目的和主要内容

系统定义的目的是使分析人员有针对性地对被分析产品在给定任务功能下进行所有可能的故障模式、原因和影响分析。系统定义可概括为产品功能分析和绘制框图(功能框图、任务可靠性框图)两个部分。

1)产品功能分析。在描述产品任务后,对产品在不同任务剖面下的主要功能、工作方式(如连续工作、间歇工作或不工作等)和工作时间等进行分析,并应充分考虑产品接口部分的分析。

2)绘制功能框图及任务可靠性框图。

a. 绘制功能框图。描述产品的功能可以采用功能框图的方法。它不同于产品的原理图、结构图和信号流图,而是表明产品各组成部分所承担的任务或功能间的相互关系,以及产品每个约定层次间的功能逻辑顺序、数据(信息)流、接口的一种功能模型。例如,表7-2和图7-6分别表示高压空气压缩机的组成及其功能框图。功能框图也可表示为产品功能层次与结构层次的对应关系图。

表7-2　高压空气压缩机的组成及其功能

序号	编码	名称	功能	输入	输出
1	10	马达	产生力矩	电源(三相)	输出力矩
2	20	仪表和监测器	控制温度和压力及显示	压力	温度和压力读数;温度和压力传感器输入
3	30	冷却和潮气分离装置	提供干冷却气	淡水、动力	向压缩机提供干冷空气;向润滑装置提供冷却水
4	40	润滑装置	提供润滑剂	淡水、动力、冷却水	向压缩机提供润滑油
5	50	压缩机	提供高压空气	干冷空气、动力、润滑油	高压空气

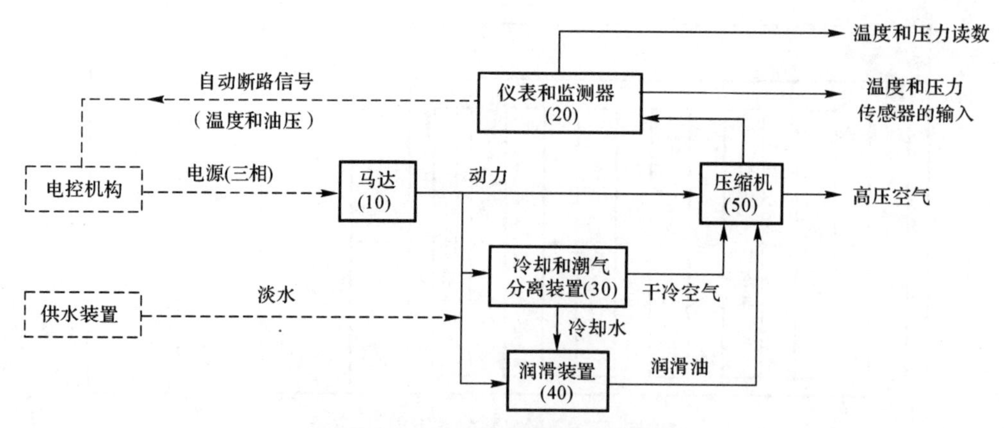

图 7-6　高压空气压缩机功能框图

注：图中虚线部分表示接口设备。

b. 绘制任务可靠性框图。可靠性框图描述产品整体可靠性与其组成部分可靠性之间的关系。例如，图 7-7(a)(b)分别为高压空气压缩机任务可靠性框图和润滑装置可靠性框图。它不反映产品间的功能关系，而是表示故障影响的逻辑关系。如果产品具有多项任务或多个工作模式，则应分别建立相应的任务可靠性框图。

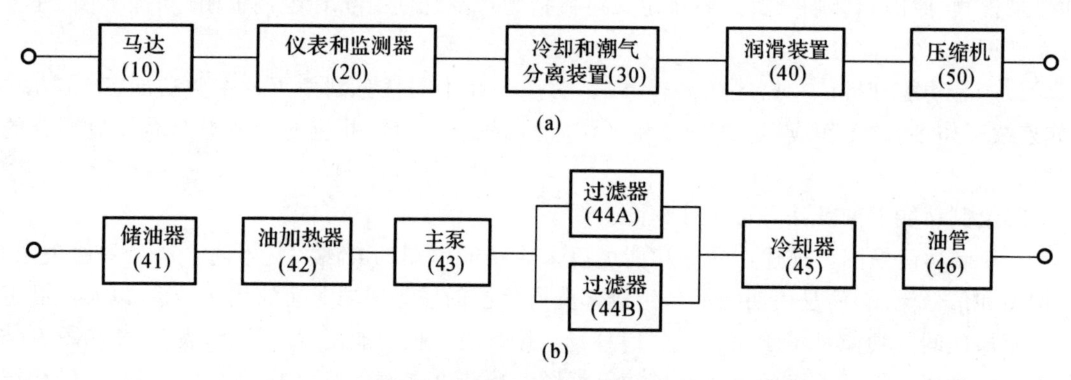

图 7-7　高压空气压缩机组成部分的任务可靠性框图

(a)高压空气压缩机；(b)润滑装置

(2)系统定义注意事项

1)完整的系统定义包括产品的各项任务，各任务阶段以及各种工作方式的功能描述。

2)功能是指产品的主要功能。

3)应对产品的任务时间要求进行定量说明。

4)明确功能及任务可靠性框图的含义、作用和绘制方法。

2. 故障模式分析

(1)故障模式分析的目的和主要内容

故障模式分析的目的是确定产品所有可能出现的故障模式。其主要内容有：

1)根据被分析产品的结构组成和特征，确定产品各组成部分所有可能的故障模式(如电阻器的开路、短路和参数飘移等)，进而对每个硬件的故障模式进行分析。典型的故障模式如表 7-3 所示。

表 7-3　典型的故障模式

序号	故障模式	序号	故障模式	序号	故障模式	序号	故障模式
1	结构故障(破损)	12	超出允许(下限)	23	滞后运行	34	折断
2	捆结或卡死	13	意外运行	24	输入过大	35	动作不到位
3	共振	14	间歇性工作	25	输入过小	36	动作过位
4	不能保持正常位置	15	漂移性工作	26	输出过大	37	不匹配
5	打不开	16	错误指示	27	输出过小	38	晃动
6	关不上	17	流动不畅	28	无输入	39	松动
7	误开	18	错误动作	29	无输出	40	脱落
8	误关	19	不能关机	30	(电的)短路	41	弯曲变形
9	内部泄露	20	不能开机	31	(电的)开路	42	扭转变形
10	外部泄露	21	不能切换	32	(电的)参数漂移	43	拉伸变形
11	超出允许(上限)	22	提前运行	33	裂纹	44	压缩变形

2)一般可以通过统计、试验、分析、预测等方法确定产品的故障模式。对于现有的产品,可以该产品在过去的使用中所发生的故障模式为基础,再根据该产品使用环境条件的异同进行分析和修正,进而得到该产品的故障模式;对于新产品,可根据该产品的功能原理和结构特点进行分析、预测,进而得到该产品的故障模式,或以与该产品具有相似结构的产品所发生的故障模式为基础,分析判断该产品的故障模式。

3)对常用的元器件、零部(组)件的故障模式,可根据国内外某些标准和手册确定其故障模式。

(2)故障模式分析注意事项

1)应区分功能故障和潜在故障。功能故障是指产品或产品的一部分不能完成预定功能的事件或状态;潜在故障是指产品或产品的一部分将不能完成预定功能的事件或状态,它是指功能故障将要发生的一种可鉴别(人工观察或仪器检测)的状态。图 7-8 所示为功能故障与潜在故障的关系。

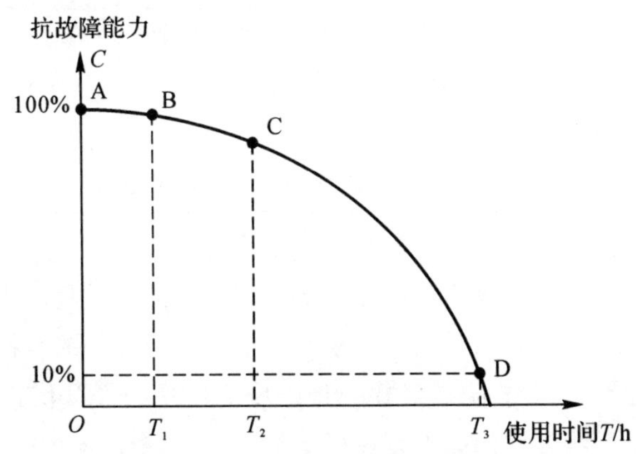

图 7-8　功能故障与潜在故障的关系

注:A 点表示无故障;B 点表示初始裂纹,不可见;C 点表示潜在故障,裂纹可见;D 点表示功能故障,断裂。

2)产品具有多种功能时,应找出该产品每个功能的全部可能的故障模式。例如,复杂产品一般具有多种任务功能,则应找出该产品在每一个任务剖面下的每一个任务阶段可能的故障模式。

3. 故障原因分析

(1)故障原因分析的目的和方法

故障原因分析的目的是找出每个故障模式产生的原因,进而采取针对性的预防和改进措施,降低故障模式发生的可能性。

故障原因分析的一般方法有:

1)从导致产品发生功能故障模式或潜在故障模式的物理、化学或生物变化过程等方面,分析故障模式发生的直接原因。

2)从外部因素(如其他产品的故障、使用、环境和人为因素等)方面分析产品发生故障模式的间接原因。

(3)故障原因分析的注意事项

1)正确区分故障模式与故障原因。故障模式一般是可观察到的故障表现形式,而故障模式直接原因或间接原因是设计缺陷、制造缺陷或外部因素。

2)应考虑产品相邻约定层次的关系。因为下一约定层次的故障模式往往是上一约定层次的故障原因。

3)当某个故障模式存在两个以上故障原因时,在FMEA表"故障原因"栏中应逐一说明。

4. 故障影响及严酷度分析

(1)故障影响及严酷度分析的目的和主要内容

故障影响分析的目的是找出产品的每个可能的故障模式所产生的影响,并对其严重程度进行分析。

每个故障模式的影响一般分为三级:局部影响、高一层次影响和最终影响,其定义见表7-4。

表7-4 按约定层次划分故障影响的分级

名称	定义
局部影响	某产品的故障模式对该产品自身及所在约定层次产品的使用、功能或状态的影响
高一层次影响	某产品的故障模式对该产品所在约定层次的紧邻上一层次产品的使用、功能或状态的影响
最终影响	某产品的故障模式对初始约定层次产品的使用、功能或状态的影响

故障影响的严酷度类别应按每个故障模式的最终影响的严重程度进行确定。严酷度类别是产品故障模式造成的最坏潜在后果的量度表示。可以将每一种故障模式和每一种被分析的产品按损失程度进行分类,它是根据故障模式最终可能出现的人员伤亡、任务失败、产品损坏(或经济损失)和环境损害等方面的影响程度确定的。通常,把严酷度类别划分成四个等级,见表7-5。

表7-5　严酷度类别划分

严酷度类别	严重程度定义
Ⅰ类(灾难的)	引起人员死亡或产品(如飞机、坦克、导弹及船舶)毁坏,重大环境损害
Ⅱ类(致命的)	引起人员的严重伤害或重大经济损失或导致任务失败、产品严重损坏及严重环境损害
Ⅲ类(中等的)	引起人员的中等程度伤害或中等程度的经济损失或导致任务延迟或降级、产品中等程度的损坏及中等程度环境损害
Ⅳ(轻度的)	不足以导致人员伤害,轻度的经济损失或产品轻度的损坏或环境损害,但它会导致非计划性维护和修理

(2)故障影响及严酷度分析的注意事项

1)切实掌握三级故障影响的定义。不同层次的故障模式和故障影响之间存在着一定关系,即低层次产品的故障模式对紧邻上一层次产品的影响就是紧邻上一层次产品的故障模式,即低层次的故障模式是紧邻上一层次的故障原因,由此推论可得出不同约定层次产品之间的迭代关系。

2)对于采用了余度设计、备用工作方式设计或故障检测与保护设计的产品,在FMEA中应暂不考虑这些设计措施而直接分析产品故障模式的最终影响,并根据这一最终影响确定其严酷度等级。因此,应在FMEA表中指明产品针对这种故障模式影响已经采取了上述设计措施。若需要进一步分析其影响,则应借助故障模式危害性分析。

3)严酷度类别是按故障模式造成的最坏潜在后果确定的。

4)严酷度类别是按故障模式对“初始约定层次”的影响程度确定的。

5.故障检测方法分析

(1)故障检测方法分析的目的和主要内容

故障检测方法分析的目的是为产品的维修性与测试性设计以及维修工作分析等提供依据。

故障检测方法分析的主要内容一般包括:目视检查、原位检测和离位检测等,其手段有机内测试(Built in Test,BIT)、自动传感装置测试、传感仪器测试、音响报警装置测试以及显示报警装置测试和遥测等。故障检测一般分为事前检测和事后检测两类,对于潜在故障模式,应尽可能在设计中采用事前检测方法。

(2)故障检测方法分析的注意事项

1)当确定无故障模式检测手段时,在FMEA表中的相应栏内填写“无”,并在产品设计中予以关注。当FMEA结果表明不可检测的故障模式会引起高严酷度时,应将这些不可检测的故障模式列出。

2)根据需要,增加必要的检测点,以便区分是哪个故障模式引起产品发生故障。

3)从可靠性或安全性的角度出发,应及时对冗余系统的每个组成部分进行故障检测、及时维修,以保持或恢复冗余系统的固有可靠性。

6.设计改进与使用补偿措施分析

(1)设计改进与使用补偿措施分析的目的

设计改进与使用补偿措施分析的目的是,针对每个故障模式的影响,在设计与使用方面采取有针对性的措施，以消除或减轻故障影响，进而提高产品的可靠性。

(2)设计改进与使用补偿措施分析的主要内容

1)设计改进措施

主要包括当产品发生故障时，应考虑是否具备能够继续工作的冗余设备、安全或保险装置(例如监控及报警装置)、替换的工作方式(例如备用或辅助设备)以及可以消除或减轻故障影响的设计改进(例如优选元器件、热设计、降额设计等)。

2)使用补偿措施

为了尽量避免或预防故障的发生，在使用和维护规程中规定的维护措施；一旦出现某故障后，操作人员应采取的最恰当的补救措施等。

(3)设计改进与使用补偿措施分析注意事项

分析人员要认真进行设计改进与使用补偿措施方面的分析，应尽量避免在 FMEA 表中“设计改进措施”“使用补偿措施”栏中均填写“无”。

7. 填写 FMEA 表格

在完成以上分析工作后，填写表 7-6 所示的 FMEA 表格。

表 7-6　故障模式及影响分析表(FMEA 表)

初始约定层次　　任　务　　审核　　第　页共　页

约定层次　　分析人员　　批准　　填表日期

代码	产品或功能标志	功能	故障模式	故障原因	任务阶段与工作方式	故障影响			严酷度类别	故障检测方法	设计改进措施	使用补偿措施	备注
						局部影响	上一级影响	最终影响					
(1)	(2)	(3)	(4)	(5)	(6)	(7)	(7)	(7)	(8)	(9)	(10)	(11)	(12)

FMEA 表格各组成部分的含义：

1)代码：对每个产品采用一种编码体系进行标识。

2)产品或功能标志：记录被分析产品或功能的名称与标志。

3)功能：简要描述产品所具有的主要功能。

4)故障模式：根据故障模式分析的结果，依次填写每个产品的所有故障模式。

5)故障原因：根据故障原因分析的结果，依次填写每个故障模式的所有故障原因。

6)任务阶段与工作方式：根据任务剖面依次填写发生故障时的任务阶段与该阶段内产品的工作方式。

7)故障影响：根据故障影响分析的结果，依次将每一个故障模式的局部、高一层次和最终影响分别填入对应栏。

8)严酷度类别：根据最终影响分析的结果，按每个故障模式确定其严酷度类别。

9)故障检测方法：根据产品故障模式原因、影响等分析的结果，依次填写故障检测方法。

10)设计改进措施：针对某一故障，在设计和工艺上采取的消除/减轻故障影响或降低故障发生概率的改进措施。

11)使用补偿措施：针对某一故障模式，为了预防其发生而采取的维修措施，或一旦出现该故障模式后操作人员应采取的最恰当的补救措施。

12)备注:简要记录对其他栏的注释和补充说明。

7.4.3.2　危害性分析(CA)

1.危害性分析的目的

对产品每一个故障模式的严重程度及其发生的概率所产生的综合影响进行分类,以全面评价产品中所有可能出现的故障模式的影响。

2.危害性分析常用方法

(1)风险优先数(Risk Priority Number,RPN)方法

RPN 是对产品每个故障模式的 RPN 值进行优先排序,并采取相应的措施,使 RPN 值达到可接受的最低水平。

产品的某个故障模式的 RPN 等于该故障模式影响的严酷度等级(Effective Severity Ranking,ESR)和故障模式的发生概率等级(Occurrence Probability Ranking,OPR)的乘积。

$$\mathrm{RPN}=\mathrm{ESR}\times\mathrm{OPR} \tag{7-1}$$

式中,RPN 数越高,则危害性越大。

ESR 是评定某个故障模式的最终影响的程度。表 7-7 给出了 ESR 的评分准则。在分析中,该评分准则应综合所分析产品的实际情况,尽可能详细规定。

表 7-7　故障模式影响的严酷度等级(ESR)的评分准则

ESR 评分等级	严酷度等级	ESR 评分等级	严酷度等级
1,2,3	轻度的	7,8	致命的
4,5,6	中等的	9,10	灾难的

OPR 是评定某个故障模式实际发生的可能性。表 7-8 给出了 OPR 的评分准则,表中的"故障模式发生概率 P_m 参考范围"是对应各评分等级给出的预计该故障模式在产品的寿命周期内发生的概率,该值在具体应用中可以视情况而定。

表 7-8　故障模式发生概率等级(OPR)的评分准则

OPR 评分等级	故障模式发生的可能性	故障模式发生概率 P_m 参考范围
1	极低	$P_m \leqslant 10^{-6}$
2,3	较低	$1\times10^{-6} < P_m \leqslant 1\times10^{-4}$
4,5,6	中等	$1\times10^{-4} < P_m \leqslant 1\times10^{-2}$
7,8	高	$1\times10^{-2} < P_m \leqslant 1\times10^{-1}$
9,10	非常高	$P_m > 10^{-1}$

(2)危害性矩阵分析方法

1)危害性矩阵分析的目的。比较每个产品及其故障模式的危害性程度,为确定产品改进措施的先后顺序提供依据。它分为定性的危害性矩阵分析方法和定量的危害性矩阵分析方法两种。当不能获得产品故障数据时,应选择定性的危害性矩阵分析方法;当可以获得较为准确的产品故障数据时,则选择定量的危害性矩阵分析方法。

2)定性危害性矩阵分析方法。定性危害性矩阵分析方法是将每个故障模式发生的可能性分成离散的级别,按所定义的等级对每个故障模式进行评定。根据每个故障模式出现的概率大小分为A、B、C、D、E五个不同的等级,其定义见表7-9。结合工程实际,可以对其等级概率进行修正。评定故障模式概率等级之后,应用危害性矩阵图对每个故障模式进行危害性分析。

表7-9 故障模式发生概率的等级划分

等级	定义	故障模式发生概率的特征	故障模式发生的概率(在产品使用时间内)
A	经常发生	高概率	某个故障模式发生概率大于产品总故障率的20%
B	有时发生	中等概率	某个故障模式发生概率大于10%,小于产品总故障率的20%
C	偶然发生	不常发生	某个故障模式发生概率大于1%,小于产品总故障率的10%
D	很少发生	不大可能发生	某个故障模式发生概率大于产品总故障率的0.1%,小于产品总故障率的1%
E	极少发生	近乎为零	某个故障模式发生概率小于产品总故障率的0.1%

3)定量危害性矩阵分析方法。定量危害性矩阵分析方法主要按式(7-2)和式(7-4)分别计算故障模式危害度c_{mj}和产品危害度c_r,并对求得的不同的c_{mj}和c_r值进行排序,或应用危害性矩阵图对每个故障模式的c_{mj}和产品的c_r进行危害性分析。

a.故障模式的危害度c_{mj}

c_{mj}是产品危害度的一部分,是指产品在工作时间t内,以第j个故障模式发生的某严酷度等级下的危害度。

$$c_{mj}=\alpha_j \cdot \beta_j \cdot \lambda_p \cdot t \tag{7-2}$$

式中,$j=1,2,\cdots,N$,N为产品的故障模式总数。

α_j—— 故障模式频数比,是产品第j种故障模式发生故障的次数与产品所有可能的故障模式数的比值。α_j一般可通过统计、试验、预测等方法获得。当产品的故障模式数为N,则$\alpha_j(j=1,2,\cdots,N)$之和为1,即

$$\sum_{j=1}^{N}\alpha_j=1 \tag{7-3}$$

β_j—— 故障模式影响概率,是产品在第j种故障模式发生的条件下,其最终影响导致“初始约定层次”出现某严酷度等级的条件概率。β值的确定是代表分析人员对产品故障模式、原因和影响等掌握的程度。β值的确定通常是按经验进行定量估计。表7-10所列的三种β值可供选择。

λ_p—— 被分析产品在其任务阶段内的故障率,单位为小时$^{-1}$(h^{-1});

t—— 产品任务阶段的工作时间,单位为小时(h)。

表7-10 故障影响概率β的推荐值

序号	1	2	3
方法来源	本标准推荐采用	国内某型战机设计采用	GB7 826

续表

序号	1		2		3	
β规定值	实际丧失	1	一定丧失	1	肯定损伤	1
	很可能丧失	0.1～1	很可能丧失	0.5～0.99	可能损伤	0.5
	有可能丧失	0～0.1	可能丧失	0.1～0.49	很少可能	0.1
	无影响	0	可忽略	0.01～0.09	无影响	0
			无影响	0		

b. 产品危害度 c_r

产品危害度 c_r 是该产品在给定的严酷度类别和任务阶段下的各种故障模式危害度 c_{mj} 之和，即

$$c_r = \sum_{j=1}^{N} c_{mj} = \sum_{j=1}^{N} \alpha_j \cdot \beta_j \cdot \lambda_p \cdot t \tag{7-4}$$

式中，$j=1,2,\cdots,N$，N 为产品的故障模式总数。

4) 危害性矩阵图及其应用

a. 绘制危害性矩阵图的目的。比较每个故障模式影响的危害程度，为确定改进措施的先后顺序提供依据。危害性矩阵是在某个特定严酷度级别下，对每个故障模式的危害程度或产品危害度的结果进行比较。危害性矩阵与风险优先数 (Risk Priority Number，RPN) 一样具有风险优先顺序的作用。

b. 绘制危害性矩阵图的方法。横坐标一般用等距离表示严酷度等级；纵坐标为产品危害度 c_r 或故障模式危害度 c_{mj} 或故障模式发生概率等级，详见图 7-9。

其做法是：首先按 c_r 或 c_{mj} 的值或故障模式发生概率等级在纵坐标上查到对应的点，再在横坐标上选取代表其严酷度类别的直线，并在直线上标注产品或故障模式的位置(利用产品的故障代码标注)，从而构成产品或故障模式的危害性矩阵图，即在图 7-9 上得到各产品或故障模式危害性的分布情况。

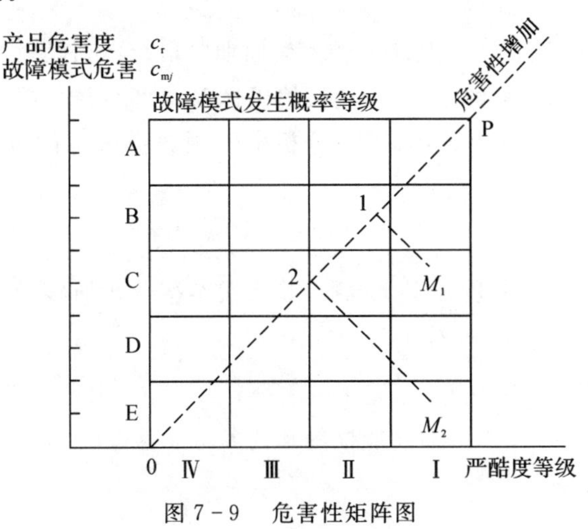

图 7-9　危害性矩阵图

c. 危害性矩阵图的应用。从图 7-9 中所标记的故障模式分布点向对角线(图中虚线 0P)作垂线,以该垂线与对角线的交点到原点的距离作为量度故障模式(或产品)危害性的依据,距离越长,其危害性越大,越应尽快采取改进措施。图 7-9 中,因 01 距离比 02 距离长,则 M_1 故障模式比 M_2 故障模式的危害性大。

3. 填写危害性分析(CA)表格

危害性分析的实施与 FMEA 的实施一样,均采用填写表格的方式进行。常用的危害性分析表如表 7-11 所示。

表 7-11　危害性分析(CA)表

初始约定层次产品　　任　务　　审核　　第　页　共　页

约定层次产品　　分析人员　　批准　　填表日期

代码	产品或功能标志	功能	故障模式	故障原因	任务阶段与工作方式	严酷度类别	故障模式概率或故障数据源	故障率	故障模式频数比 α_j	故障影响概率 β_j	工作时间 h	故障模式危害度 c_{mj}	产品危害度 c_r	备注
(1)	(2)	(3)	(4)	(5)	(6)	(7)	(8)	(9)	(10)	(11)	(12)	(13)	(14)	(15)

在表 7-11 中,第(1)~(7)栏的内容与 FMEA 表(表 7-6)中的内容相同,第(8)栏记录被分析产品的"故障模式概率等级或故障数据源"的来源,当采用定性分析方法时,此栏只记录故障模式概率等级,并取消(9)~(14)栏。第(9)~(14)栏分别记录危害度计算的相关数据及计算结果。第(15)栏记录对其他栏的注释和补充。

7.4.3.3　故障模式、影响及危害性分析报告(FMECA 报告)

完成产品的故障模式、影响及危害性分析工作之后,应对整个工作过程进行总结和整理,形成 FMECA 报告。FMECA 报告的主要内容应包括以下几个方面:

1. 概述

阐明实施 FMECA 的目的、产品所处的寿命周期阶段、分析任务的来源等基本情况;实施 FMECA 的前提条件和基本假设的有关说明;编码体系、故障判据、严酷度定义和 FMECA 方法的选用说明;FMEA、CA 表的选用说明;分析中使用数据来源的说明;其他有关解释和说明等。

2. 产品的功能原理

说明被分析产品的功能原理和工作过程,并指明本次分析所涉及的系统、分系统、相应的功能以及 FMECA 中约定层次的划分。

3. 系统定义

进行产品的功能分析、绘制产品功能框图和任务可靠性框图。

4. FMECA 表的说明

汇总及说明工作中填写的 FMEA 表、CA 表。

5. 结论与建议

阐述 FMECA 工作所得出的结论。尤其要对无法消除的严酷度为Ⅰ、Ⅱ类的故障模式进行必要的说明，对其他可能的设计改进措施、使用补偿措施的建议以及执行改进措施后的预计效果加以说明。

6. 附件

附件包括 FMEA 表、CA 表以及危害性矩阵图等。

7.4.4　故障模式、影响及危害性分析注意事项

1)重视 FMECA 计划工作。在 FMECA 工作实施过程中，应贯彻“边设计、边分析、边改进”和“谁设计、谁分析”的原则。

2)明确约定层次间的关系。各约定层次间存在一定的关系，即低层次产品的故障模式是紧邻上一层次的故障原因；低层次产品故障模式对高一层次的影响是紧邻上一层次产品的故障模式。FMECA 是一个由下而上的分析迭代过程，如图 7-10 所示。

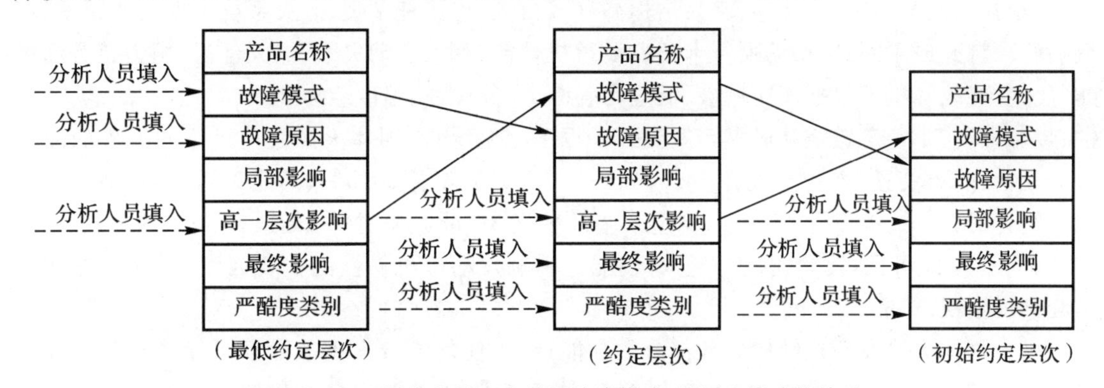

图 7-10　不同约定层次产品间故障模式、原因和影响的关系

注：假设此系统只有三个层次(即最低约定层次、约定层次和初始约定层次)，每一层次只有一个产品，每一产品只有一个故障模式，每一故障模式只有一个故障原因、影响。

3)加强工作的规范化。实施 FMECA，型号总体单位应加强规范化管理，明确与各承制单位之间的职责与接口分工，统一规范、技术指导，并跟踪其效果，以确保 FMECA 分析结果的正确性和可比性。

4)深刻理解、切实掌握分析中的基本概念。例如，严酷度是某一故障模式对“初始约定层次产品”的最终影响的严重程度；严酷度与危害度是两个不同的概念；故障检测方法是指产品运行或使用维修过程检查故障的方法，而不是指研制试验和可靠性试验过程中的检查故障的方法等等。

5)对于 RPN 高的故障模式，应从降低 OPR 和 ESR 两方面提出改进措施。在 RPN 分析中，可能出现不同的 OPR、ESR，但其乘积 RPN 相同，因此，分析人员应对严酷度等级高的故障模式给予更高的关注。

6)进行危害性分析时，若只能估计每一个故障模式发生的概率等级，则可在 FMECA 表中增加“故障模式发生概率等级”一栏，即将 FMECA 表变为定性的 CA 表，并可通过绘制危害性矩阵进行定性的危害性分析。

7)积累经验、注重信息,建立相应的故障模式及相关信息库。

8)FMECA 是一种静态、单因素的分析方法,对动态、多因素分析还很不完善,为了对产品进行全面分析,进行 FMECA 时还应与其他故障分析方法相结合。

7.4.5 故障模式、影响及危害性分析实例

火箭发动机是运载火箭、导弹和各种航天器的主要动力装置。目前,广泛应用的火箭发动机几乎全部采用化学推进剂作为能源。化学推进剂在发动机燃烧室中燃烧生成高温燃气,通过喷管膨胀高速喷出,产生反作用力,为飞行器提供飞行所需的动力。

下面给出某固体火箭发动机故障模式、影响及危害性分析(FMECA)的例子。

某固体火箭发动机由装药燃烧室、点火系统、推力终止机构、喷管和密封结构 5 个单元组成。该系统以装药燃烧室为主体,分别通过顶盖与点火系统螺纹密封相连,通过螺套与推力终止装置螺纹相连,通过螺栓与喷管法兰密封相连,以达到接口结构的强度和密封要求。

固体火箭发动机的主要故障模式包括壳体爆破,药柱裂纹或空穴,喷管烧蚀、烧穿和喉衬破裂,绝热层或衬层脱黏、烧穿,密封结构漏气或窜火,连接杆断裂,点火系统不发火或误发火,反喷管未打开或不同步,摆动喷管卡死以及整机性能超差、启动失败、点火延迟、压力急升和爆炸等。主要故障机理包括高压爆破、低应力脆断、高温失强、温度应力裂纹、黏结故障、老化、烧蚀、侵蚀燃烧、不稳定燃烧和爆燃转爆轰等。据不完全统计,固体火箭发动机不同组件的故障百分比为:点火装置 12.3%、壳体 14.6%、药柱 32.9%、喷管 30.5%、其他 9.7%。按故障不同来源统计的百分比为设计 45.9%、制造工艺及装配 37.6%、原材料 5.9%、贮存 5.9%、试车操作 4.7%。由此可见,设计、制造工艺及装配是影响发动机可靠性的主要因素,对这些方面要引起高度重视。

由于固体火箭发动机结构和各部分的功能特点,任何部分发生故障都可能导致整台发动机发生故障。因此,从系统功能的逻辑关系方面来讲,固体火箭发动机实际上是一个串联系统。某固体火箭发动机的系统功能逻辑框图如图 7-11 所示。

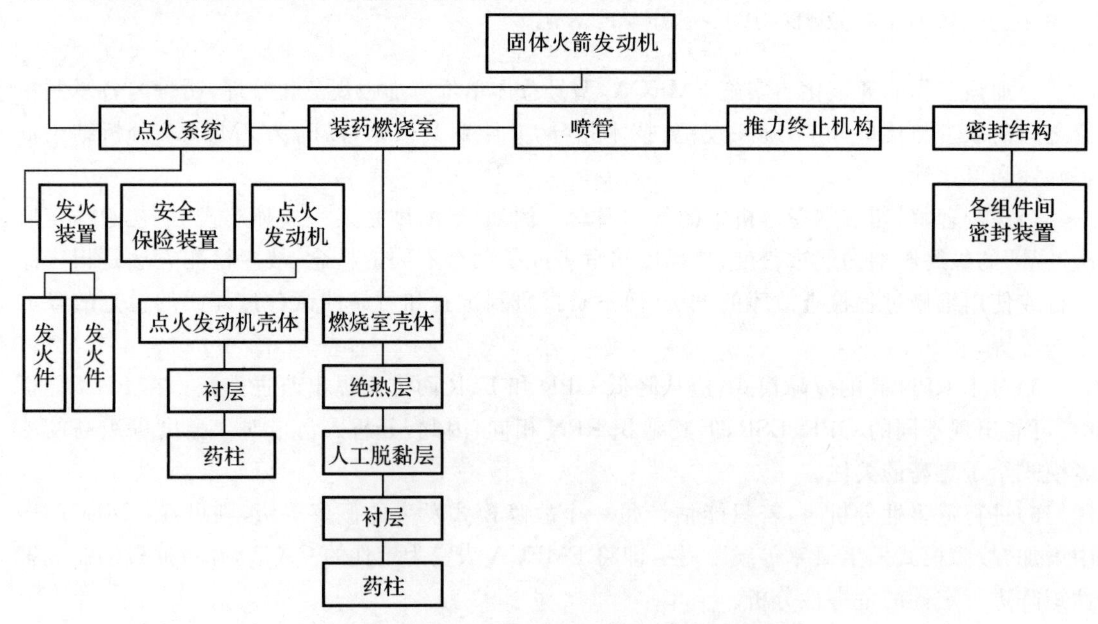

图 7-11 某固体火箭发动机的系统功能逻辑框图

按照 FMECA 的分析过程和方法，对固体火箭发动机组成部分的每一单元进行详细分析，归纳总结出该系统的 FMECA 分析表格（见表 7－12）。表中“局部影响”是指对项目和功能本身的影响，确定局部影响的目的是作为最终提出预防改进措施的基础。局部影响可能是故障模式本身；“上一级影响”即对固体火箭发动机的影响；“最终影响”即对全系统（如火箭或导弹）的工作、功能或工作状态的影响。

表 7－12　某固体火箭发动机 FMECA 表格

序号	项目名称	功能	故障模式及原因	任务阶段或工作模式	故障影响			故障检测方法	改进与补救措施	危害性级别
					局部影响	上一级影响	最终影响			
1	点火系统	点燃发动机主装药	1. 瞎火 (1)发火件未发火 (2)装药受潮变质 (3)点火通道堵塞	导弹点火阶段	点火系统瞎火	发动机不工作	导弹不能发射	1. 抽检 2. 遥测	1. 控制产品质量与装配质量 2. 改善贮存条件，注意防潮	Ⅳ
			2. 点火发动机爆炸 (1)发火件点火药量过大 (2)点火发动机装药脱黏、裂纹或壳体有缺陷	导弹点火阶段	点火系统爆炸	发动机损坏或爆炸	导弹毁坏	1. 抽检 2. 无损探伤、观察 3. 遥测	1. 科学计算点火药量 2. 控制产品质量和装配质量 3. 改善贮存、运输条件，减振并防止冲击	Ⅰ
			3. 误发火 (1)发火件误发火 (2)静电感应 (3)冲击、振动	导弹准备发射	点火系统误发火	发动机误工作	导弹误发射或毁坏	尚无办法	1. 设置安全保险机构 2. 点火系统壳体接地 3. 限制运输、吊装和起竖速度，减振并防止冲击	Ⅰ
2	装药燃烧室	1. 贮存固体推进剂（药柱） 2. 推进剂燃烧的高温高压容器 3. 导弹的一个舱段	1. 壳体爆破 (1)壳体材料机械性能过低、有缺陷或壁厚过薄 (2)焊缝机械性能过低、有缺陷或严重错位 (3)燃烧室工作压强过高	导弹飞行主动段	装药燃烧室毁坏或爆炸	发动机毁坏或爆炸	导弹毁坏	1. 壳体探伤 2. 地面试车抽检 3. 遥测	1. 控制壳体材料质量 2. 严格工艺检验，注意焊接、调质处理质量 3. 水压试验验收 4. 防止药柱裂纹、衬层脱黏和人工脱黏层失效	Ⅰ
			2. 壳体穿火 (1)绝热层设计厚度不够 (2)绝热层材料隔热和耐烧蚀性能差 (3)绝热层与壳体严重脱黏	导弹飞行主动段	装药燃烧室毁坏或爆炸	发动机毁坏或爆炸	导弹毁坏	1. 第一界面无损探伤 2. 地面试车抽检	1. 控制绝热层材料质量 2. 实测试验后绝热层剩余厚度并优化设计 3. 提高粘贴工艺水平	Ⅰ
			3. 药柱裂纹 (1)设计不合理或工艺粗糙，造成应力集中 (2)推进剂力学和老化性能不满足设计要求 (3)冲击、振动	导弹飞行主动段	1. 产生高压，燃烧室爆炸 2. 压强曲线偏离设计值	1. 发动机爆炸 2. 压强曲线偏离设计值	1. 导弹毁坏 2. 导弹攻击不到目标	1. 无损探伤 2. 地面试车抽检 3. 遥测	1. 改进药型设计 2. 提高推进剂力学性能和老化性能 3. 改善运输条件、减振并防止冲击 4. 裂纹灌浆处理	Ⅰ

续表

序号	项目名称	功能	故障模式及原因	任务阶段或工作模式	故障影响			故障检测方法	改进与补救措施	危害性级别
					局部影响	上一级影响	最终影响			
2	装药燃烧室	1.贮存固体推进剂(药柱) 2.推进剂燃烧的高温高压容器 3.导弹的一个舱段	4.药柱点不着 (1)点火系统瞎火 (2)脱模剂过厚 (3)推进剂受潮变质 (4)喷管堵盖失效	导弹点火阶段	药柱不燃烧	发动机不工作	导弹不能发射	1.地面试车抽检 2.遥测	1.改进工艺,尽量减薄脱模剂 2.改善贮存条件,注意防潮 3.气密性检验	Ⅳ
			5.药柱误发火 (1)点火系统误发火 (2)静电感应 (3)冲击、振动 (4)跌落、磕碰	导弹准备发射	药柱误发火	发动机误发火	导弹误发射或毁坏	尚无办法	1.燃烧室壳体接地 2.改善运输条件,减振并防止冲击 3.严禁产品跌落、磕碰	Ⅰ
3	喷管	1.控制燃烧室压强,维持药柱正常燃烧 2.把燃气热能转换成动能,产生推力	1.喉衬破裂飞出 (1)钨渗铜材抗热震性能差 (2)钨渗铜坯料有缺陷 (3)喉衬两端配合间隙过少	导弹飞行主动段	喉径扩大	发动机推力减小,工作时间加长,总冲降低	导弹达不到预定目标或毁坏	1.无损探伤 2.地面试车抽检 3.遥测	1.严格控制生产工艺和质量 2.无损探伤检验 3.每批抽出1～2件进行地面试车考核	Ⅱ
			2.喉衬前、后端接合面穿火 (1)配合尺寸超差 (2)装配工艺不符合要求	导弹飞行主动段	喉径扩大	推力减小,工作时间加长,总冲降低	导弹达不到预定目标或毁坏	1.地面试车抽检 2.遥测	1.保证加工尺寸精度 2.提高装配工艺水平	Ⅱ
			3.扩散段、收敛段严重烧蚀或烧穿 (1)设计不合理 (2)绝热材料耐烧蚀、冲刷性能差 (3)绝热材料有缺陷	导弹飞行主动段	扩散段、收敛段型面碳化或窜火	发动机推力减小或偏斜	导弹达不到预定目标或毁坏	1.地面试车抽检 2.遥测	1.保证加工尺寸精度 2.提高装配工艺水平 3.改善设计,提高绝热材料性能	Ⅱ
4	推力终止机构	终止发动机推力,并提供一定分离力	1.反喷管都打不开 (1)打开装置失效 (2)燃烧室压强过低	飞行主动段终点,头体分离	反喷管均未工作	发动机推力不能终止	导弹达不到预定目标	1.地面试车抽检 2.遥测 3.单项冷试	1.控制加工质量和装配质量 2.提高打开装置可靠性 3.必须在燃烧室压强大于2.5 MPa时打开反喷管	Ⅱ
			2.反喷管未都打开 (1)打开装置失效 (2)燃烧室压强过低	飞行主动段终点,头体分离	反喷管未都工作	发动机推力未终止或发动机偏转	弹头受到很大干扰或弹体折断	1.地面试车抽检 2.遥测 3.单项冷试	1.控制加工质量和装配质量 2.提高打开装置可靠性 3.必须在燃烧室压强大于2.5 MPa时打开反喷管	Ⅰ

续表

序号	项目名称	功能	故障模式及原因	任务阶段或工作模式	故障影响			故障检测方法	改进与补救措施	危害性级别
					局部影响	上一级影响	最终影响			
5	密封机构	1. 密封防潮 2. 确保发动机正常工作	1. 喷管堵盖漏气 (1)黏结质量低 (2)堵盖材料老化变质或有缺陷	导弹点火阶段	喷管漏气	发动机点火延迟或药柱点不着	导弹命中率降低或不能发射	1. 气密性检验 2. 肉眼观察	1. 保证堵盖材料的质量 2. 提高黏结质量	Ⅳ
			2. 配合密封处漏气窜火 (1)密封配合面超差 (2)"O"型密封圈失效或未涂密封腻子	导弹飞行主动段	漏气窜火	发动机工作不正常或毁坏	导弹发射失败或毁坏	1. 气密性检验 2. 地面试车抽检 3. 遥测	1. 控制加工质量和装配质量 2. 确保密封圈的质量 3. 气密性检验	Ⅱ

7.5　故障树分析法(FTA)

7.5.1　概述

1. 故障树分析法及其产生的背景

故障树分析法(Fault Tree Analysis,FTA),是以故障树为工具,分析系统发生故障的各种途径,计算各个可靠性特征量,对系统的安全性或可靠性进行评价的方法。

1961 年,美国贝尔电话研究所的沃森(Watson)和默恩斯(Mearns)在民兵式导弹发射控制系统的设计中,首先使用故障树分析法成功地对弹道导弹的发射随机故障问题做出了预测。随后,波音公司的哈斯尔(Hassl)、舒劳特(Schroder)、杰克逊(Jackson)等人研制出故障树分析法计算机程序,在飞机设计方面得到成功应用。1974 年,美国原子能委员会发表了麻省理工学院(MIT)以拉斯穆森(Rasmussen)教授为首的安全小组所写的"商用轻水堆核电站事故危险性评价"报告,该报告运用事件树分析法(Event Tree Analysis,ETA)和故障树分析法,分析了核电站可能发生的各种事故的概率,并肯定了核电站的安全性,得出了核能是一种非常安全的能源的结论。该报告的发表在各方面引起了很大的反响,之后,故障树分析法从宇航、核能推广到了电子、化工和机械等专业领域,目前已广泛应用于社会问题、国民经济管理、军事行动决策等方方面面,被认为是系统可靠性、安全性分析的一种简单、有效的方法。

2. 故障树和故障树分析法的意义

把最不希望发生的事件称为顶事件,毋需再深究的事件称为底事件,介于顶事件与底事件之间的一切事件称为中间事件,用相应的符号代表这些事件,再用适当的逻辑门把顶事件、中间事件和底事件联结成树形图,把这样的树形图称为故障树。故障树是一种特殊的倒立树状逻辑因果关系图,它用事件符号、逻辑门符号和转移符号描述系统中各种事件之间的因果关系。逻辑门的输入事件是输出事件的"因",逻辑门的输出事件是输入事件的"果"。故障树的各种故障事件包括硬件故障、软件故障、人为失误和环境影响等因素，以及能导致人员伤亡、患职业病、设备损坏、环境严重污染等事故的各种危险因素。

图 7－12 所示为一个故障树结构的例子。它首先选定系统的某一故障事件画在故障树的顶端，作为顶事件，即故障树的第一阶，再将导致该系统故障发生的直接原因（各部件故障）并列地作为第二阶，用适当的事件符号表示，并用适当的逻辑门把它们与系统故障事件联结起来。图 7－12 中用或门表示系统的故障是由部件 A 故障或者部件 B 故障所引起的。然后，将导致第二阶各故障事件发生的原因分别并列在第二阶故障事件的下面作为第三阶，用适当的事件符号表示，并用适当的逻辑门与第二阶相应的事件联结起来，联结部件 A 故障与元件 1 故障、元件 2 故障的是一个与门，表明部件 A 故障是由元件 1、元件 2 同时故障所引起的。如此逐阶展开，直到把形成系统故障的最基本事件都分析出来为止。

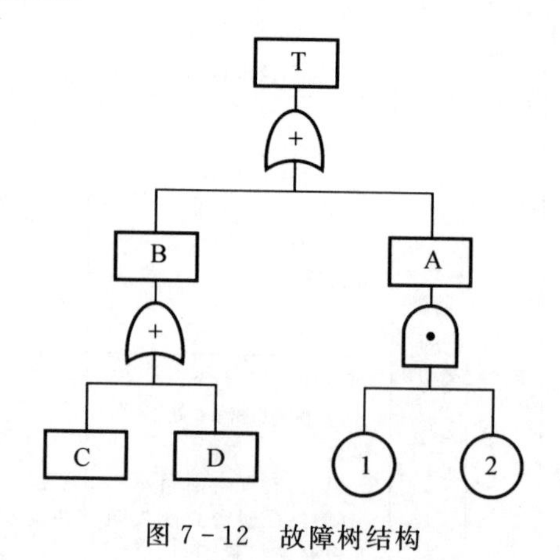

图 7－12　故障树结构

故障树分析是系统安全性和可靠性分析的工具之一。在产品设计阶段，通过故障树分析，可判明潜在的系统故障模式和灾难性危险因素，发现系统可靠性和安全性的薄弱环节，以便改进设计。在生产和使用阶段，通过故障树分析，可帮助故障诊断，改进使用维修方案，同时，故障树分析也是事故调查的一种有效手段。

3. 故障树分析法的特点

(1)直观、形象

与一般可靠性分析方法不同，故障树分析法是一种从系统到部件再到零件这样的“下降形”分析方法，通过逻辑符号绘制出的一个倒树形图，这样，它就把系统的故障与导致该故障的各种因素直观而又形象地呈现出来。如果我们从故障树的顶端向下分析，就可以找出系统的故障与哪些部件、零件的状态有关，从而查清引起系统故障的原因；如果我们由故障树的下端（即各个底事件）往上追溯，则可以分辨各个零件、部件故障对系统故障的影响途径与程度，从而可评价各个零件、部件的故障原因及其对保证系统可靠性、安全性的重要程度。

(2)灵活、多用

1)可对产品、装置、部件、系统的可靠性、安全性进行定性分析和定量分析。

2)可以分析由单一零部件故障所导致的系统故障，还可以分析由两个以上零部件同时故障时所导致的系统故障。

3)既可以用于分析系统组成中硬件（零、部件）故障的影响，也可以用于分析维修、环境因素、人为操作或决策失误的影响；既能反映系统内部单元与系统的故障关系，又能反映系统外部因素可能造成的后果。

(3)多目标、可计算

1)在系统设计中，应用故障树分析，可以帮助设计者弄清系统的故障模式，在对系统或设备的故障进行预测和诊断时，能找出系统或设备的薄弱环节，以便在设计中采取相应的改进措施，进而实现系统设计的最优化。

2)在管理和维修中,根据对系统故障原因的分析,充实部件备品,完善使用方法,采取有效的维修措施,切实防止故障的发生。

3)由于故障树是由特定的逻辑门和一定的事件构成的逻辑图,因此,可以应用计算机辅助建树,进行定性分析和定量计算。

4.故障树分析法的分析步骤

故障树分析法的步骤通常因评价对象、分析目的和精细程度等的不同而有所区别,但一般按如下步骤进行:

1)故障树的建造。

2)故障树规范化、简化和模块分解。

3)定性分析。

4)定量计算。

5)编写故障树分析报告。

7.5.2　故障树中使用的符号

我们把描述系统状态、部件状态的改变过程叫事件。如果系统或零部件按规定要求(规定的条件和时间)完成其功能称为正常事件;如果系统或零部件不能按规定要求完成其功能,或其功能完成不准确,则称为故障事件。引起故障事件的原因有:硬件故障、软件差错、环境条件因素和人为因素等。凡是能引起故障事件的零部件、子系统、设备、人为和环境条件,在故障树中都定义为部件。

7.5.2.1　事件及其符号

在故障树分析中,各种故障状态或不正常情况皆称故障事件,各种完好状态或正常情况皆称成功事件。两者均可简称为"事件"。

1.底事件

底事件是在故障树分析中仅导致其它事件发生的原因事件。它位于故障树的底端,总是某个逻辑门的输入事件而不是输出事件。

底事件分为基本事件和未探明事件。

(1)基本事件

基本事件是在特定的故障树分析中无须探明其发生原因的底事件,用圆形符号表示,如图 7-13 所示。

(2)未探明事件

未探明事件是原则上应进一步探明原因但暂时不必或者不能探明其原因的底事件,用菱形符号表示,如图 7-14 所示。

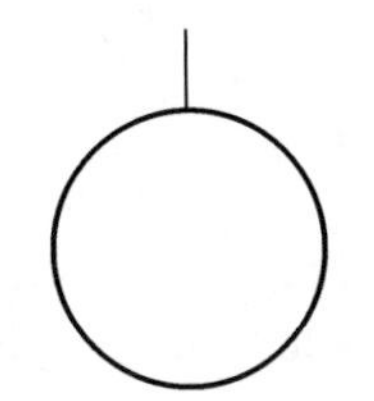

图 7-13　基本事件符号

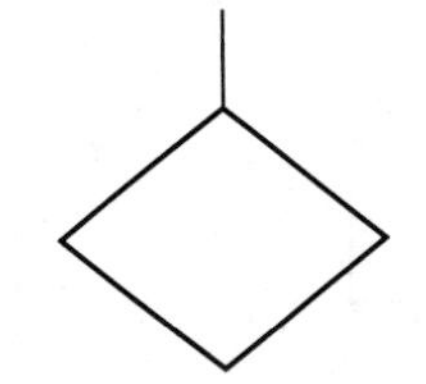

图 7-14　未探明事件符号

2. 结果事件

结果事件是在故障树分析中由其他事件或事件组合所导致的事件，它位于某个逻辑门的输出端。结果事件分为顶事件与中间事件，用矩形符号表示，如图 7 - 15 所示。

(1)顶事件

顶事件是在故障树分析中的最后结果事件。它位于故障树的顶端，是所讨论故障树中逻辑门的输出事件而不是输入事件。

(2)中间事件

中间事件是位于底事件和顶事件之间的结果事件。它既是某个逻辑门的输出事件，同时又是别的逻辑门的输入事件。

3. 特殊事件

特殊事件是在故障树分析中需用特殊符号表明其特殊性或引起注意的事件。

(1)开关事件

已经发生或者必将发生的特殊事件。其图形符号如图 7 - 16 所示。

(2)条件事件

条件事件是描述逻辑门起作用的具体限制的特殊事件。其图形符号如图 7 - 17 所示。

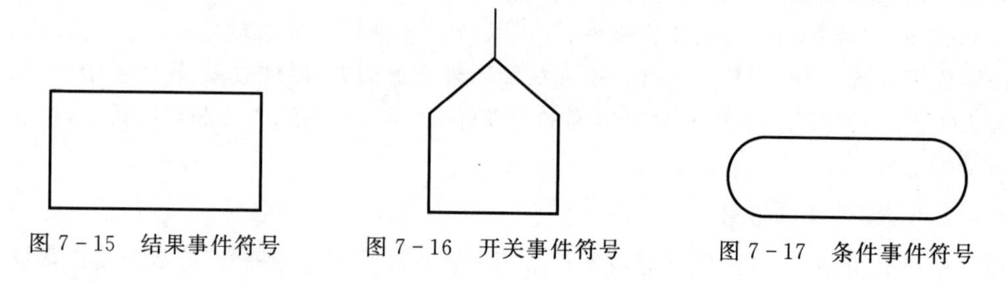

图 7 - 15　结果事件符号　　图 7 - 16　开关事件符号　　图 7 - 17　条件事件符号

7.5.2.2　逻辑门及其符号

在故障树分析中逻辑门只描述事件间的因果关系。与门、或门和非门是三个基本门，其他逻辑门为特殊门。

1. 与门

与门表示仅当所有输入事件发生时，输出事件才发生。其图形符号如图 7 - 18 所示。

2. 或门

或门表示至少一个输入事件发生时，输出事件就发生。其图形符号如图 7 - 19 所示。

3. 非门

非门表示输出事件是输入事件的逆事件。其图形符号如图 7 - 20 所示。

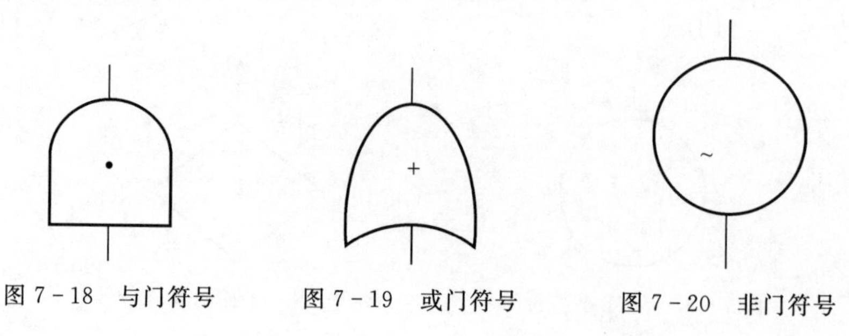

图 7 - 18　与门符号　　图 7 - 19　或门符号　　图 7 - 20　非门符号

4. 顺序与门

顺序与门表示仅当输入事件按规定的顺序条件发生时，输出事件才发生。其图形符号如图 7－21 所示。

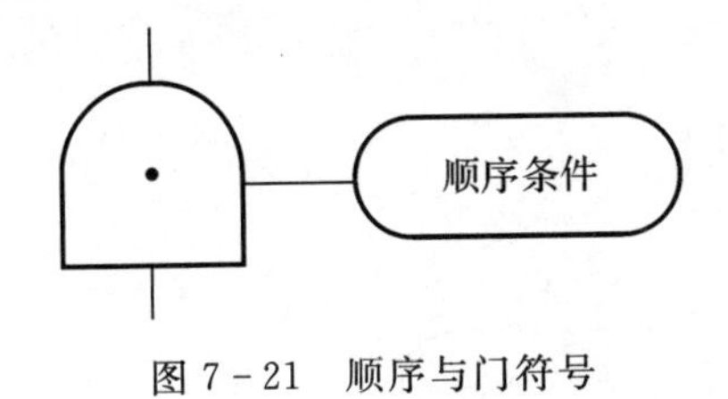

图 7－21　顺序与门符号

顺序与门示例：有主发电机和备份发电机（带开关控制器）的系统停电故障分析，如图 7－22所示。

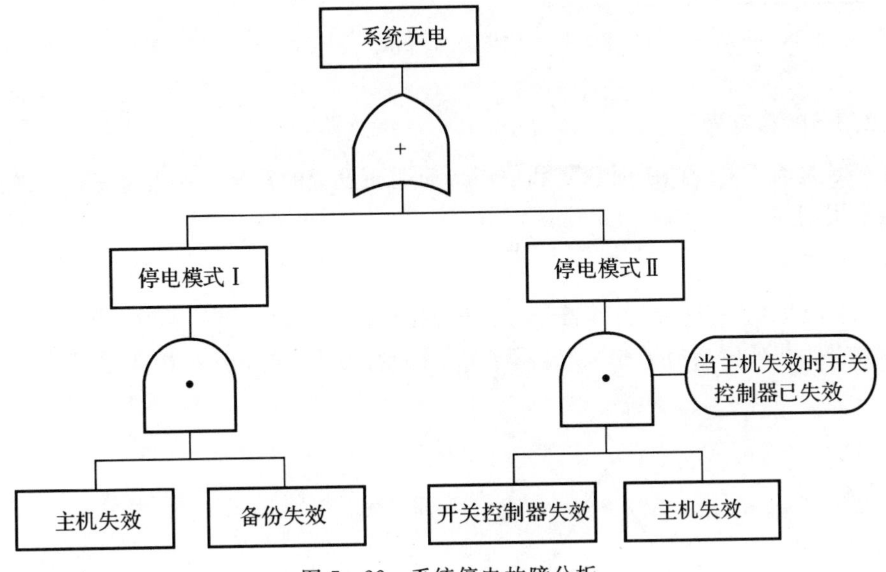

图 7－22　系统停电故障分析

5. 表决门

表决门表示仅当 n 个输入事件中有 r 个或 r 个以上的事件发生时，输出事件才发生（$1 \leqslant r \leqslant n$）。其图形符号如图 7－23 所示，示例如图 7－30 所示。很显然，或门和与门都是表决门的特例。或门是 $r=1$ 的表决门，与门是 $r=n$ 的表决门。

6. 异或门

异或门表示仅当单个输入事件发生时，输出事件才发生。其图形符号如图 7－24 所示。

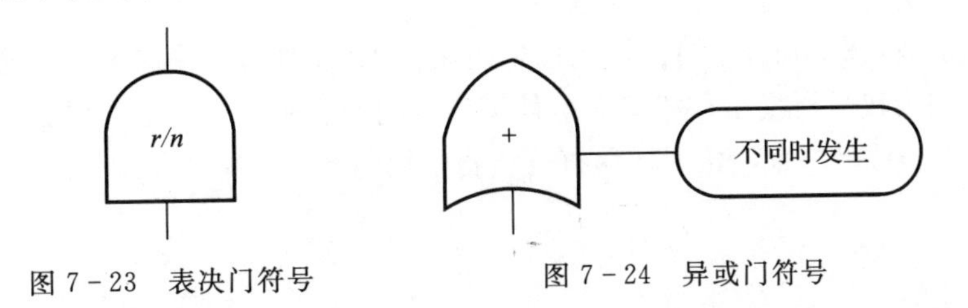

图 7－23　表决门符号　　图 7－24　异或门符号

异或门示例：双发电机电站丧失部分电力故障分析如图 7-25 所示。

7. 禁门

禁门表示仅当禁门打开的条件事件发生时，输入事件的发生才会导致输出事件的发生。其图形符号如图 7-26 所示。

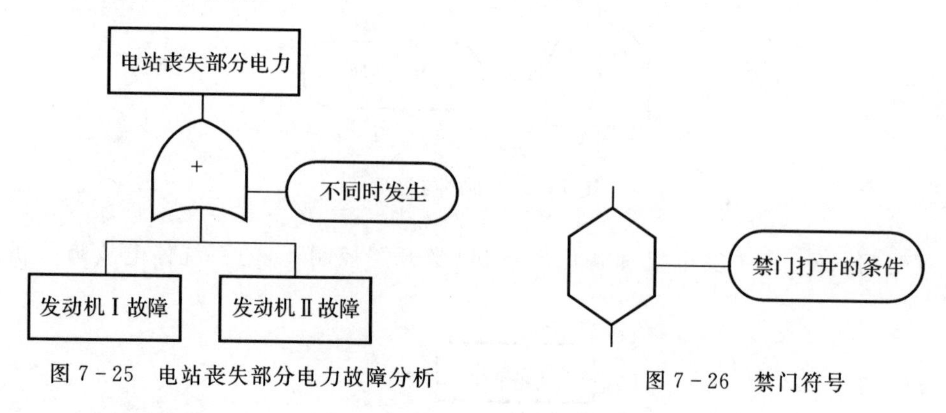

图 7-25 电站丧失部分电力故障分析

图 7-26 禁门符号

7.5.2.3 转移符号

转移符号是为了避免画图时重复和使图形简明而设置的符号。在大型复杂系统的故障树分析中经常用到。

1. 相同转移符号

图 7-27 所示是一对相同转移符号，用以指明子树的位置。图 7-27(a)符号表示“下面转到以字母数字为代号所指的子树去”。图 7-27(b)符号表示“由具有相同字母数字的符号处转到这里来”。

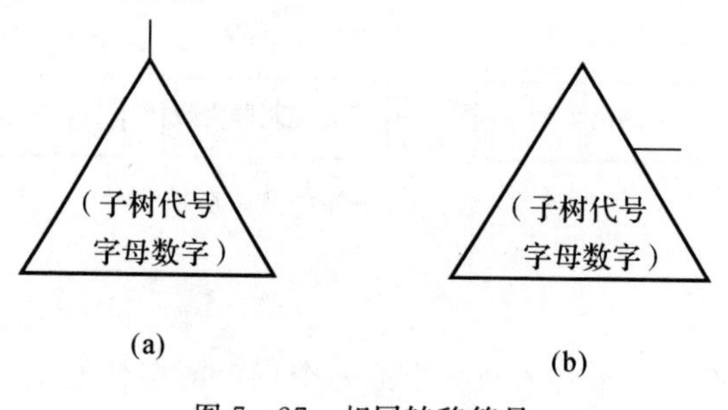

图 7-27 相同转移符号

开关事件符号及相同转移符号示例：造船工人高空作业坠落死亡事故分析如图 7-28 所示。

2. 相似转移符号

图 7-29 所示是一对相似转移符号，用以指明相似子树的位置。图 7-29(a)符号表示“下面转到以字母数字为代号所指结构相似而事件标号不同的子树去”，在三角形旁注明不同的事件标号。图 7-29(b)符号表示“相似转移符号所指子树与此处子树相似但事件标号不同”。

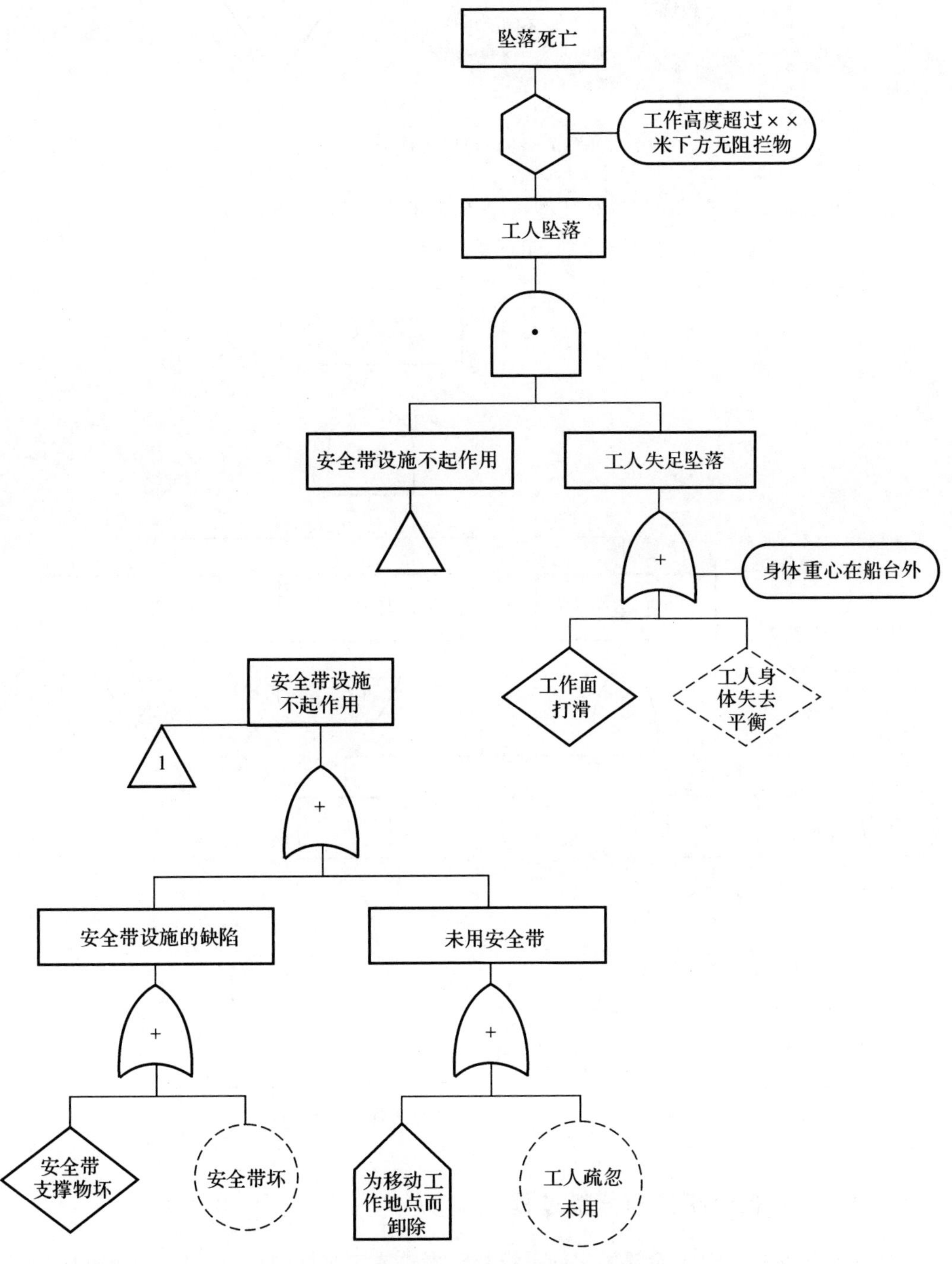

图 7 - 28　造船工人高空作业坠落死亡事故分析

图 7－29　相似转移符号

表决门及相似转移符号示例：对某型飞机不能正常飞行的分析如图 7－30 所示。已知该机三台发动机若有两台发生故障时便不能正常飞行。

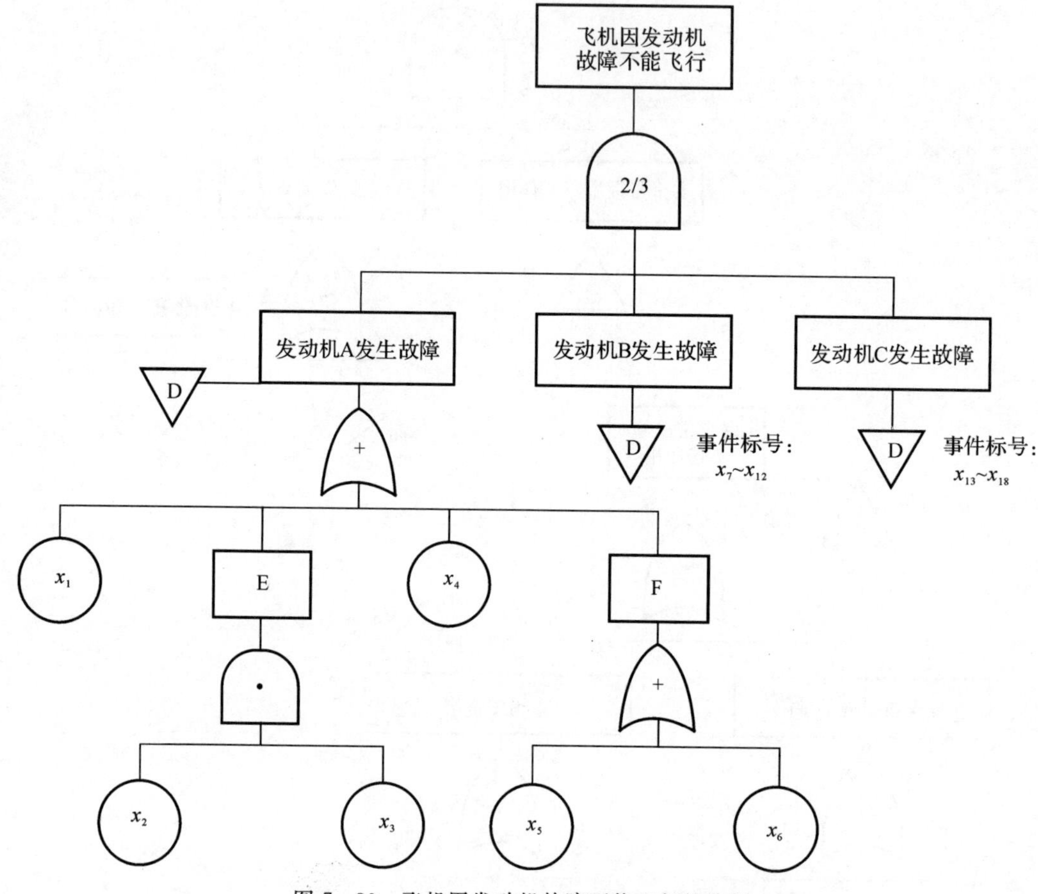

图 7－30　飞机因发动机故障不能飞行的分析

7.5.3　故障树分析法的分析过程

故障树分析是以一个不希望发生的系统故障事件或灾难性的危险事件（即顶事件）作为分析的目标，通过由上向下的严格按层次的故障因果逻辑分析，逐层找出故障事件的必要而充分的直接原因，最终找出导致顶事件发生的所有原因和原因组合。在具有基础数据时还可计算出顶事件发生的概率和底事件重要度等定量指标。

故障树分析法的分析过程一般包括准备工作、建造故障树、故障树的数学描述、故障树的简化、故障树定性分析、故障树定量分析以及编写分析报告等项内容。

7.5.3.1　准备工作

为了确保故障树建造工作能够顺利开展，并确保其后的定性、定量分析工作行之有效和结果准确，必须做好如下准备工作：

1. 熟悉资料

必须熟悉设计说明书、原理图（流程图、结构图）、运行规程、维修规程和有关资料。实际上，开始建树时，资料往往不全，必须补充收集某些资料或作必要假设以弥补这种欠缺。随着资料的逐步完善，故障树也会修改得更加符合实际情况和更加完善。

2. 熟悉系统

1）应透彻掌握系统设计意图、结构、功能、边界（包括人机接口）和环境情况。

2）辨明人为因素和软件对系统的影响。

3）辨识系统可能的各种状态模式及其和各单元状态的对应关系，辨识这些模式之间的相互转换，必要时应绘制系统状态模式及转换图，以弄清系统成功或故障与单元成功或故障之间的关系，从而可以正确地建造故障树。

4）根据系统复杂程度和要求，必要时应进行系统 FME(C)A，以辨识各种故障事件以及人的失误和共因故障。

5）根据系统复杂程度，必要时应绘制系统可靠性框图，以正确形成故障树的顶部结构和实现故障树的早期模块化，以缩小树的规模。

6）为透彻地熟悉系统，建树者除完成上述工作外，还应随时征求有经验的设计人员和使用、维修人员的意见，最好有上述人员参与建树工作，以保证建树工作顺利开展，确保建成的故障树的正确性，以达到预期的分析目的。

3. 确定分析目的

应根据任务要求和对系统的了解确定分析目的。同一个系统，因分析目的不同，系统模型化结果会大不相同，反映在故障树上也大不相同。如果本次分析关注的对象是硬件故障，在系统模型化时可以略去人为因素；如果关注对象是内部事件，则模型化将不考虑外部事件。有时（但不是所有场合）需要考虑硬件故障、软件故障、人为失误和外部事件等所有因素。

4. 确定故障判据

根据系统成功判据来确定系统故障判据，只有故障判据准确，才能辨明是故障，从而确定导致故障的全部直接的必要而又充分的原因。

5. 确定顶事件

人们不希望发生的显著影响系统技术性、经济性、可靠性和安全性的故障事件可能不止一个，必要时可应用 FME(C)A，然后再根据分析目的和故障判据确定本次分析的顶事件。

7.5.3.2　建造故障树

故障树的建造方法分为演绎法人工建树和计算机辅助建树两类。演绎法人工建树是依靠人员对系统和故障树分析方法的理解，通过思考分析顶事件是怎么发生的，导致顶事件的直接原因事件是哪些，它们又是如何发生的，一直分析到底事件为止，并用有关的故障树符号将分析结果记录下来而形成故障树。

1. 演绎法建树的方法和过程

将已确定的顶事件写在顶部矩形框内作为第一行。将引起顶事件发生的全部必要而又充分的直接原因事件(包括硬件故障、软件故障、环境因素、人为因素等)置于相应原因事件符号中,作为第二行。然后根据实际系统中它们的逻辑关系,用适合的逻辑门与顶事件相连。接下来将导致第二行的那些故障事件(称中间事件)发生的全部必要而又充分的直接原因事件作为第三行,用适合的逻辑门与中间事件相连。遵循这一建树规则逐步深入、逐级向下发展,一直追溯到引起系统发生故障的全部原因,即找出全部底事件而不需要继续分析为止。这样就建成了一棵以顶事件为"根",中间事件为"节",底事件为"叶"的倒置的故障树。

2. 演绎法建树需遵守的基本规则

(1)明确建树边界条件,确定简化系统图

故障树的边界应和系统的边界相一致,方能避免遗漏或出现不应有的重复。一个系统的部件以及部件之间的联结数目可能很多,但其中有些对于给定的顶事件是很不重要的,为了减小树的规模以突出重点,应在 FME(C)A 的基础上,将那些很不重要的部分舍去,得到等效的简化系统图,然后从简化系统图出发进行建树。

划定边界、合理简化是完全必要的,同时,这方面又要非常慎重,避免主观地把看来"不重要"的底事件舍去,却把要寻找的隐患漏掉了。做到合理划定边界和简化的关键在于反复,以做出正确的判断。

(2)故障事件应严格定义

对所有故障事件,尤其是顶事件,必须严格定义,否则建出的故障树将不正确。

(3)故障树演绎过程中首先寻找的是直接原因事件而不是基本原因事件

应不断利用"直接原因事件"作为过渡,逐步地、无遗漏地将顶事件演绎为基本原因事件。

在故障树向下演绎过程中,还常常用等价的比较具体的或更为直接的事件取代比较抽象的或比较间接的事件,这时就会出现不经任何逻辑门的事件串,如图 7-31 所示。

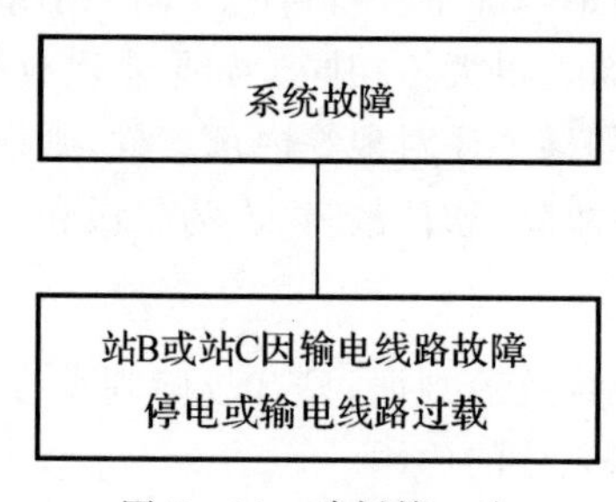

图 7-31　建树第一步

(4)应从上到下逐级建树

其主要目的是避免遗漏。例如,为大的工程系统建造故障树,应首先确定系统级顶事件,以确定各分系统级顶事件,同时要重视总体与分系统之间和分系统相互之间的接口,分层次、有计划、协调配合地进行故障树的建造。

(5)建树时不允许逻辑门与逻辑门直接相连

逻辑门与逻辑门相连的故障树使评审者无法判断对错,故在故障树建造过程中不允许逻辑门与逻辑门直接相连。

(6)妥善处理共因事件

来自同一故障源的共同故障原因会引起不同的部件故障甚至不同的系统故障，共同原因故障事件简称“共因事件”，鉴于共因事件对系统故障发生概率影响很大，建树时必须妥善处理共因事件。

若某个故障事件是共因事件，则故障树的不同分支中出现的该事件必须使用同一事件标号。若该共因事件不是底事件，则必须使用相同转移符号简化表示。

7.5.3.3　故障树的数学描述

为了使问题简化，假设所研究的零部件和系统只有正常或故障两种状态，且各零部件的故障是相互独立的。现在研究一个由 n 个相互独立的底事件构成的故障树。

设 x_i 表示底事件 i 的状态变量。x_i 仅取0或1两种状态。Φ 表示顶事件的状态变量，Φ 也仅取0或1两种状态，则有如下定义：

$$x_i=\begin{cases}1 & \text{当底事件 } i \text{ 发生(即零部件故障)}\\ 0 & \text{当底事件 } i \text{ 不发生(即零部件正常)}\end{cases}\quad i=1,2,\cdots,n$$

$$\Phi(X)=\begin{cases}1 & \text{当顶事件 } T \text{ 发生(即系统故障)}\\ 0 & \text{当顶事件 } T \text{ 不发生(即系统正常)}\end{cases}$$

故障树顶事件是系统所不希望发生的故障状态，相当于 $\Phi=1$。与此状态相应的底事件状态为零部件故障状态，相当于 $x_i=1$。这就是说，顶事件状态完全由底事件状态所决定，即

$$\Phi=\Phi(X)=\Phi(x_1,x_2,\cdots,x_n) \tag{7-5}$$

式中，$X=(x_1,x_2,\cdots,x_n)$ 为底事件状态向量；$\Phi(X)$ 是作为故障树数学表述的结构函数。结构函数是表示系统状态的布尔函数，其自变量为该系统组成单元的状态。

1.与门结构函数

图7-32所示为一个与门结构故障树，结构函数

$$\Phi(X)=\bigcap_{i=1}^{n} x_i \quad i=1,2,\cdots,n \tag{7-6}$$

式中，　i—— 底事件的序号，$i=1,2,\cdots,n$；

　　n—— 底事件数。

当 x_i 仅取0、1时，结构函数 $\Phi(X)$ 也可以写成

$$\Phi(X)=\prod_{i=1}^{n} x_i$$

与门结构函数与一个并联系统相当，所代表的工程意义是：并联系统中只有当全部元件发生故障时，系统的故障才会出现。

2.或门结构函数

图7-33所示为一个或门结构故障树，结构函数

$$\Phi(X)=\bigcup_{i=1}^{n} x_i \quad i=1,2,\cdots,n \tag{7-7}$$

当 x_i 仅取0、1时，结构函数 $\Phi(x)$ 也可以写成

$$\Phi(X)=1-\prod_{i=1}^{n}(1-x_i)$$

或门结构故障树与一个串联系统相当，它所代表的工程意义是：串联系统中，只要有一个元件发生故障，系统的故障就会出现。也就是说必须所有元件都正常，系统才处于正常状态。

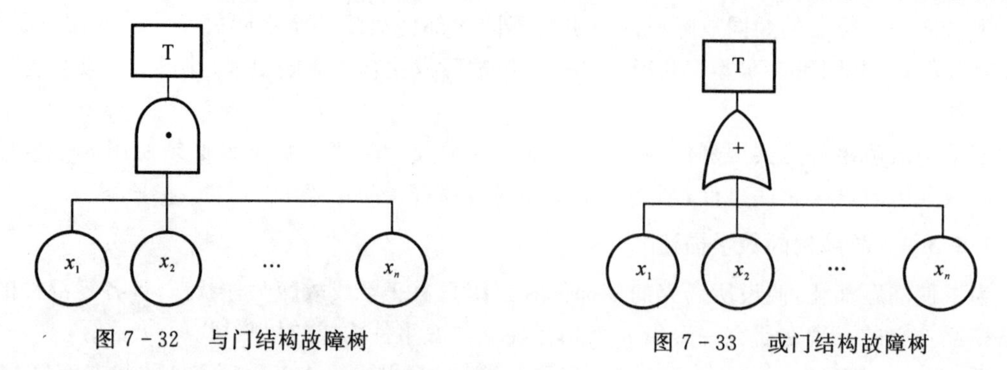

图 7-32　与门结构故障树　　　　图 7-33　或门结构故障树

在结构函数中，事件的逻辑运算服从布尔代数的运算规则。

3. 任一系统的结构函数

某系统的故障树如图 7-34 所示。

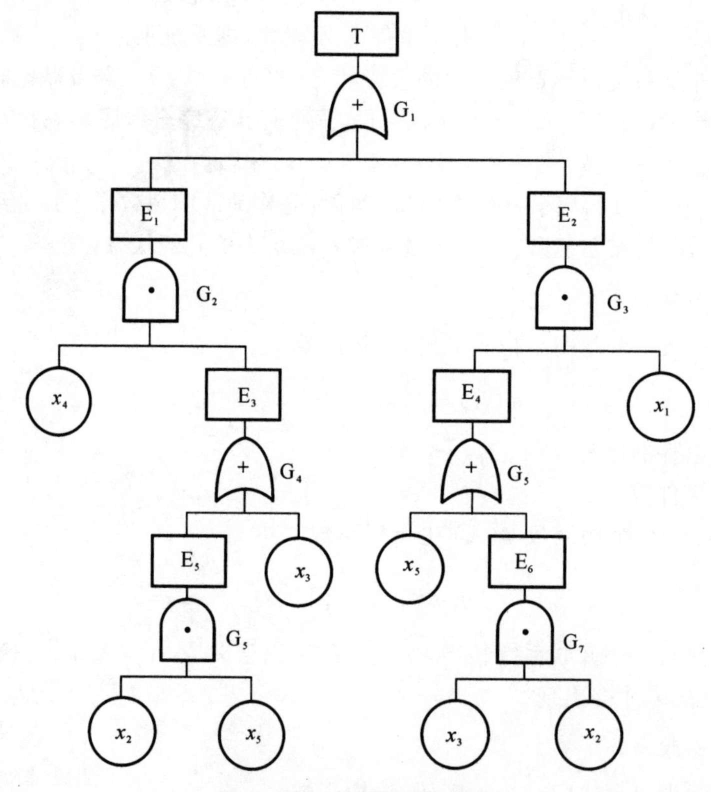

图 7-34　某系统的故障树

对各逻辑门逐个分析，可建立其结构函数

$$\Phi(X)=\{x_4\cap[x_3\cup(x_2\cap x_5)]\}\cup\{x_1\cap[x_5\cup(x_3\cap x_2)]\}$$

一般情况下，当画出故障树后，就可以直接写出其结构函数，但是对于复杂系统来说，其结构函数是相当冗长繁杂的，既不便于定性分析，也不易于进行定量计算。后面将引入最小割集的概念，以便把如上式的一般结构函数改写为特殊的结构函数，以便于故障树的定性分析和定量计算。

7.5.3.4 故障树的简化

为了减小故障树的规模，从而减少故障树定性、定量分析的工作量，一般要对建好后的故障树进行简化处理。

根据布尔代数的运算规则，可以对已建造的故障树进行化简，去掉多余的逻辑事件，使顶事件与底事件之间有简单的逻辑关系，使故障树的定性、定量分析工作易于进行。

1. 故障树简化的基本原理

按照布尔代数运算规则，可以直接将故障树中多余的事件和多余的逻辑门去掉，得到以下简化故障树的基本原理：

1) 按结合律(A＋B)＋C＝A＋B＋C，可作如图7-35的简化。

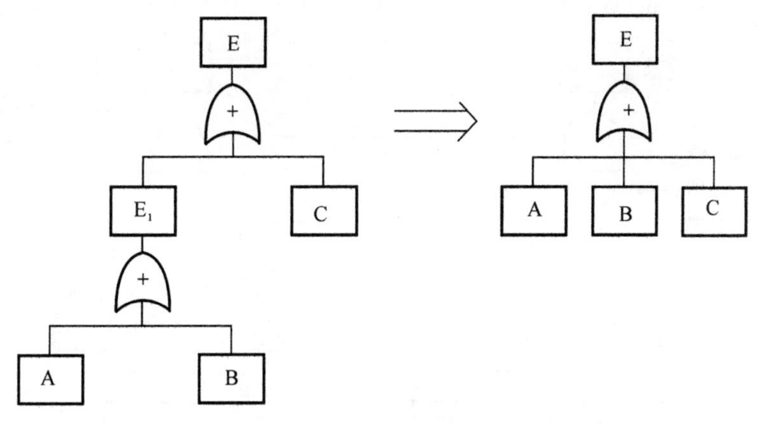

图7-35 故障树简化(一)

2) 按结合律(AB)C＝ABC，可作如图7-36的简化。

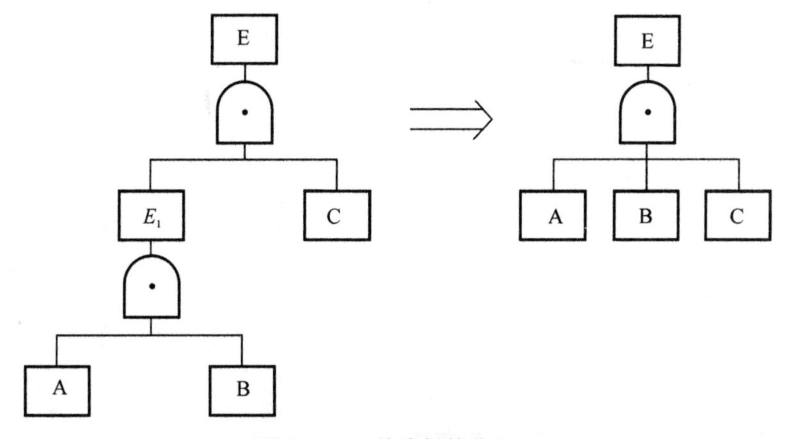

图7-36 故障树简化(二)

3) 按分配律AB＋AC＝A(B＋C)，可作如图7-37的简化。

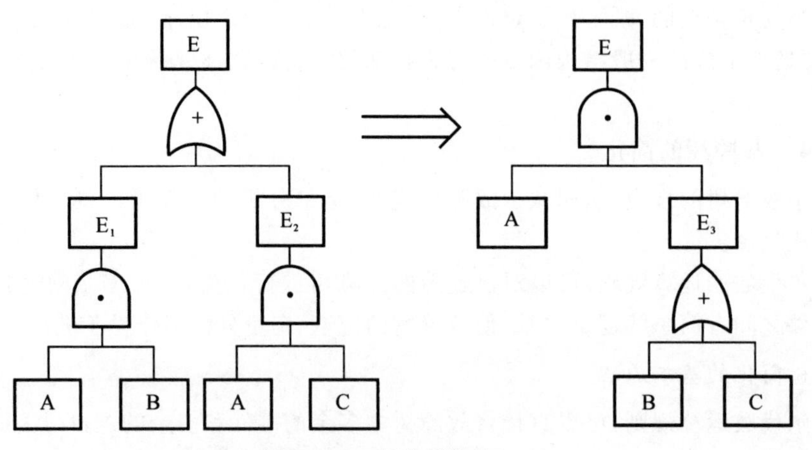

图 7-37　故障树简化(三)

4) 按分配律(A+B)(A+C)=A+BC,可作如图 7-38 的简化。

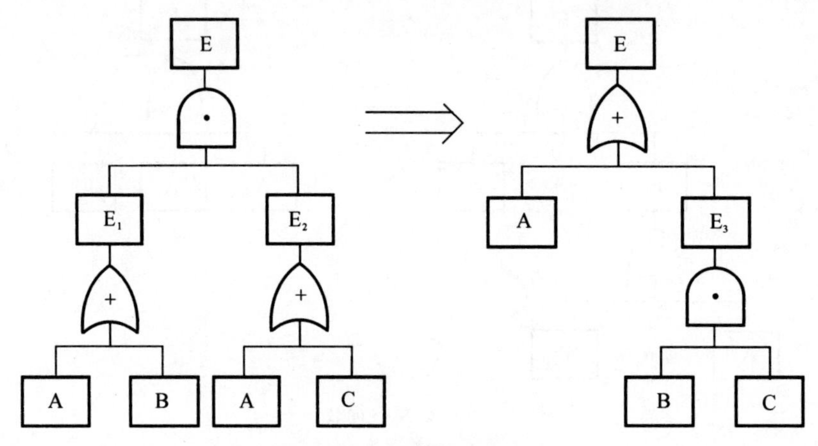

图 7-38　故障树简化(四)

5) 按吸收律 A(A+B)=A,可作如图 7-39 的简化。

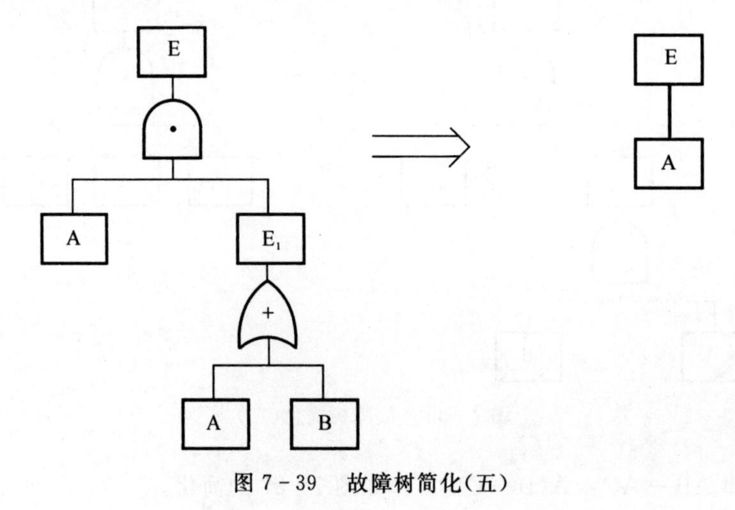

图 7-39　故障树简化(五)

6）按吸收律 $A+AB=A$，可作如图7-40的简化。

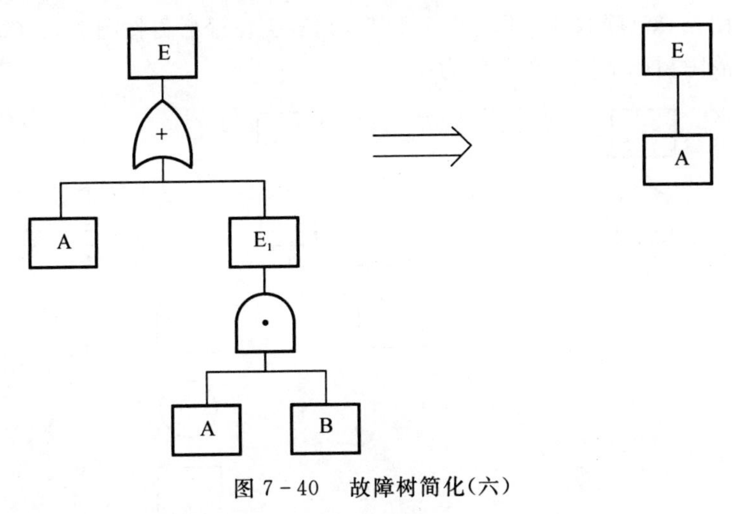

图7-40　故障树简化（六）

7）按等幂律 $A+A=A$，可作如图7-41的简化。

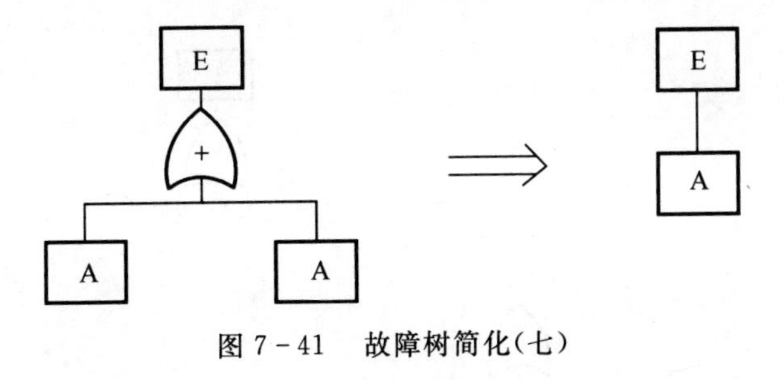

图7-41　故障树简化（七）

8）按等幂律 $AA=A$，可作如图7-42的简化。

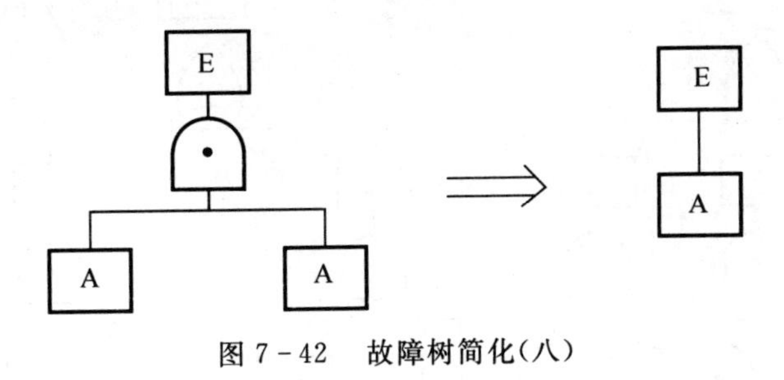

图7-42　故障树简化（八）

9）按互补律 $A\overline{A}=\Phi$，其中 Φ 为空集，如图7-43中E事件是不可能发生的事件，因此事件E以下的部分可以全部删去。

2. 故障树简化示例

图7-44给出了包括逻辑多余部分的故障树。

在图7-44中，E_9 和 E_6 通过一系列或门向上到达或门 G_1，按图7-35（结合律），E_9 和 E_6 可简化成 G_1 的直接输入。又因为 E_6 和 E_{11} 是相同事件，而 G_1 是或门、G_9 是与门，故按图7-40（吸收律），E_9 以下可以全部删去。按图7-35（结合律），E_2 和 E_3 可简化成或门G的直接输入，注意到相同转移符号，故按图 7-40(吸收律)，E_2 以下可以全部删去。注意到 E_{13} 和 E_{15} 是相同事件，按图 7-39(吸收律)，E_{14} 以下可以全部删去。最后再按图 7-35(结合律)和图 7-36(结合律)，原故障树图 7-44 可简化为图 7-45。

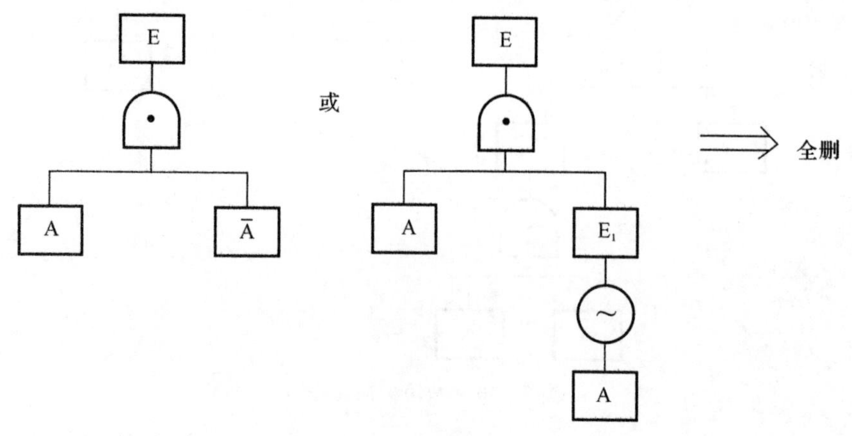

图 7-43　故障树简化(九)

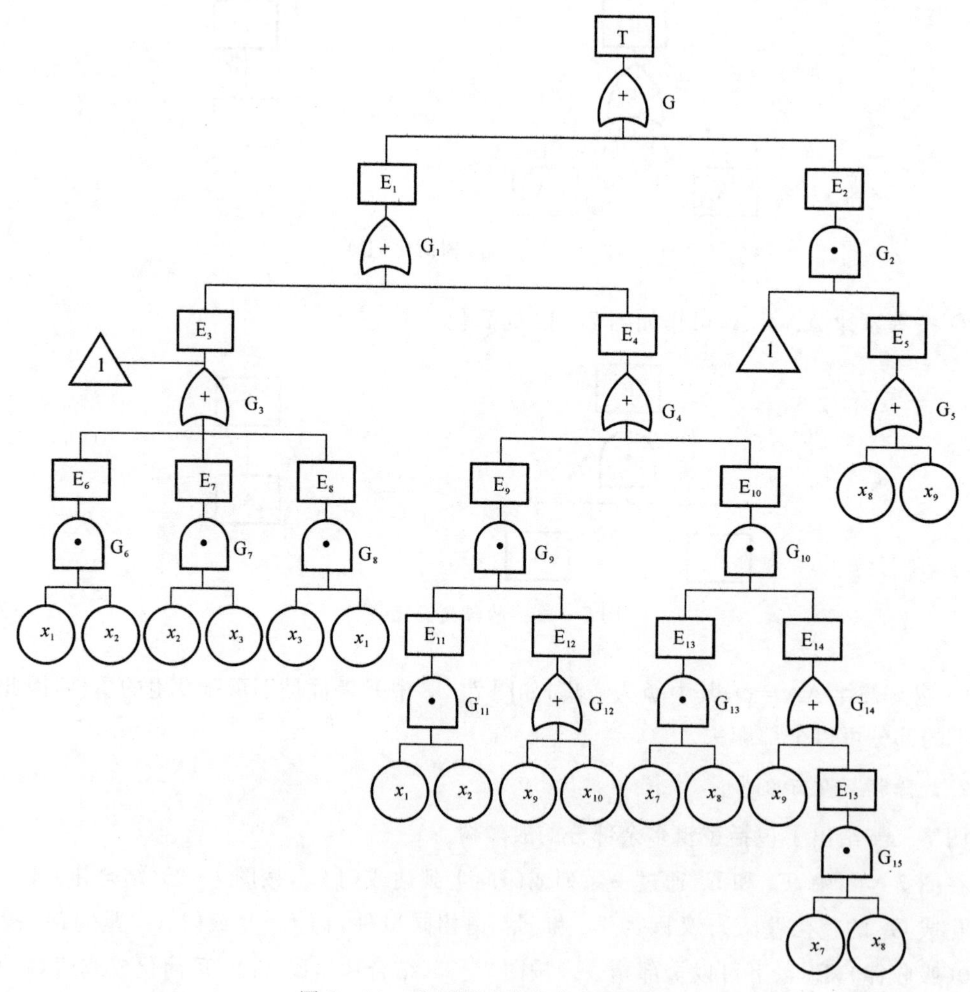

图 7-44　含逻辑多余部分的故障树

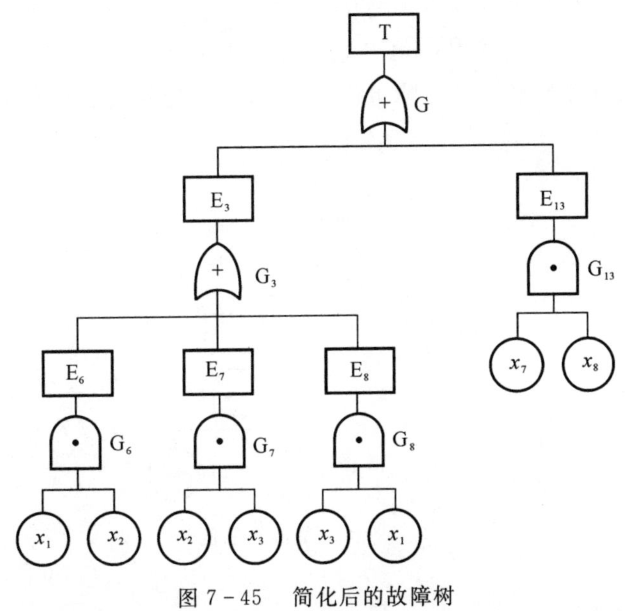

图 7-45　简化后的故障树

通过上述例子，可看出上述基本原理在故障树简化中的具体运用。

7.5.3.5　故障树的定性分析

故障树定性分析的目的是找出顶事件发生的原因和原因组合，识别导致顶事件发生的所有可能的故障模式，也即弄清系统(或设备)出现某种最不希望发生的事件(故障)有多少种可能性。通过对故障树进行定性分析，可以判明系统(或设备)潜在的故障，以便改进系统设计，也可用于指导故障诊断，改进系统运行和维修方案。

1. 割集和最小割集的定义

割集是指故障树中一些底事件的集合，当这些底事件同时发生时，将导致顶事件发生。

最小割集是底事件的数目不能再减少的割集，即在该最小割集中任意去掉一个底事件之后，剩下的底事件集合就不再成为割集。一个最小割集代表引起故障树顶事件发生的一种故障模式。换言之，一个最小割集是指包含最少数量，而又最必须的底事件的割集。由于最小割集发生时，顶事件必然发生，因此，一棵故障树的全部最小割集的完整集合代表该顶事件发生的所有可能性，即给定顶事件的全部故障模式。因此，最小割集的意义就在于它为我们描绘出了处于故障状态的系统所必须要处理的基本故障，指出了系统中最薄弱的环节。

用图 7-46 来说明割集和最小割集的意义。这是一个由三个部件组成的串并联系统。

该故障树共有三个底事件，即

$$x_1, x_2, x_3$$

它的三个割集是

$$\{x_1\}, \{x_2, x_3\}, \{x_1, x_2, x_3\}$$

当各割集中底事件同时发生时，顶事件必然发生，它的两个最小割集是 $\{x_1\}$，$\{x_2, x_3\}$。在这两个割集中任意去掉一个底事件就不再成为割集了。

这棵故障树的结构函数为：

$$\Phi(X) = x_1 \cup (x_2 \cap x_3)$$

也可以写成

$$\Phi(X) = 1-(1-x_1)(1-x_2x_3)$$

一个最小割集代表系统的一种故障组合方式，故障树定性分析的任务就在于找出它的全部最小割集。

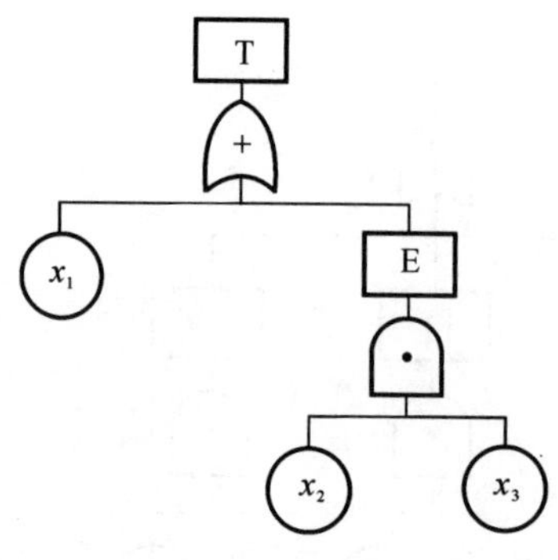

图 7-46　故障树示例

2. 求最小割集的算法

故障树的最小割集表征了系统故障的必要和充分条件。从以上示例中可以看出，对于简单的故障树，只需要将故障树的结构函数展开，然后运用布尔代数运算规则进行化简，使其成为具有最小项数的积之和的表达式，每一项乘积就是一个最小割集。但是，对于复杂系统的故障树，与其顶事件有关的底事件数可能有几十个以上，要从这为数众多的底事件中，先找出割集，再从中剔除一般割集，以求出最小割集，往往工作量很大，而且容易出差错。20 世纪 70 年代以来，已研究出多种求解故障树最小割集的算法，常用的有下行法和上行法两种。

(1) 下行法

这种算法是根据故障树的实际结构，从顶事件开始，由上到下逐级向下询查，找出割集。因为只就上、下相邻两级来看，与门只增加割集阶数(割集所含底事件数目)，不增加割集个数；或门只增加割集个数，不增加割集阶数，所以规定在下行过程中，顺次将逻辑门的输出事件置换为输入事件。遇到与门就将输入事件排在同一行[取输入事件的交(布尔积)]，遇到或门则将输入事件各自排成一行[取输入事件的并(布尔和)]，直至把全部逻辑门都置换成底事件为止，这样就得到了故障树的全部割集，再把这些割集两两比较，删去非最小割集，剩下的就是故障树的全部最小割集。由于这个算法的特点是由上而下地对故障树进行分解，求出其全部割集，再找出最小割集，因此被称作下行法。

下面用下行法求出图 7-47 中故障树的割集与最小割集。表 7-14 显示了其求解过程。

首先求出全部割集。

因顶事件 T 下是与门，用其输入 E_b、E_c 置换时把它们排成一行：

$$E_bE_c$$

因 E_b 下是或门，用其输入 x_4、E_d 置换时，把它们连同 E_c 排成一列：

$$x_4E_c$$

$$E_dE_c$$

又因 E_c 下是或门，用其输入 x_1、E_e 置换时，把它们也连同前面的 x_4、E_d 排成一列：

$$x_4 x_1$$
$$x_4 E_e$$
$$x_1 E_d$$
$$E_d E_e$$

依此类推，将 E_d、E_e、E_f 用其输入置换，也排成一列，分别填入表 7－14 对应的列中，最后第 7 列中列出了所求故障树的全部割集（其每一行对应一个割集）。

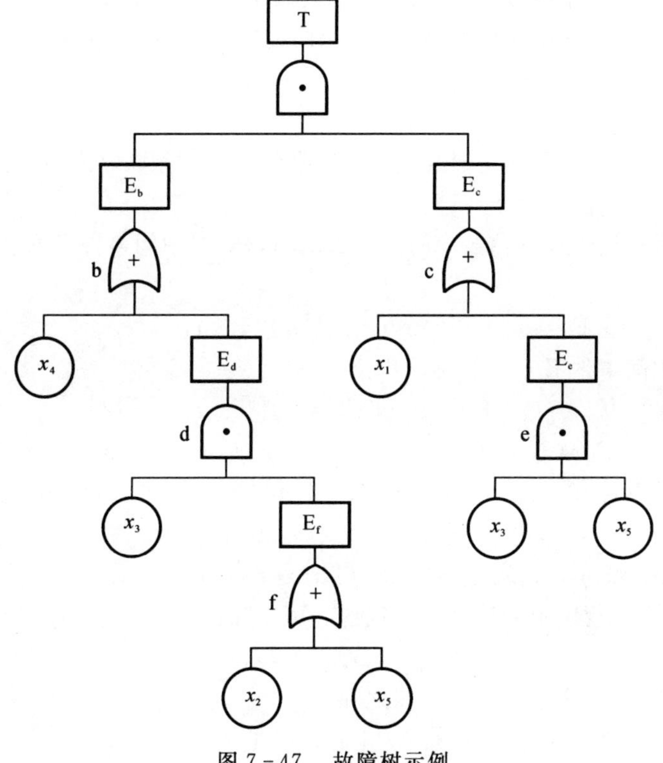

图 7－47　故障树示例

求出全部割集后，再按照布尔代数运算规则进行简化、吸收，得到全部最小割集，如表 7－13 所示。

表 7－13　用下行法求解图 7－47 故障树的最小割集

分析步骤序号							最小割集
1	2	3	4	5	6	7	
T	$E_b E_c$	$x_4 E_c$	$x_4 x_1$	$x_4 x_1$	$x_4 x_1$	$x_4 x_1$	$x_4 x_1$ $x_3 x_5$ $x_3 x_2 x_1$
		$E_d E_c$	$x_4 E_e$	$x_4 E_e$	$x_4 x_3 x_5$	$x_4 x_3 x_5$	
			$x_1 E_d$	$x_3 E_f x_1$	$x_3 E_f x_1$	$x_3 x_2 x_1$	
			$E_d E_e$	$x_3 E_f E_e$	$x_3 E_f x_3 x_5$	$x_3 x_5 x_1$	
						$x_3 x_2 x_3 x_5$	
						$x_3 x_5 x_3 x_5$	

(2) 上行法

这种算法是从故障树的底事件开始，自下而上逐层地进行事件集合运算，将或门输出事件表示为输入事件的并(布尔和)；将与门输出事件表示为输入事件的交(布尔积)。这样向上逐层代入，在逐层代入过程中，按照布尔代数吸收律和等幂律进行化简，最后将顶事件表示为底事件积之和的最简式。其中每一积项对应故障树的一个最小割集，全部积项即是故障树的所有最小割集。

下面仍以图 7-47 故障树为例，用上行法求其最小割集。

处于故障树最下一级的中间事件是 E_f，对应的逻辑门为或门，所联系的底事件是 x_2、x_5，因而

$$E_f = x_2 \cup x_5$$

往上一级，中间事件 E_e 是由逻辑与门 e 与底事件 x_3、x_5 相联，可表示为：

$$E_e = x_3 \cap x_5$$

为方便起见，所有逻辑乘 $A \cap B$ 都简记作 AB。这样，对中间事件 E_f 的上一级中间事件 E_d 可写出：

$$E_d = x_3 \cdot E_f = x_3(x_2 \cup x_5) = x_3x_2 \cup x_3x_5$$

同理，可写出中间事件 E_c、E_b 的表示式：

$$E_c = x_1 \cup E_e = x_1 \cup x_3x_5$$

$$E_b = x_4 \cup (x_3x_2 \cup x_3x_5) = x_4 \cup x_3x_2 \cup x_3x_5$$

最后，可写出顶事件 T 的表示式，由于它以与门与中间事件 E_b、E_c 相联系，因而可得

$$T = E_bE_c = (x_4 \cup x_3x_2 \cup x_3x_5)(x_1 \cup x_3x_5) =$$
$$x_4x_1 \cup x_4x_3x_5 \cup x_3x_2x_1 \cup x_3x_2x_3x_5 \cup x_3x_5x_1 \cup x_3x_2x_3x_5$$

应用布尔代数运算规则中的等幂律、吸收律，可去除掉为 x_3x_5 所包含之相乘项

$$x_4x_3x_5, x_3x_2x_3x_5, x_3x_5x_1$$

而使顶事件表示为三个最小项数的积之和

$$T = x_4x_1 \cup x_3x_2x_1 \cup x_3x_5$$

上式说明，图 7-47 故障树有三组最小割集，即

$$\{x_1, x_4\}, \{x_1, x_2, x_3\} \quad 和 \quad \{x_3, x_5\}$$

而

$$T = E_bE_c = (x_4 \cup x_3x_2 \cup x_3x_5)(x_1 \cup x_3x_5) =$$
$$x_4x_1 \cup x_4x_3x_5 \cup x_3x_2x_1 \cup x_3x_2x_3x_5 \cup x_3x_5x_1 \cup x_3x_5x_3x_5$$

则 $\{x_1, x_4\}$，$\{x_1, x_2, x_3\}$，$\{x_3, x_4, x_5\}$，$\{x_1, x_3, x_5\}$，$\{x_3, x_2, x_3, x_5\}$ 和 $\{x_3, x_5, x_3, x_5\}$ 是其全部割集。

3. 最小割集的定性比较

在求得全部最小割集后，如果有足够的数据，就能够对故障树中各个底事件的发生概率作出推断，然后可进一步对故障树作定量分析。数据不足时，可按以下原则进行定性比较，以便将定性比较的结果应用于指导故障诊断中，确定维修次序以及提示改进系统的方向。

一般根据最小割集所含底事件数目(阶数) 排序，在各个底事件发生概率比较小、其差别相对不大的条件下：

1) 阶数越小的最小割集越重要。

2）在低阶最小割集中出现的底事件比高阶最小割集中的底事件重要。

3）在同一最小割集阶数的条件下，在不同最小割集中重复出现次数越多的底事件越重要。

为了减少分析工作量，在工程上可以略去阶数大于制定值的所有最小割集来进行近似分析。

4. 由最小割集表示的结构函数

在故障树中，只要有任何一个最小割集发生，顶事件就会发生。因此，可以用最小割集来表示故障树的结构函数。

如果故障树有 k 个最小割集 $K=(K_1,K_2,\cdots,K_k)$，只要任一个最小割集 $K_j(j=1,2,\cdots,k)$ 中的全部底事件 x_i 发生时，故障树的顶事件必定发生，K_j 可表示为

$$K_j(x)=\bigcap_{i\in K_j} x_i \tag{7-8}$$

这里，将属于 K_j 的全部底事件用与门连结起来的结构称作最小割集与门结构。

在 k 个最小割集中只要有一个最小割集发生，顶事件就发生，所以故障树的结构函数 $\Phi(X)$ 可以表示为

$$\Phi(X)=\bigcup_{j=1}^{k} K_{j(x)}=\bigcup_{j=1}^{k}\bigcap_{i\in K_j} x_i \tag{7-9}$$

式(7-9)可称为由最小割集、与门结构、或门结构表示的故障树的结构函数。

7.5.3.6　故障树的定量计算

故障树定量计算的目的是在底事件相互独立和已知其发生概率的条件下，计算顶事件发生概率和底事件重要度等定量指标。复杂系统的故障树定量计算一般是很繁杂的。特别是当故障不服从指数分布时，难以用解析法求得精确结果，这时可用蒙特卡罗仿真的方法进行估计。

在进行FTA的定量计算时，可以通过底事件发生的概率直接求顶事件发生的概率，也可通过最小割集求顶事件发生的概率，此时又分为精确解法与近似解法。

1. 通过底事件发生的概率直接求顶事件发生的概率

在故障树分析中经常用布尔变量表示底事件的状态，如底事件 i 的布尔变量是

$$x_i(t)=\begin{cases}1 & \text{在 } t \text{ 时刻 } i \text{ 事件发生}\\ 0 & \text{在 } t \text{ 时刻 } i \text{ 事件不发生}\end{cases}$$

如果 i 事件发生表示第 i 个部件故障的话，那么 $x_i(t)=1$，表示第 i 个部件在 t 时刻故障。我们计算事件 i 发生的概率，也就是计算随机变量 $x_i(t)$ 的期望值：

$$\begin{aligned}E[x_i(t)]&=\sum x_i(t)P[x_i(t)]=0\cdot P[x_i(t)=0]+1\cdot P[x_i(t)=1]=\\&P[x_i(t)=1]=F_i(t)\end{aligned} \tag{7-10}$$

$F_i(t)$ 的物理意义是：在$[0,\ t]$时间内事件 i 发生的概率，即第 i 个部件的不可靠度。

如果由 n 个底事件组成的故障树，其结构函数为

$$\Phi(X)=\Phi(x_1,x_2,\cdots,x_n)$$

顶事件发生的概率，也就是系统的不可靠度 $F_s(t)$，其数学表达式为

$$P(\text{顶事件})=F_s(t)=E[\Phi(X)]=g[F(t)] \tag{7-11}$$

式中，$F(t)=[F_1(t),F_2(t),\cdots,F_n(t)]$

下面介绍各种结构的寿命分布函数。

(1) 与门结构

$$\Phi(X)=\prod_{i=1}^{n} x_i$$

$$F_s(t)=E[\Phi(X)]=E\left[\prod_{i=1}^{n} x_i(t)\right]=E[x_1(t)]\cdot E[x_2(t)]\cdots E[x_n(t)]=$$
$$F_1(t)\cdot F_2(t)\cdots F_n(t) \tag{7-12}$$

(2) 或门结构

$$\Phi(X)=1-\prod_{i=1}^{n}(1-x_i)$$

$$F_s(t)=E[\Phi(X)]=E\left[1-\prod_{i=1}^{n}(1-x_i)\right]=$$
$$1-E[1-x_1(t)]E[1-x_2(t)]\cdots E[1-x_n(t)]=$$
$$1-[1-F_1(t)][1-F_2(t)]\cdots[1-F_n(t)] \tag{7-13}$$

(3) 简单与-或门结构

简单与-或门结构的故障树如图 7-47 所示。

$$\Phi(X)=1-[(1-x_1)(1-x_2x_3)]$$
$$F_s(t)=E[\Phi(X)]=E[1-(1-x_1(t))(1-x_2(t)x_3(t))]=$$
$$1-[1-F_1(t)][1-F_2(t)F_3(t)] \tag{7-14}$$

用直接法求解时,应注意故障树中不能有重复出现的底事件。

2.通过最小割集求顶事件发生的概率

按最小割集之间不交与相交两种情况处理。

(1) 最小割集之间不相交的情况

假定已求出了故障树的全部最小割集$K_1,K_2,\cdots,K_{N_k}$,并且假定不考虑在一个很短的时间间隔内同时发生两个或两个以上最小割集的概率,且各最小割集中没有重复出现的底事件,也就是假定最小割集之间是不相交的。所以:

$$T=\Phi(X)=\bigcup_{j=1}^{N_k} K_j(t)$$
$$P[K_j(t)]=\prod_{i\in K_j} F_i(t)$$

式中, $P[K_j(t)]$—— 在时刻 t 第 j 个最小割集存在的概率;

$F_i(t)$—— 在时刻 t 第 j 个最小割集中第 i 个部件故障的概率;

N_k—— 最小割集数。

则

$$P(\mathrm{T})=F_s(t)=P[\Phi(X)]=\sum_{j=1}^{N_k}\prod_{i\in K_j} F_i(t) \tag{7-15}$$

(2) 最小割集之间相交的情况

1) 精确计算顶事件发生概率的方法。用式(7-15)精确计算任意一棵故障树顶事件发生的概率时,要求假设在各最小割集中没有重复出现的底事件,也就是最小割集之间是完全不相交的。但在大多数情况下,底事件可以在几个最小割集中重复出现,也就是说最小割集之间是相交的，因此精确计算顶事件发生的概率就必须用相容事件的概率公式：

$$P(\mathrm{T})=P(K_1\cup K_2\cup\cdots\cup K_{N_k})=\sum_{i=1}^{N_k}P(K_i)-\sum_{i<j=2}^{N_k}P(K_iK_j)+\sum_{i<j<k=2}^{N_k}P(K_iK_jK_k)+\cdots+(-1)^{N_k-1}P(K_1K_2\cdots K_{N_k}) \tag{7-16}$$

式中，　K_i,K_j,K_k——第 i,j,k 个最小割集；

N_k——最小割集数。

由式(7-16)可看出它共有$(2^{N_k}-1)$项。当最小割集数 N_k 足够大时，就会产生“组合爆炸”问题。如某故障树有 40 个最小割集，则计算 $P(\mathrm{T})$ 的式(7-16)共有$2^{40}-1\approx1.1\times10^{12}$项，每一项又是许多数的连乘积，如此大的计算量即使大型计算机也难以胜任。

解决的办法就是化相交和为不交和再求顶事件发生概率的精确解。

2）近似计算顶事件发生概率的方法。如前所述按式(7-16)计算顶事件发生概率的精确解，当故障树中最小割集数较多时会发生“组合爆炸”问题，计算量是相当惊人的。但在许多实际工程问题中，这种精确计算是不必要的，这是因为：

a. 统计得到的基本数据往往不是很准确的，因此，用底事件的数据计算顶事件发生的概率值时，精确计算没有实际意义。

b. 一般情况下，人们总是把产品可靠度设计得比较高，对于武器装备来说尤其如此，因此产品的不可靠度是很小的。当故障树顶事件发生的概率（就是系统的不可靠度）按式(7-16)计算时收敛得非常快，$(2^{N_k}-1)$项的代数和中起主要作用的是首项或首项及第二项，后面的项的数值极小。

所以在实际计算时往往取式(7-16)的首项来近似：

$$P(\mathrm{T})\approx S_1=\sum_{i=1}^{N_k}P(K_i) \tag{7-17}$$

若用前两项来近似，式(7-16)的第二项为

$$S_2=\sum_{i<j=2}^{N_k}P(K_iK_j)$$

$$P(\mathrm{T})\approx S_1-S_2=\sum_{i=1}^{N_k}P(K_i)-\sum_{i<j=2}^{N_k}P(K_iK_j) \tag{7-18}$$

[例 7-1]　以图 7-48 故障树为例，试用公式(7-17)、(7-18)来求该树顶事件发生概率的近似解，其中$F_\mathrm{A}=F_\mathrm{B}=0.2$，$F_\mathrm{C}=F_\mathrm{D}=0.3$，$F_\mathrm{E}=0.36$。

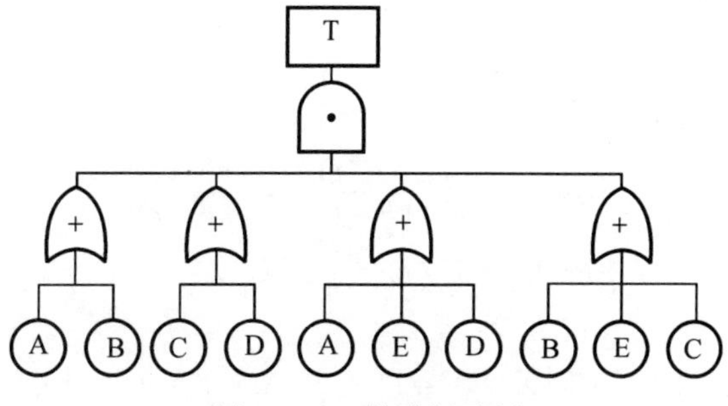

图 7-48　故障树示例

[解] 该故障树的最小割集为：$K_1=\{A,C\}$，$K_2=\{B,D\}$，$K_3=\{A,D,E\}$，$K_4=\{B,C,E\}$。按式(7-17)：

$$P(T)\approx\sum_{i=1}^{N_k}P(K_i)=P(K_1)+P(K_2)+P(K_3)+P(K_4)=$$
$$P(A)P(C)+P(B)P(D)+P(A)P(D)P(E)+P(B)P(C)P(E)=$$
$$2\times0.2\times0.3+2\times0.2\times0.3\times0.36=0.163\,2$$

顶事件发生概率的精确值为0.140 592,其相对误差：

$$\varepsilon_1=\frac{0.140\,592-0.163\,2}{0.140\,592}=-16.1\%$$

按式(7-18)：

$$S_2=\sum_{i<j=2}^{N_k}P(K_iK_j)=$$
$$P(K_1K_2)+P(K_1K_3)+P(K_1K_4)+P(K_2K_3)+K_2K_4+K_3K_4=$$
$$P(A)P(C)P(B)P(D)+P(A)P(C)P(D)P(E)+$$
$$P(A)P(B)P(C)P(E)+P(B)P(D)P(A)P(E)+$$
$$P(B)P(D)P(C)P(E)+P(A)P(D)P(B)P(C)P(E)=0.026\,496$$
$$P(T)\approx S_1-S_2=0.163\,2-0.026\,496=0.136\,704$$

其相对误差：

$$\varepsilon_2=\frac{0.140\,592-0.136\,704}{0.140\,592}=2.76\%$$

该故障树的底事件故障概率是相当高的，按式(7-17)，式(7-18)计算的误差尚且不大，在底事件故障概率降低后，相对误差会极大地减小，一般都能满足工程应用的要求。

3.重要度分析

实践经验表明，系统中各零部件并不是同样重要的，有的零部件一旦发生故障就会引起系统故障，有的则不然。一个零部件或最小割集对顶事件发生的影响称为重要度，它是系统结构、零部件的寿命分布及时间的函数。重要度分析可用于设计、诊断和优化等方面。

按照底事件或最小割集对顶事件发生的重要性进行排序，对改进系统设计是十分有用的。由于设计的对象不同，要求不同，因此重要度也有不同的含义，无法规定一个统一的重要度标准。这里介绍概率重要度和结构重要度这两种重要度的概念及其计算方法。

在工程设计中，在以下几方面可应用重要度分析：① 改善系统设计；② 确定系统需要监测的部位；③ 制订系统故障诊断时的核对清单等。

(1) 概率重要度

概率重要度$\Delta g_i(t)$的定义为：

$$\Delta g_i(t)=\frac{\partial g[F(t)]}{\partial F_i(t)}=\frac{\partial F_s(t)}{\partial F_i(t)} \tag{7-19}$$
$$P(T)=F_s(t)=g[F(t)]$$

由全概率公式：

$$P(T)=P(X_i(t)=1)\times P(T|X_i(t)=1)+P(X_i(t)=0)\times P(T|X_i(t)=0)=$$
$$F_i(t)g(1_i,F(t))+(1-F_i(t))g(0_i,F(t))$$

带入式(7 - 19) 得

$$\Delta g_i(t) = g(1_i, F(t)) - g(0_i, F(t)) = E[\Phi(1_i, X(t)) - \Phi(0_i, X(t))] =$$
$$P\{\Phi(1_i, X(t)) - \Phi(0_i, X(t))\} = 1 \tag{7-20}$$

由式(7 - 19) 可以看出，概率重要度的物理意义是：由第 i 个部件不可靠度的变化引起系统不可靠度变化的程度。由式(7 - 20) 可看出概率重要度就是当第 i 个部件是关键部件时，系统处于故障状态的概率。

如果在其他部件状态均不变的情况下，当第 i 个部件由正常(0) 状态转为故障(1) 状态时，使系统由正常状态转为故障状态，则第 i 个部件就是关键部件，或者说第 i 个部件处于关键状态。

[例 7 - 2]　计算如图 7 - 47 所示的故障树各部件的概率重要度。已知：$\lambda_1 = 0.001/\text{h}$，$\lambda_2 = 0.002/\text{h}$，$\lambda_3 = 0.003/\text{h}$，$t = 100\ \text{h}$。

[解]

$$F_s(t) = 1 - [1 - F_1(t)][1 - F_2(t)F_3(t)]$$

由式(7 - 19)

$$\Delta g_1(100) = 1 - F_2(100)F_3(100) = 1 - (1 - e^{-0.002\times100})(1 - e^{-0.003\times100}) = 0.953$$
$$\Delta g_2(100) = [1 - F_1(100)]F_3(100) = 0.234\ 5$$
$$\Delta g_3(100) = [1 - F_1(100)]F_2(100) = 0.164$$

显然，第一个部件最重要。

(2) 结构重要度

结构重要度 I_i^Φ 的定义为

$$I_i^\Phi = \frac{1}{2^{n-1}} n_i^\Phi \tag{7-21}$$

式中，

$$n_i^\Phi = \sum_{2^{n-1}} [\Phi(1_i, X) - \Phi(0_i, X)] \tag{7-22}$$

系统中第 i 个部件由正常状态(0) 变为故障状态(1)，其他部件状态不变时，系统可能有以下四种状态：

1) $\Phi(0_i, X) = 0 \rightarrow \Phi(1_i, X) = 1, \Phi(1_i, X) - \Phi(0_i, X) = 1$

2) $\Phi(0_i, X) = 0 \rightarrow \Phi(1_i, X) = 0, \Phi(1_i, X) - \Phi(0_i, X) = 0$

3) $\Phi(0_i, X) = 1 \rightarrow \Phi(1_i, X) = 1, \Phi(1_i, X) - \Phi(0_i, X) = 0$

4) $\Phi(0_i, X) = 1 \rightarrow \Phi(1_i, X) = 0, \Phi(1_i, X) - \Phi(0_i, X) = -1$

由于研究的是单调关联系统，所以第四种情况不予考虑。

一个由 n 个部件组成的系统，当第 i 个部件处于某一状态时，其余 $(n - 1)$ 个部件可能有 2^{n-1} 种状态组合。显然式(7 - 22) 就是第一种情况发生次数的累加，所以 I_i^Φ 可以作为第 i 个部件对系统故障贡献大小的量度，称 I_i^Φ 为结构重要度，它与底事件发生概率毫无关系，仅取决于第 i 个部件在系统结构中所处的位置。

[例 7 - 3]　以图 7 - 47 故障树为例，试求各部件的结构重要度。

[解]　该系统有三个部件，共有 $2^3 = 8$ 种状态。

$$\Phi(0,0,0) = 0,\quad \Phi(1,0,0) = 1,\quad \Phi(1,0,1) = 1$$
$$\Phi(0,1,0) = 0,\quad \Phi(0,1,1) = 1,\quad \Phi(1,1,1) = 1$$
$$\Phi(0,0,1) = 0,\quad \Phi(1,1,0) = 1$$

$$n_1^{\Phi}=[\Phi(1,0,0)-\Phi(0,0,0)]+[\Phi(1,0,1)-\Phi(0,0,1)]+[\Phi(1,1,0)-\Phi(0,1,0)]=3$$

$$n_2^{\Phi}=[\Phi(0,1,1)-\Phi(0,0,1)]=1$$

$$n_3^{\Phi}=[\Phi(0,1,1)-\Phi(0,1,0)]=1$$

所以

$$I_1^{\Phi}=\frac{1}{2^{3-1}}n_1^{\Phi}=\frac{3}{4},\quad I_2^{\Phi}=I_3^{\Phi}=\frac{1}{4}$$

显然部件1在结构中所占位置比部件2、3更重要。

在进行系统设计时，可根据系统的结构、底事件的可靠性和工作时间等，计算各部件的重要度，把各部件按重要度进行排序。若要提高系统的可靠性，则首先应致力于提高重要度大的部件的可靠性。这样，有了各部件定量的重要度数据，就可以找到系统设计中的薄弱环节并加以改进，从而避免了盲目性。

7.5.3.7 故障树分析报告的编写

一项系统故障事件建造好故障树并进行定性、定量分析后，应编写故障树分析报告。报告一般应包括以下内容：

1)前言(指明本次分析的任务内容和所涉及的范围)。

2)系统描述(对系统的功能原理、边界定义和运行状态进行描述)。

3)基本假设。

4)系统故障的定义和判据。

5)系统顶事件的定义和描述。

6)故障树建造。

7)故障树的定性分析。

8)故障树的定量计算。

9)故障树分析的结果和建议。

10)附件。

附件可包括前九个部分未给出的必要的图表和说明资料，例如：

1)可靠性数据表及数据来源说明。

2)其他希望补充说明的系统资料，如系统原理图、结构图、功能框图和可靠性框图等。

3)故障树图。

4)最小割集清单。

5)重要度排序表。

7.5.4 进行故障树分析时应注意的问题

故障树分析是进行系统可靠性、安全性分析的一种重要方法，是一种逻辑演绎方法，分析过程比较烦琐。故障树分析的核心包括建树、定性分析和定量计算三部分，其中建树是FTA的基础和关键。

为了使故障树分析工作有效进行，应注意以下问题：

1)FTA应与设计工作结合，特别是故障树的建造，应在可靠性分析工作人员的协助下，由系统的设计人员完成，同时应征求运行操作、维修保养人员的意见。

2)FTA应与系统的设计工作同步进行。FTA能够找到系统的薄弱环节，提供改进方向，因此FTA只有与设计工作同步进行，其分析结果才能及时有效地对系统设计产生作用。

3)FTA应随设计的深入逐步细化并进行合理的简化。故障树的建造比较烦琐，容易错、漏，因此需要在确定合理的边界条件下，深入细致地建立一棵完整的故障树，并进行合理的简化。

4)选择恰当的顶事件。顶事件的选择可以参考类似系统发生过的故障事件，也可以在初步故障分析的基础上，结合FMECA工作进行，选择那些危害性大的、影响安全和任务完成的关键事件。

5)FTA对系统设计是否有帮助，在于是否能找到系统的薄弱环节，以采取恰当的改进或补偿措施，并落实到实际设计工作之中。

7.5.5　故障树分析实例

现对故障树分析法在某飞机发动机滑油压力指示和警告系统的安全性分析中的应用进行探讨。

1. 系统概述

某飞机滑油压力指示和警告系统包括滑油压力指示系统和滑油压力警告系统两部分。

滑油压力指示系统包括滑油压力传感器和滑油压力表，其原理图如图7-49所示。滑油压力传感器直接装在发动机油滤上，它可以感受滑油滤出口处的压力，即发动机滑油进口压力。压力传感器将感受到的滑油压力转变为电信号，通过电缆组件传输滑油压力值，以供驾驶员判读。滑油压力指示系统选用的电源是28 V交流电，其频率为400 Hz。当断开电源时，滑油压力表指针位于零刻度以下。

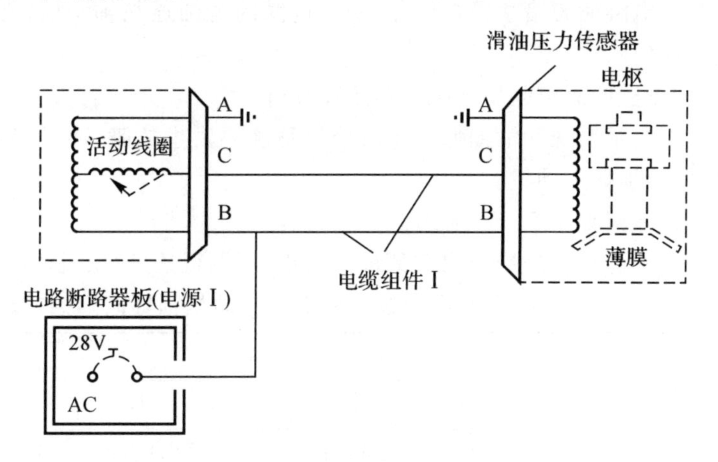

图7-49　某飞机滑油压力指示系统原理图

滑油压力警告系统包括滑油低压电门和滑油滤压差电门，其原理图如图7-50所示。滑油低压电门通过感压管(导管)感受发动机滑油进口压力，当发动机滑油进口压力降至0.25 MPa时，接通电路，使警告灯亮，向驾驶员发出警告信号。滑油滤压差电门感受滑油滤进出口压差，当滑油滤进出口压差超过0.35 MPa时，表示滑油不经滑油滤而由旁通阀流向系统，压差电门接通电路，发生报警信号。

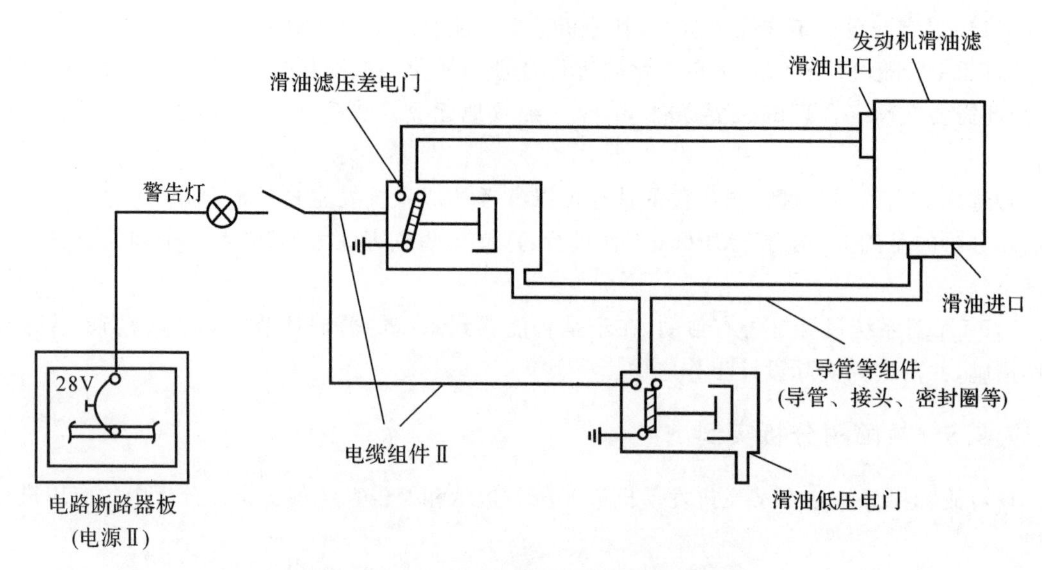

图 7-50　某飞机滑油压力警告系统原理图

2. 安全性分析

为确保飞机安全飞行，需要从威胁飞机安全的角度进行分析。滑油压力指示和警告系统故障会使发动机损坏，从而影响飞机安全。通过初步分析可知，可能严重危害发动机的故障有两种情况：一种情况是滑油系统进口压力过低，滑油压力指示系统没有给出指示，并且滑油压力警告系统也没有发出警告信号，导致发动机因缺油而损坏；另一种情况是滑油滤堵塞，滑油压力警告系统没有发出滑油滤堵塞警告信号，未经过滤的滑油通往轴承处，有可能堵塞喷嘴，造成类似的严重事件。

(1)滑油进口压力过低而引起发动机损坏故障分析

只有当滑油压力指示系统和滑油低限压力警告系统都发生故障，而且当发动机滑油系统压力确实过低时，才会损坏发动机。

1)画故障树。故障树如图 7-51 所示。

2)定性分析。定性分析首先应找出全部最小割集，用下行法进行分析，如表 7-14 所示。

表 7-14　用下行法求得滑油压力过低而引起发动机损坏故障树的最小割集

1	2	3	4	5
E_2,E_3,1	2,E_3,1	2,E_3,1	2,3,1	2,3,1
	E_4,E_3,1	4,E_3,1	2,E_5,1	2,7,1
		5,E_3,1	4,3,1	2,8,1
		6,E_8,1	4,E_5,1	2,9,1
			5,3,1	4,3,1
			3,E_5,1	4,7,1
			6,3,1	4,8,1

续表

1	2	3	4	5
			6,E_5,1	4,9,1
				5,3,1
				5,7,1
				5,8,1
				5,9,1
				6,3,1
				6,7,1
				6,8,1
				6,9,1

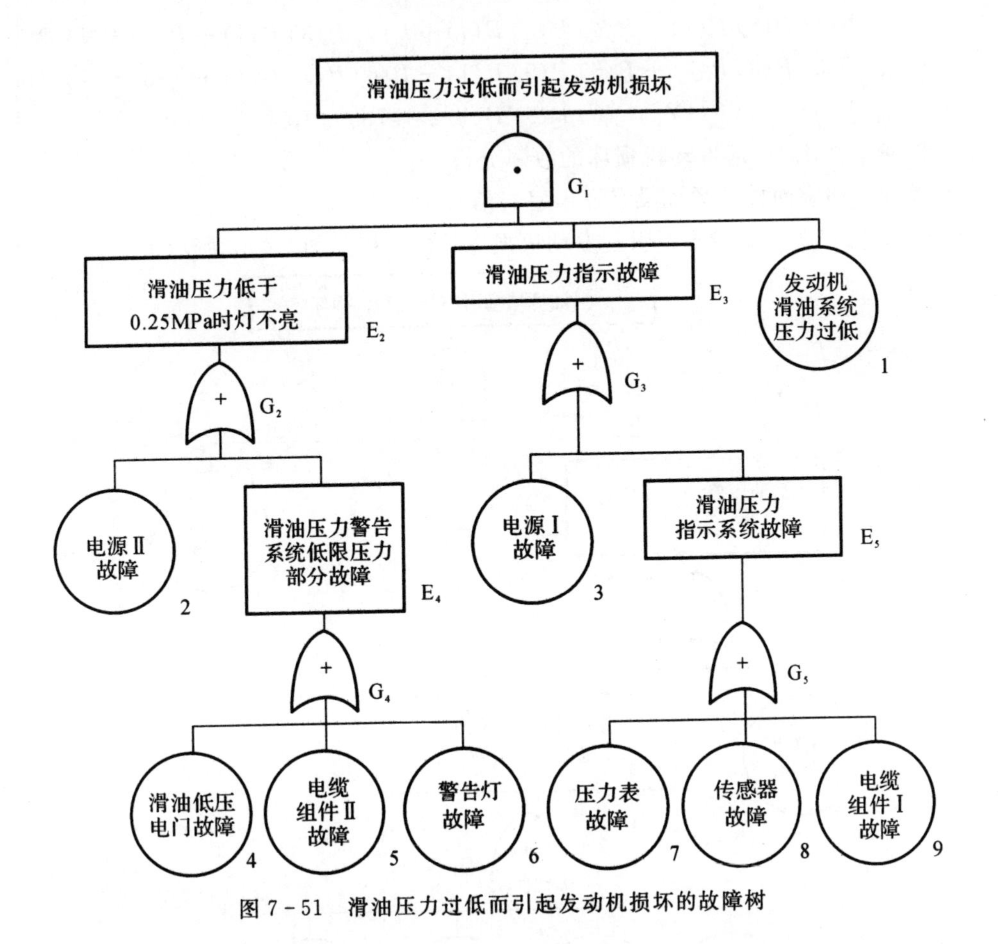

图 7-51　滑油压力过低而引起发动机损坏的故障树

可得系统的最小割集为:{2,3,1},{2,7,1},{2,8,1},{2,9,1},{4,3,1},{4,7,1},{4,8,1},{4,9,1},{5,3,1},{5,7,1},{5,8,1},{5,9,1},{6,3,1},{6,7,1},{6,8,1},{6,9,1}。在这16个最小割集中,只要有一个出现,顶事件就会发生。

这16个最小割集均为三阶的割集。但在底事件1至9中，底事件1在最小割集中出现16次，其余底事件均出现4次，因此定性分析结果为底事件1最重要。也就是说，要提高系统的安全性，首先要解决“发动机滑油系统压力过低”的问题。

3）定量计算。定量计算的目的是计算出顶事件发生的概率，看其是否能满足安全性要求。

在16个最小割集中有重复出现的底事件，因此最小割集之间是相交的。

设各底事件故障出现的概率为

$$F_1=1\times10^{-3},F_2=F_3=1.5\times10^{-3}$$

$$F_5=F_9=0.8\times10^{-3},F_4=1\times10^{-8}$$

$$F_6=0.5\times10^{-8},F_7=F_8=1.2\times10^{-8}$$

由式(7-17)可计算出顶事件发生的概率为

$$\begin{aligned}P(\mathrm{T})=F_s(t)=\sum_{i=1}^{16}P(K_i)=&P(2)P(3)P(1)+P(2)P(7)P(1)+\\&P(2)P(8)P(1)+P(2)P(9)P(1)+P(4)P(3)P(1)+P(4)P(7)P(1)+\\&P(4)P(8)P(1)+P(4)P(9)P(1)+P(5)P(3)P(1)+P(5)P(7)P(1)+\\&P(5)P(8)P(1)+P(5)P(9)P(1)+P(6)P(3)P(1)+P(6)P(7)P(1)+\\&P(6)P(8)P(1)+P(6)P(9)P(1)=1.786\times10^{-8}\end{aligned}$$

(2) 滑油滤堵塞而引起发动机损坏的故障分析

这是滑油滤堵塞而警告系统没有发出警告信号所造成的。

1) 画故障树。滑油滤堵塞而引起发动机损坏的故障树如图7-52所示。

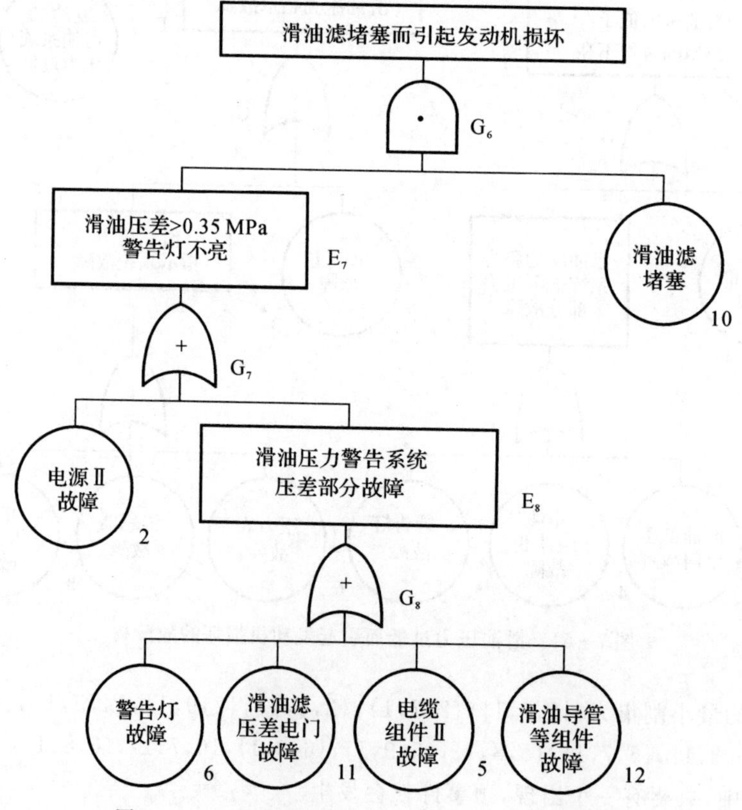

图7-52　滑油滤堵塞而引起发动机损坏的故障树

2) 定性分析。用下行法求出全部最小割集,过程如表 7－15 所示。

表 7－15　用下行法求滑油滤堵塞而引起发动机损坏故障树的最小割集

1	2	3
E_7,10	2,10	2,10
	E_8,10	5,10
		6,10
		11,10
		12,10

系统的最小割集为:{2,10},{5,10},{6,10},{11,10},{12,10}。

从定性分析可知,这 5 个最小割集均为二阶。底事件 10 在最小割集中出现过 5 次,其余底事件均出现一次,因此底事件 10 最为重要,即要提高系统的安全性,首先要解决“滑油滤堵塞”问题。

3) 定量计算。同样地,设各底事件故障出现的概率为

$$F_2 = 1.5\times10^{-3},\quad F_5 = 0.8\times10^{-3}$$
$$F_6 = 0.5\times10^{-3},\quad F_{10} = 1\times10^{-5}$$
$$F_{11} = 1.2\times10^{-3},\quad F_{12} = 1\times10^{-3}$$

由式(7－17) 计算出顶事件发生的概率为

$$P(\mathrm{T}) = F_s(t) = \sum_{i=1}^{5} P(K_i) =$$
$$P(2)P(10)+P(5)P(10)+P(6)P(10)+P(11)P(10)+P(12)P(10) =$$
$$5\times10^{-8}$$

(3) 滑油压力指示和警告系统故障分析

滑油压力指示和警告系统危及飞机安全的故障树,如图 7－53 所示,上述故障树为图 7－51 和图 7－52 加上或门组合而成。

用下行法分析可知,此故障树的最小割集为前两棵故障树(见图 7－51 及图 7－52) 最小割集的综合,即表 7－16 中 5 个最小割集和表 7－15 中 16 个最小割集的综合。

其顶事件发生概率的近似值,是上述两棵故障树顶事件发生概率之和。即:

$$P(\mathrm{T}) = F_s(t) = 1.786\times10^{-8} + 5\times10^{-8} \approx 6.8\times10^{-8}$$

根据上述定性分析,底事件 1 即“发动机滑油系统压力过低”,以及底事件 10 即“滑油滤堵塞”,在改进设计时应引起重视。

滑油压力指示系统和滑油压力警告系统在监控发动机滑油进口最低压力时,具有类似的功能。就这部分而言,可以说是双重系统。比较原理图(见图 7－49 和图 7－50) 可知,如采用共同的电缆组件和电源,只要电缆组件或电源某一部分发生故障,就会严重影响系统工作。为了提高可靠性,避免由于共同部件故障而导致低压指示和警告系统同时发生故障,在该飞机上,不仅选用两套独立的电缆组件,而且选用两套性质完全不同的电源体制。

为了防止“滑油滤堵塞”,在该飞机上主要是采用在规定时间间隔(300 飞行小时) 对滑油滤进行检查的方式来避免滑油滤堵塞,以提高滑油系统工作可靠性。该飞机上滑油滤压差警

告部分是用来监控滑油滤是否堵塞的装置。

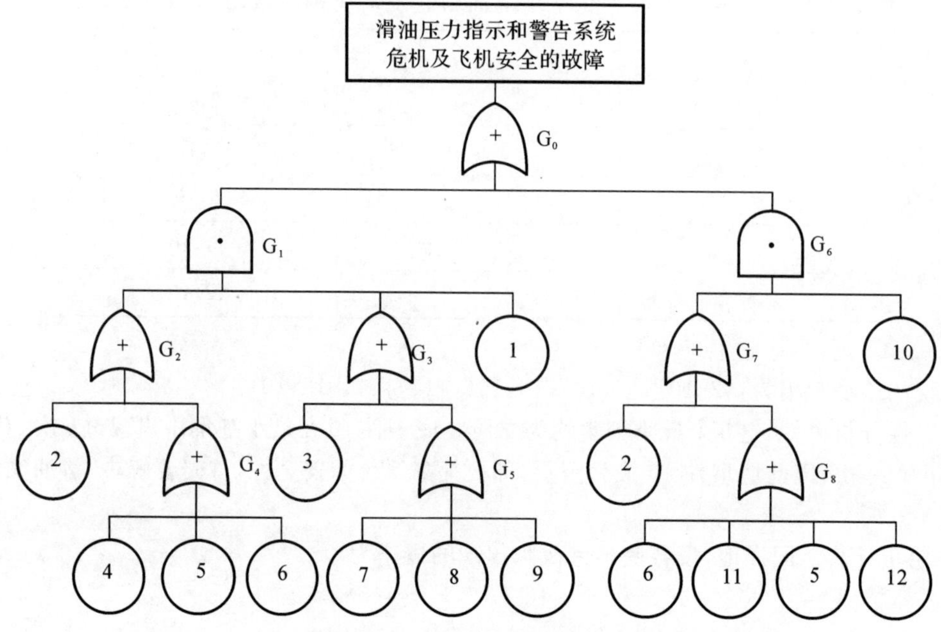

图 7-53　某飞机滑油压力指示和警告系统危及飞机安全的故障树

参 考 文 献

[1] 孙智,任耀剑,隋艳伟.失效分析:基础与应用[M].2版.北京:机械工业出版社,2017.

[2] 刘贵民,杜军.装备失效分析技术[M].北京:国防工业出版社,2012.

[3] 杨建军,刘瑞峰,张伟东,等.失效分析与案例[M].北京:机械工业出版社,2018.

[4] 段莉萍,刘卫军,钟培道,等.机械装备缺陷、失效及事故的分析与预防[M].北京:机械工业出版社,2015.

[5] 李平平,陈凯敏.机械零部件失效分析典型60例[M].北京:机械工业出版社,2016.

[6] 何德芳,李力,虞和济.失效分析与故障预防[M].北京:冶金工业出版社,1990.

[7] 庄东汉.材料失效分析 [M].上海:华东理工大学出版社,2009.

[8] 徐自立,张红霞,张世兴,等.工程材料及应用[M].武汉:华中科技大学出版社,2007.

[9] 闫康平,陈匡民.过程装备腐蚀与防护[M].北京:化学工业出版社,2009.

[10] 许凤和,邸祥发,过梅丽,等.航空非金属件失效分析[M].北京:科学出版社,1993.

[11] 航空航天工业部失效分析中心.航空机械失效案例选编[M].北京:科学出版社,1988.

[12] 陶春虎,习年生,钟培道.航空装备失效典型案例分析[M].北京:国防工业出版社,1998.

[13] 刘瑞堂.机械零件失效分析[M].哈尔滨:哈尔滨工业大学出版社,2003.

[14] 于显龙,张瑞,黄维浩.机械设备失效分析[M].上海:上海科学技术出版社,2009.

[15] 刘瑞堂.机械零件失效分析与实例[M].哈尔滨:哈尔滨工业大学出版社,2014.

[16] 甘茂治,康建设,高崎.军用装备维修工程学[M].2版.北京:国防工业出版社,2005.

[17] 陆廷孝,郑鹏洲,何国伟,等.可靠性设计与分析[M].北京:国防工业出版社,1995.

[18] 李进贤,谢蔚民,王秉勋,等.火箭发动机可靠性[M].西安:西北工业大学出版社,2000.

[19] 朱继洲.故障树原理和应用[M].西安:西安交通大学出版社,1989.